"十三五"江苏省
高等学校重点教材

（编号：2019-1-058）

21世纪高等学校计算机类专业
核心课程系列教材

编译原理及实现

（第2版）

◎ 姜淑娟 谢红侠 张辰 刘兵 编著

清华大学出版社

北京

内 容 简 介

本书介绍编译理论的基础及实现方法,强调语言的形式化定义、编译技术和各种概念及实现过程的具体方法。全书共 10 章,内容包括引论、形式语言和有限自动机理论、词法分析、自顶向下的语法分析、自底向上的语法分析、语法制导翻译与中间代码生成、运行时的存储组织与分配、符号表、代码优化及目标代码生成。介绍过程以算法为核心,力求简洁明了地反映编译的基础知识,为计算机软件工作者开发大型软件打下良好的基础。

本书可作为高等院校计算机专业的本科或专科教材,也可作为硕士研究生及计算机软件技术人员的参考书。

本书封面贴有清华大学出版社防伪标签,无标签者不得销售。
版权所有,侵权必究。举报: 010-62782989,beiqinquan@tup.tsinghua.edu.cn。

图书在版编目(CIP)数据

编译原理及实现/姜淑娟等编著.—2 版.—北京:清华大学出版社,2021.11(2024.8重印)
21 世纪高等学校计算机类专业核心课程系列教材
ISBN 978-7-302-59363-8

Ⅰ.①编… Ⅱ.①姜… Ⅲ.①编译程序－程序设计－高等学校－教材 Ⅳ.①TP314

中国版本图书馆 CIP 数据核字(2021)第 210039 号

责任编辑: 闫红梅
封面设计: 刘　键
责任校对: 郝美丽
责任印制: 曹婉颖

出版发行: 清华大学出版社
网　　址: https://www.tup.com.cn,https://www.wqxuetang.com
地　　址: 北京清华大学学研大厦 A 座　　邮　编: 100084
社 总 机: 010-83470000　　邮　购: 010-62786544
投稿与读者服务: 010-62776969, c-service@tup.tsinghua.edu.cn
质量反馈: 010-62772015, zhiliang@tup.tsinghua.edu.cn
课件下载: https://www.tup.com.cn,010-83470236

印 装 者: 三河市铭诚印务有限公司
经　　销: 全国新华书店
开　　本: 185mm×260mm　　印　张: 16.75　　字　数: 410 千字
版　　次: 2016 年 9 月第 1 版　　2021 年 11 月第 2 版　　印　次: 2024 年 8 月第 5 次印刷
印　　数: 4701～6200
定　　价: 49.00 元

产品编号: 088976-01

编译技术是计算机专业必修的一门重要的专业基础课程,也是计算机系统软件中非常重要的一个分支,任何计算机语言的实现都离不开编译技术,而且编译技术在语言处理、软件工程、软件自动化、计算机体系结构设计及优化等诸多领域有着广泛的应用。因而,作为计算机专业的学生,学习和掌握编译程序的基本构造原理和实现技术,可以为今后进一步学习、研究和工作奠定坚实的专业理论基础。

本书以"概念清晰、实用性强、通俗易懂"为指导思想,对第 1 版教材进行了修订,具体改动如下:

(1) 对第 1 版中的概念与内容进行了重新组合和删减。例如:第 3 章为词法分析器的手工构造方法增加了更为详细的实现步骤,对每一种单词的伪代码都进行了描述;第 4 章语法分析内容较多,占据较大篇幅,本次改版将第 4 章拆分为两章(第 4 章和第 5 章),其中第 4 章专门描述自顶向下的语法分析,第 5 章专门描述自底向上的语法分析,并且删除了算符优先分析法这种目前不太常用的语法分析方法。

(2) 对第 1 版中的大部分例题进行了调整,选用了与高级语言密切相关的题目,方便读者理解高级语言和编译器之间的联系。同时,为每章增添了大量的习题,包括客观题和主观题,力争做到习题丰富,通俗易懂,便于自学。

(3) 以"实用"为导向,对附录部分进行了重新编写,将编译器前端的词法分析、递归下降语法分析、LR 语法分析、语义分析与中间代码生成这四个分散实验通过统一文法(C 语言子集)整合为一个编译器前端与后端的设计及实现。

本书共分为 10 章。第 1 章介绍编译程序的有关概念、编译过程、编译程序的组织结构等要点。第 2 章作为后续各章的理论基础,主要介绍描述语言的两大工具——文法和有限自动机。第 3 章以正规式作为单词识别工具,从手工和自动两个角度讨论词法分析器的设计及实现。第 4 章对上下文无关文法的自顶向下的语法分析方法,以及递归下降分析法和 LL(1)分析法进行详细讲解。第 5 章介绍自底向上的语法分析方法,以及 LR 分析法。第 6 章介绍语义分析,涉及语法制导翻译与中间代码生成,重点讲解属性文法、翻译模式、中间代码表现形式和流行的高级程序设计语言中典型语句的翻译。第 7 章介绍编译程序运行时环境的有关概念和存储组织与分配技术。第 8 章介绍整个编译过程都要涉及的数据结构——符号表。第 9 章介绍代码优化,讨论优化的基本概念、优化涉及的数据流分析技术和控制流分析技术。第 10 章简要介绍目标代码生成的有关知识点。附录 A 给出一个能将 C 语言子集转化为汇编目标代码的编译系统原型。

本书的编写分工:刘兵编写第 1 章和第 7 章,张辰编写第 2 章、第 3 章和附录 A,谢红侠编写第 4～6 章，姜淑娟编写第 8～10 章。本书参考了国内外的一些专著、论文和资料，借鉴了一些专家学者的研究成果，对这些前辈和同行的引导和帮助表示衷心的感谢。

限于作者水平，本书难免存在疏误，请读者批评指正。

作　者

2021 年 4 月

目 录

第 1 章 引论 1
  1.1 什么是编译程序 1
    1.1.1 编译程序与高级程序设计语言的关系 1
    1.1.2 高级语言源程序的执行过程 2
    1.1.3 与编译器有关的程序 2
  1.2 编译过程与编译程序的组织结构 3
    1.2.1 编译过程概述 3
    1.2.2 编译程序的组织结构 7
    1.2.3 编译阶段的组合 8
  1.3 编译程序的构造与实现 8
    1.3.1 如何构造一个编译程序 8
    1.3.2 编译程序的开发 9
    1.3.3 编译程序的自动构造工具 9
  习题 10

第 2 章 形式语言和有限自动机理论 13
  2.1 文法和语言 13
    2.1.1 字母表和符号串 13
    2.1.2 文法和语言的形式化定义 15
    2.1.3 语法分析树与文法二义性 18
    2.1.4 文法和语言的分类 20
  2.2 有限自动机 21
    2.2.1 确定的有限自动机(DFA) 21
    2.2.2 非确定的有限自动机(NFA) 24
    2.2.3 NFA 转换为等价的 DFA 25
    2.2.4 确定的有限自动机的化简 28
  习题 33

第 3 章 词法分析 38
  3.1 词法分析基本思想 38
    3.1.1 词法分析任务 38
    3.1.2 词法分析方式 39

3.2 单词的描述工具 ··· 40
　　3.2.1 正规集和正规式 ··· 40
　　3.2.2 正规式与有限自动机的等价性 ······································· 41
3.3 单词的识别 ··· 44
　　3.3.1 单词分类 ·· 44
　　3.3.2 单词的内部表示 ··· 45
　　3.3.3 单词的形式化描述 ·· 45
3.4 词法分析程序的设计及实现 ··· 46
　　3.4.1 词法分析程序的预处理 ··· 46
　　3.4.2 由词法规则画出状态转换图 ··· 48
　　3.4.3 单词对应状态转换图的实现 ··· 49
　　3.4.4 词法分析中的错误处理 ··· 53
3.5 词法分析程序的自动实现 ·· 53
　　3.5.1 Lex 介绍 ·· 53
　　3.5.2 Lex 语法基础 ·· 54
　　3.5.3 词法分析器自动构造 ·· 56
　　3.5.4 Lex 应用 ·· 58
习题 ··· 61

第 4 章　自顶向下的语法分析

4.1 自顶向下的语法分析方法 ·· 64
　　4.1.1 包含回溯的自顶向下语法分析 ······································· 64
　　4.1.2 回溯产生的原因与解决方法 ··· 66
4.2 递归下降分析法 ·· 69
4.3 LL(1)分析法与 LL(1)分析器 ·· 71
习题 ··· 79

第 5 章　自底向上的语法分析

5.1 自底向上的语法分析方法 ·· 83
　　5.1.1 "移进-归约"分析 ··· 83
　　5.1.2 规范归约与句柄 ··· 84
5.2 LR 分析法 ··· 87
　　5.2.1 LR(0) ·· 92
　　5.2.2 SLR(1) ··· 97
　　5.2.3 LR(1) ·· 100
　　5.2.4 LALR(1) ·· 105
5.3 语法分析程序自动生成器 YACC ··· 109
习题 ··· 113

第6章　语法制导翻译与中间代码生成 118
- 6.1　两种翻译方法简介 118
- 6.2　属性文法 119
  - 6.2.1　综合属性 120
  - 6.2.2　继承属性 120
- 6.3　依赖图 121
- 6.4　语法制导翻译 123
  - 6.4.1　S-属性文法与自底向上翻译 123
  - 6.4.2　L-属性文法与自顶向下翻译 124
  - 6.4.3　翻译模式 125
- 6.5　中间代码的形式 128
  - 6.5.1　逆波兰表示法 128
  - 6.5.2　三元式表示法 129
  - 6.5.3　四元式表示法 130
  - 6.5.4　图表示法 130
- 6.6　中间代码生成 131
  - 6.6.1　说明语句的翻译 131
  - 6.6.2　赋值语句的翻译 132
  - 6.6.3　赋值语句中的布尔表达式的翻译 133
  - 6.6.4　控制流语句中的布尔表达式的翻译 135
  - 6.6.5　控制流语句的翻译 138
  - 6.6.6　数组元素的翻译 144
  - 6.6.7　函数调用的翻译 147
- 习题 149

第7章　运行时的存储组织与分配 153
- 7.1　概述 153
  - 7.1.1　关于存储组织 153
  - 7.1.2　函数(或过程)的活动记录 154
  - 7.1.3　存储分配策略 155
- 7.2　静态存储分配 156
- 7.3　基于栈的运行时动态存储分配 157
  - 7.3.1　简单栈式存储分配的实现 157
  - 7.3.2　嵌套过程语言的栈式存储分配的实现 161
- 7.4　基于堆的动态存储分配的实现 165
- 7.5　参数传递 167
  - 7.5.1　传值 167
  - 7.5.2　传地址 168

习题 ·· 169

第 8 章 符号表 ·· 174

8.1 符号表的作用 ··· 174
8.2 符号表的内容 ··· 175
8.3 符号表的组织 ··· 177
8.3.1 符号表的数据结构 ·· 177
8.3.2 关键字域的组织 ··· 177
8.3.3 其他域的组织 ·· 178
8.4 符号表举例 ··· 181
8.4.1 无序表 ··· 182
8.4.2 有序表 ··· 182
8.4.3 散列符号表 ··· 182
8.4.4 栈式符号表 ··· 183

习题 ·· 184

第 9 章 代码优化 ·· 186

9.1 概述 ··· 186
9.2 局部优化 ··· 186
9.2.1 基本块的划分 ·· 187
9.2.2 基本块的优化 ·· 187
9.2.3 基本块的有向图表示 ·· 189
9.3 循环优化 ··· 195
9.3.1 控制流图 ··· 195
9.3.2 基本属性 ··· 196
9.3.3 支配结点和后必经结点 ·· 196
9.3.4 循环的查找 ··· 199
9.3.5 循环优化 ··· 200
9.4 全局优化 ··· 203
9.4.1 相关概念及数据流方程 ·· 203
9.4.2 可到达定义 ··· 204
9.4.3 结构化程序的数据流分析 ·· 206
9.4.4 数据流方程的迭代解 ·· 207
9.4.5 活跃变量分析 ·· 209

习题 ·· 212

第 10 章 目标代码生成 ··· 214

10.1 目标代码的形式 ·· 214
10.2 目标代码生成的主要问题 ··· 215

    10.2.1 目标程序 ··· 215
    10.2.2 指令选择 ··· 215
    10.2.3 寄存器分配 ··· 216
    10.2.4 计算次序选择 ·· 216
  10.3 目标机器 ··· 217
    10.3.1 目标机器的指令系统 ·· 217
    10.3.2 指令代价 ··· 218
  10.4 一个简单的代码生成器 ··· 219
    10.4.1 寄存器描述和地址描述 ·· 219
    10.4.2 代码生成算法 ·· 220
    10.4.3 寄存器选择函数 ··· 220
    10.4.4 为变址和指针语句产生代码 ·· 222
    10.4.5 条件语句 ··· 222
  10.5 寄存器分配的原则 ··· 223
  习题 ··· 224

附录 A 一个类 C 语言的编译器前后端实现代码参考 ································· 226
  A.1 基本文法说明 ··· 226
  A.2 语义分析对应的文法设计 ··· 228
  A.3 总体架构 ··· 229
  A.4 数据结构设计 ··· 229
  A.5 前端功能模块具体实现 ··· 231
    A.5.1 词法分析关键代码实现 ·· 232
    A.5.2 语法分析关键代码实现 ·· 234
    A.5.3 语义分析关键代码实现 ·· 236
    A.5.4 中间代码生成 ·· 241
  A.6 目标代码(汇编代码)生成 ·· 249
  A.7 测试 ·· 253

参考文献 ··· 256

第1章 引论

1.1 什么是编译程序

1.1.1 编译程序与高级程序设计语言的关系

程序设计语言是向人及计算机描述计算机过程的记号。半个多世纪以来,程序设计语言经历了由低级向高级的发展,从最初的机器语言、汇编语言发展到面向过程语言和面向对象的语言,使得高级语言越来越倾向于以人的语言表达,并且成为人和计算机交互的媒介。但是,实际上计算机硬件仅能识别的是机器语言,根本不懂 Pascal、C、C++、Ada 和 Java 等高级语言,换而言之,用高级语言编写的程序不能直接运行在计算机硬件上。那么,如何使一个高级语言编写的程序能够在只识别机器语言的计算机上执行呢?这就需要借助翻译程序,作为沟通计算机硬件与用户的渠道,通过翻译程序的翻译处理工作,计算机才能执行高级语言编写的程序。翻译程序的功能如图 1-1 所示。

简单地说,把用某一种程序设计语言的程序(源程序)翻译成等价的另一种语言的程序(目标程序)的程序称为翻译程序。被翻译的程序称为源程序。源语言是用来编写源程序的语言,一般是汇编语言或高级程序设计语言。源程序经过翻译程序翻译后生成的程序称为目标程序。目标程序可以用机器语言、汇编语言甚至高级语言或用户自定义的某类中间语言来描述。

图 1-1 翻译程序的功能

翻译程序从源语言类型或实现机制的角度一般可以分为汇编程序、编译程序和解释程序。

汇编程序(assembler):若源程序用汇编语言编写,经翻译生成机器语言表示的目标程序,该翻译程序称为汇编程序。通常,编译程序会生成汇编语言程序作为其目标语言,然后再由汇编程序将它翻译成目标代码。

编译程序(compiler):若源程序用高级语言编写,经翻译加工生成某个机器的汇编语言程序或二进制代码程序,该翻译程序称为编译程序。将需要处理的数据送到生成的目标程序,就可以得到程序的结果。但是在把整个程序全部编译完成之前,这个程序是不能开始运行,也不能产生任何结果的。本书重点介绍编译程序的基本原理和主要构造方法。

解释程序(interpreter):解释程序的工作模式是逐条语句分析执行,一旦第一条语句分析结束,源程序便开始运行并且生成结果。解释执行的过程如图1-2所示。解释执行的优点是易于查错,在程序执行过程中可以修改程序。它特别适合程序员交互方式的工作情况,即希望在获取下一条语句之前了解每条语句的执行结果,允许执行时修改程序。典型的解释程序有Basic语言解释程序、UNIX命令语言解释程序(shell)和数据库查询语言SQL解释程序等。

图1-2 源程序的解释执行

1.1.2 高级语言源程序的执行过程

一个源程序编写后要投入运行,需要编译程序支持的执行过程分为两个阶段:编译阶段和运行阶段,分别如图1-3(a)和图1-3(b)所示。编译阶段对整个源程序进行分析,翻译成等价的目标程序;运行阶段则由所生成的目标程序连同运行系统(数据空间分配子程序、标准函数程序等)接收程序的初始数据作为输入,运行后输出计算结果。

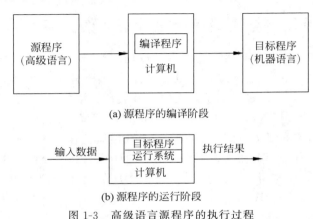

(a) 源程序的编译阶段

(b) 源程序的运行阶段

图1-3 高级语言源程序的执行过程

1.1.3 与编译器有关的程序

除了编译器之外,创建一个可执行的目标程序还需要一些其他程序,如图1-4所示。

1. 编辑器

编译器(editor)通常接受由任何生成标准文件(如ASCII文件)的编辑器编写的源程序。

2. 预处理器

预处理器(preprocessor)是在真正的翻译之前由编译器调用的独立程序。预处理器可以删除注释、空白符、执行宏等。一个源程序甚至可能被分割成多个模块,分别存放于独立的文件中。用预处理器可以把源程序聚合在一起。

3. 汇编器

将经过预处理的源程序作为输入传递给一个编译器,编译器可以产生一个汇编语言程序作为输出,因为汇编语言程序比较容易输出和调试。接着,这个汇编语言程序由称为汇编

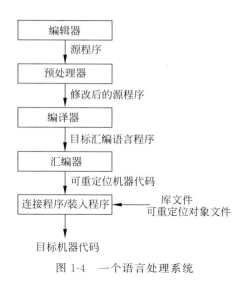

图 1-4 一个语言处理系统

器(assembler)的程序进行处理,并产生可重定位的机器代码。

4．连接程序

连接程序(linker)将分别在不同的目标文件中编译或汇编的代码收集到一个可直接执行的文件中。连接程序还直接连接目标程序和用于标准库函数的代码,以及连接目标程序和由计算机操作系统提供的资源。

5．装入程序

装入程序(loader)可以处理所有与指定的基地址或起始地址有关的可重定位的机器代码。装入程序使得可执行代码更加灵活,但是装入通常是在后台(作为操作环境的一部分)或与连接程序相联合才发生,装入程序极少是实际的独立程序。

1.2 编译过程与编译程序的组织结构

1.2.1 编译过程概述

编译程序是比较复杂、庞大的系统软件。它所涉及的处理对象——源语言程序,从通用语言到计算机应用的各个领域的专用语言有成百上千种,它所涉及的处理结果——目标程序,其形式既可以是另一种程序设计语言或特定目标表示,又可以是从微型计算机到超大型计算机的某种机器语言,可见不同源语言需要不同的编译程序。现在比较流行、使用比较广泛的一些编译器,如 Turbo 系列、Visual 系列等,已不仅是一个语言翻译工具,更是一个包括编译器、连接器、调试器等功能的庞大的集成开发环境。尽管编译程序的处理过程相当复杂,且不同的编译程序实现方法千差万别,构造原理各异,但任何编译程序要完成的基本任务都是类似的,其基本逻辑功能及必须完成的处理任务的分模块具有共同点。图 1-5 给出了编译程序总体结构的典型表示,也反映了编译程序的概貌与组成。

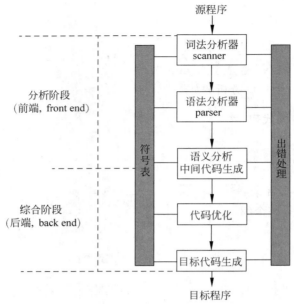

图 1-5　编译程序总体结构

图 1-5 所示的编译程序总体结构图中,其中间位置的纵向 5 个矩形框表示编译程序工作过程的阶段或完成编译程序某阶段特定功能的模块,各模块间有密切的逻辑联系。图中两边的灰色矩形框是编译程序的辅助模块,可在编译的任何阶段被调用,辅助完成编译功能。

如图 1-5 所示,编译程序的工作过程是:从输入源程序开始到输出目标程序为止,经过词法分析、语法分析、语义分析与中间代码生成、代码优化及目标代码生成 5 个阶段,反映了一般编译器的动态编译过程。

1. 词法分析

词法分析(lexical analysis)阶段的任务是对输入符号串形式的源程序进行最初的加工处理。它依次扫描读入的源程序中的每个字符,识别出源程序中有独立意义的源语言单词,用某种特定的数据结构对它的属性予以表示和标注。词法分析实际上是一种线性分析,词法分析阶段工作依据的是源语言的词法规则。例如,有如下 C 语言表达式:a=2+3,经过词法分析识别出 5 个单词并输出每个单词的单词符号表示,如表 1-1 所示。

表 1-1　语句 a=2+3 的单词符号

序号	单词类型	单词值
1	标识符	a
2	赋值	=
3	整常数	2
4	整常数	3
5	加号	+

在表 1-1 中,"单词类型"和"单词值"表示单词符号,通常也称为属性字或记号(token)。单词属性字的数据结构可根据不同语言及编译程序实现方案来设计,但一般由单词类型标识及单词值两部分构成。通俗地讲,单词的属性字实际是单词机器内部表示的一种记号。

2. 语法分析

语法分析(syntax analysis)阶段的任务是:在词法分析的基础上,依据源语言的语法规则,对词法分析的结果进行语法检查,并识别出单词符号串所对应的语法范畴,类似于自然语言中对短语、句子的识别和分析。通常将语法分析的结果表示为抽象的分析树(parser tree)或称语法树(syntax tree)。例如,上述C语言表达式的语法分析树如图1-6所示。

3. 语义分析与中间代码生成

语义分析(semantic analysis)阶段的任务是:依据源语言限定的语义规则对语法分析所识别的语法范畴进行语义检查并分析其含义,初步翻译成与其等价的中间代码。语义分析是整个编译程序完成的最具实质性的翻译任务。

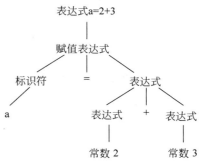

图1-6 C语言表达式 a=2+3 的语法分析树

4. 代码优化

代码优化(code optimization)是为了改进目标代码的质量而在编译过程中进行的工作。代码优化可以在中间代码级或目标代码级进行,其实质是在不改变源程序语义的基础上对其进行加工变换,以期获得更高效的目标代码。而高效一般是对所产生的目标程序在运行时间上的缩短和存储空间上的节省而言的。

在前述的例子中,C语言表达式 a=2+3 的中间代码经过常量合并这样的优化后,不生成 2+3 的中间代码,仅产生将 2+3 的结构值 5 赋给标识符 a 的中间代码,即 a=5,这是在中间代码上的代码优化。

5. 目标代码生成

目标代码生成(code generation)作为编译程序的最后阶段,其任务是:根据中间代码及编译过程中产生的各种表格的有关信息,最终生成所期望的目标代码程序,一般为特定机器的机器语言代码或汇编语言代码。这个阶段实现了最后的翻译工作,处理过程较烦琐,需要充分考虑计算机硬件和软件所提供的资源,以生成较高质量的目标代码。

例如,对上面的示例在代码生成时,设使用寄存器 R0 和 R1,考虑怎样存储整型数来为数组元素的引用生成目标代码。表1-2给出了用汇编语言描述的目标代码。

表1-2 用汇编语言描述的C语言表达式 a=2+3 的目标代码

操作数	目标操作数	源操作数	说 明
MOV	R0	index	索引值赋给寄存器 R0
MUL	R0	2	存储按字节编址,整型数占2字节
MOV	R1	&a	&a 表示变量 a 的地址
ADD	R1	R0	计算 a 的地址
MOV	R1	2	R1=2
ADD	R1	3	计算 2+3
MOV	R1	5	a=5

作为对编译程序的编译过程和各工作阶段的小结,下面给出例 1-1。

【例 1-1】 设有 C 语句如下:

x = y − z * 15;   //设 x、y、z 为 float 型变量

按照一般编译程序对源程序分析、处理的 5 个阶段,图 1-7 给出了对该语句的编译过程和各阶段的接口。

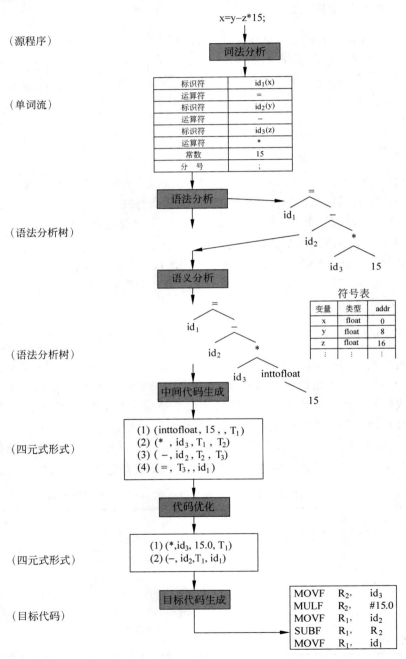

图 1-7 编译 C 语言语句 x＝y−z*15;的过程

上述编译过程的 5 个阶段仅是对典型的编译程序在逻辑功能上的共性的提炼,而实际上,对具体的编译程序,逻辑关系是多种多样的,有些阶段的工作可以结合、分解和交叉,甚至省略,因此可以构成具有完全不同的逻辑结构的各类编译程序。由于编译器的结构对其可靠性、有效性、可用性及可维护性都有较大的影响,因此有必要更多地了解有关编译器结构的各种观点。

1.2.2 编译程序的组织结构

编译程序将源程序翻译为目标程序的基本过程是对源程序进行分析和加工的过程,这个过程除了如前所述的 5 个基本阶段以外,任何规模不同、结构各异的编译程序都还有两部分与编译各阶段有密切联系,即表格管理和出错处理。另外,编译的遍(pass)也是编译程序结构与组织的一个重要概念。

1. 表格与表格管理

编译程序在对源程序的分析过程中,需要保留和管理一系列表格,以登记源程序中的数据实体的有关信息和编译各阶段所产生的信息,以便完成从源程序到目标程序的等价变换。例如,编译程序需要知道变量的类型、数组的大小、函数参数个数和类型等,这些信息一般可以从源程序中得到。随着编译过程的进行需要不断地建表、查表和填表,或修改表中的某些数据,或从表中取得有关信息,支持编译的全过程。因此合理地设计和使用表格,构造高效的表格管理程序是编译程序设计和实现的重要任务和组成部分。

2. 出错处理

编译程序的不可或缺的重要功能是对源程序中可能存在的错误进行自动检查、分析和报告,并尽可能保障恢复编译。一个性能好、效率高的编译程序应该能够协助程序员及时、准确地发现源程序中的错误,以提高调试程序的效率,方便用户修改程序,并能把错误限制在尽可能小的范围里。这方面的任务由编译程序的出错处理程序来完成。

3. 遍

编译程序的具体结构即物理结构与对源程序加工的遍数相关。"遍"(pass)是编译程序组织中的一个重要概念。笼统地讲,"遍"是指对源程序或源程序的中间形式从头到尾扫描一遍,并做有关的分析加工,生成新的源程序的中间形式或生成目标程序,各遍之间通过临时文件相关联。因此,扫描遍数的确定和不同的分遍方式,都会造成编译程序在具体结果上存在差别。编译程序可以把前述的 5 个阶段的工作分开或并行完成。例如,一个"一遍扫描的编译程序"实际上包括了编译各阶段的任务;而对于一个"三遍扫描的编译程序",词法分析、语法分析和语义处理/生成中间代码可合并为一遍,代码优化可单独作为一遍,最后一遍完成目标程序生成工作。总之,编译程序分遍以后,每遍产生一个中间处理结果,前一遍的结果是后一遍的加工对象,最后一遍的结果即为目标程序。

一个编译程序是否分遍,分为几遍,每遍完成什么工作,要视具体情况而定。一般来讲,遍数多的优点是编译系统逻辑结构清晰,可减少对主存容量的要求,各遍程序功能独立,相互联系简单,优化的准备工作充分,但也会带来许多重复性的工作,增加各遍间相互切换、连接的开销。

一般编译程序遍的设置应该考虑如下一些基本因素。

（1）目标机的硬件因素。例如一个编译程序结构复杂，体积大，机器内存无法容纳整个编译程序，这就需要将编译各阶段的工作进行划分和合并，若干阶段组合作为一遍，编译时以遍为单位调入，各遍在内存中相互覆盖。

（2）语言逻辑的限定。有的语言本身隐含着至少需包含两遍编译程序的情况。例如，FORTRAN语言中等价语句、公用语句的分析处理比较特殊，对源程序一遍直接生成目标代码是很困难的。

（3）设计目标。如编译速度、目标程序运行速度及查错功能要求等。

（4）代码优化因素。一般有代码优化功能的编译程序，特别是要求较高的优化，需要对源程序进行控制流分析和数据流分析，一遍的编译程序通常是不能胜任的。

另外，也有许多人为的、时间的和客观因素的限定，要通过综合分析来决定。一般来讲，一个编译程序遍数设置得多可以减少对主存容量的要求，而且各遍之间功能独立，结构清晰。不足之处是，各遍都有一些重复性的工作，如重复扫描，这会降低编译器的效率。

1.2.3 编译阶段的组合

1．分析和综合

将编译过程分为分析和综合两个部分（如图1-7所示）的观点将对源程序进行结构分析和语义分析的处理看作分析部分，而将生成翻译代码及进一步对代码优化的处理看作综合部分。

2．前端和后端

这种观点按照编译器是依赖于对源语言的操作还是依赖于对目标语言的操作，将其分为前端和后端两部分。这与将编译器分为分析和综合两部分是一致的。前端重在语言结构的分析，完成词法分析、语法分析和语义分析，一般与目标机无关，因此适用于自动生成。后端进行综合，实现语言意义的处理及优化，完成目标代码的生成，一般与目标机相关。如果在理想情况下将编译器严格分成这两部分，则中间语言是前端和后端的分界或接口。

1.3 编译程序的构造与实现

1.3.1 如何构造一个编译程序

构造一个编译程序应从下述3方面入手。

（1）源语言。这是编译程序处理的对象。要深刻理解所编译的源语言的结构、词法、语法和语义规则，以及有关的约束和特点。

（2）目标语言与目标机。这是编译程序处理的结果和运行环境。若选用机器语言作为目标语言，更需深入了解目标机的软件、硬件的有关资源、环境及特点。

（3）编译方法与工具。这是生成编译程序的关键。应考虑与既定的源语言、目标语言相符合，构造方便，考虑时间、空间上的高效率及实现的可能性和代价等诸多因素，并应尽可能地考虑使用先进的、方便的编译程序生成工具。

1.3.2 编译程序的开发

编译程序的开发常常采用自编译、交叉编译、自展和移植等技术实现。

1. 自编译

用某种高级语言书写自己的编译程序称为自编译。自编译方式要求语言本身具有自编译功能，如 Pascal 语言。自编译就是先对语言的核心部分用其他语言（一般为汇编语言或机器语言）构造一个小的编译程序，然后再利用这一小部分核心语言构造能翻译更多语言成分的编译程序。这样逐步扩大，像滚雪球一样，最后完成整个语言的编译程序。

2. 交叉编译

交叉编译是指用 A 机器上的编译程序来产生可在 B 机器上运行的目标代码。例如，若 A 机器上已有 C 语言可以运行，则可用 A 机器中的 C 语言书写一个编译程序，它的源程序是 C 语言程序，而产生的目标程序则是基于 B 机器的，即能够在 B 机器上执行的低级语言程序。

3. 自展

自展的方法是：首先确定一个非常简单的核心语言 L0，然后用机器语言或汇编语言书写出它的编译程序 T0；再把语言 L0 扩充到 L1，并用 L0 编写 L1 的编译程序 T1（即自编译）；然后再把语言 L1 扩充为 L2，并用 L1 编写 L2 的编译程序 T2……这样不断扩展下去，直到完成所要求的编译程序为止。

4. 移植

移植是指 A 机器上的某种高级语言的编译程序稍加改动后能够在 B 机器上运行。一个程序若能较容易地从 A 机器上搬到 B 机器上运行，则称该程序是可移植的。移植具有一定的局限性。

1.3.3 编译程序的自动构造工具

编译程序的自动生成已为越来越多的人所重视，编译理论的迅速发展促进了编译程序部分或全部自动生成的技术和工具的不断发展和完善，出现了词法分析器产生器、语法分析程序产生器、代码自动生成器及编译程序的编译程序等编译自动生成工具。在编译程序自动构造过程中先后出现了一些比较成熟、实用的编译程序的构造工具，大大提高了产生编译程序的效率。在此简要介绍一些有效的编译程序构造工具。

1. 词法分析器自动生成器

词法分析器自动生成器能够将语言的词法规则的描述作为输入，自动产生识别该语言单词的词法分析程序。例如 Lex 和 Flex 都是很成熟的词法分析器自动生成器,其主要原理是基于有限自动机理论,将在第 3 章中详细讨论。

2. 语法分析程序产生器

语法分析程序产生器能够自动产生语法分析程序。特别是对于采用 LR 分析法的语法分析程序,已有比较成熟、实用的产生器,例如 YACC、Bison 等,这将在第 5 章中详细讨论。许多这类自动产生器可以实现相当复杂的分析算法,甚至是人们手工难以实现的算法。

3. 语法制导翻译器

语法制导翻译器能自动完成语义处理工作。它接收由语法分析生成的分析树,通过对树的遍历生成某种形式的中间代码。

4. 代码自动生成器

代码自动生成器利用从中间语言到目标机语言翻译的规则集生成目标代码,这些规则要尽可能详尽地考虑到可能存放在寄存器、存储器或分配于栈中的各种数据的存取方法。代码自动生成器采用的基本技术是模板比较、模板映射等。

5. 数据流分析装置

完成代码优化的工作,直接涉及对源程序中数据流的分析,这是代码优化工作必不可少的前期工作,数据流分析装置正是承担了代码优化工作中的这一重要角色。

习题

1. 选择题。
(1) 下面对编译原理的有关概念描述正确的是(　　)。
　　A. 目标语言只能是机器语言　　　　B. 编译程序处理的对象是源语言
　　C. Lex 是语法分析自动生成器　　　D. 解释程序、编译程序属于翻译程序
(2) (　　)不是编译程序的组成部分。
　　A. 词法分析程序　　　　　　　　　B. 代码生成程序
　　C. 设备管理程序　　　　　　　　　D. 语法分析程序
(3) 下面对编译程序分遍描述正确的是(　　)。
　　A. 使编译程序结构清晰　　　　　　B. 提高程序的执行效率
　　C. 提高机器的执行效率　　　　　　D. 增加对内存容量的要求
(4) 下列关于解释程序的描述正确的是(　　)。
　　A. 解释程序的特点是处理程序时不产生目标代码
　　B. 解释程序适用于 Java 和 FORTRAN 语言
　　C. 解释程序是为打开编译程序技术的僵局而开发的
　　D. 以上描述均不正确

(5) 解释程序和编译程序的主要区别是(　　)。
　　A. 是否生成中间代码　　　　　　　B. 加工的源语言不同
　　C. 使用的实现技术不同　　　　　　D. 是否生成目标代码
(6) 无符号常数的识别工作通常在(　　)阶段完成。
　　A. 词法分析　　　B. 语法分析　　　C. 语义分析　　　D. 代码生成
(7) 对于表达式 a+b*c,将其中 b*c 识别为表达式的编译阶段是(　　)。
　　A. 词法分析　　　B. 语法分析　　　C. 语义分析　　　D. 代码生成
(8) 编译程序各阶段的工作都涉及(　　)。
　　① 表格管理　　② 语法分析　　③ 出错处理　　④ 代码优化
　　A. ①②　　　　B. ②③　　　　C. ③④　　　　D. ①③
(9) (　　)和代码优化部分不是每个编译程序都必需的。
　　A. 语法分析　　　　　　　　　　　B. 中间代码生成
　　C. 词法分析　　　　　　　　　　　D. 代码生成
(10) 如果想要为某高级语言构造编译程序,则需要掌握(　　)。
　　A. 源语言　　　B. 目标语言　　　C. 编译技术　　　D. 以上三项都是

2. 填空题。
(1) 构造一个编译程序的三要素是(　　)、(　　)和(　　)。
(2) 被编译的程序为 A 语言程序,编译的最终结果为 B 语言代码,编写编译程序的语言为 C 语言。那么,(　　)语言是源语言,(　　)语言是宿主语言,(　　)语言是目标语言。
(3) 编译阶段的活动常用一遍扫描来实现,一遍扫描包括(　　)和(　　)。
(4) 对编译程序而言,输入数据是(　　),输出结果是(　　)。
(5) 通常把编译过程分为前端与后端两大部分。词法、语法和语义分析是对源程序的(　　),中间代码生成、代码优化与目标代码的生成则是对源程序的(　　)。
(6) 编译方式与解释方式的根本区别在于(　　)。
(7) 编译程序首先要识别出源程序中每个(　　),然后再分析每个(　　)并翻译其意义。
(8) 翻译程序分为(　　)、(　　)和(　　)三种。

3. 判断题。
(1) 解释执行与编译执行的根本区别在于解释程序对源程序没有真正进行翻译。
　　　　　　　　　　　　　　　　　　　　　　　　　　　　　　　　　(　　)
(2) 宿主语言是目标机的目标语言。　　　　　　　　　　　　　　　　　(　　)
(3) 具有优化功能的编译器可能组织为一遍扫描的编译器。　　　　　　　(　　)
(4) 编译程序是将用某一种程序设计语言写的程序(源程序)翻译成等价的另一种语言程序(目标程序)。　　　　　　　　　　　　　　　　　　　　　　　　　　(　　)
(5) 编译程序是应用软件。　　　　　　　　　　　　　　　　　　　　　(　　)

4. 简答题。
(1) 什么是汇编程序?
(2) 什么是编译程序?

（3）什么是解释程序？
（4）编译方式与解释方式的根本区别是什么？
（5）编译程序和高级语言有什么区别？
（6）典型的编译过程在逻辑上分为几个基本阶段？
（7）什么是编译的遍？
（8）什么是编译前端？
（9）什么是编译后端？

第 2 章 形式语言和有限自动机理论

2.1 文法和语言

2.1.1 字母表和符号串

高级程序设计语言是由一切该程序语句组成的集合。那么,高级程序语言的语句是如何形成的呢？按照学过的知识,语句应该由一系列的常量、变量、标识符、运算符和表达式等成分组成。但是,常量、变量等成分又是由什么构成的呢？为了给出语言的形式化定义,首先讨论字母表和符号串的有关概念。

定义 2-1 字母表

字母表是元素的非空有穷集合。字母表中的元素称为符号或者字符,因此字母表也称为符号(字符)集。

字母表包含了语言中允许出现的全部符号。不同语言可以有不同的字母表。通常用大写希腊字母 Σ 或大写英文字母等表示字母表,用集合的列举法表示字母表中的符号。例如,计算机语言是由符号 0 和 1 组成的字母表：$\Sigma=\{0,1\}$；C 语言字母表：$\Sigma=\{A\sim Z, a\sim z, 0\sim 9, +, -, *, /, <, =, >, \_, \&, \^{}, \sim, \backslash, :, ;, ', ", ;, ,, ., .., ?, (,), \{,\}, [,], 空格, !, \#, \%\}$。

定义 2-2 字母表上的符号串

由字母表 Σ 中的符号所组成的任何有穷序列被称为该字母表上的符号串。无任何符号的符号串称为空符号串,记作 ε。

符号串的形式化定义如下。

(1) 字母表 Σ 中的字符是 Σ 上的符号串。

(2) 若 x 是 Σ 上的符号串,而 a 是 Σ 的元素,则 xa 是 Σ 上的符号串。

(3) y 是 Σ 上的符号串,当且仅当它由(1)和(2)导出。

符号串通常用小写希腊字母表示,它总是建立在某个特定的字母表上,且仅由字母表上的有穷多个符号组成。在符号串中,符号的顺序是很重要的,例如符号串 ab 就不同于 ba, $abca$ 和 $aabc$ 也不同。

给出符号串定义后,可以将语言定义为确定的字母表上字符串的任何集合。例如,不含任何元素的空集合记为 $\varnothing$,即 $\{\}$；只含有空符号串的集合记为 $\{\varepsilon\}$；C 语言是符合 C 语法的程序组成的集合。

定义 2-3　符号串的长度

符号串的长度是符号串中符号的个数。例如,定义在字母表 $\Sigma=\{0,1\}$ 上的字符串 110011 的长度是 6,即 $|110011|=6$。空串 ε 的长度为 0,即 $|\varepsilon|=0$。

定义 2-4　符号串的子串

设 ω 是一个符号串,把从 ω 的尾部删去 0 个或若干个符号之后剩余的部分称为 ω 的前缀。类似地,从 ω 的首部删去 0 个或若干个符号之后剩余的部分称为 ω 的后缀。例如,设 $\omega=012$,则 ε、0、01、012 都是 ω 的前缀,而 ε、2、12、012 都是 ω 的后缀。

若 ω 的前缀不是 ω 自身,则将其称为 ω 的真前缀;同理,若 ω 的后缀不是 ω 自身,则将其称为 ω 的真后缀。

从一个符号串中删去它的一个前缀和一个后缀之后剩余的部分称为该符号串的子符号串或子串。例如,$\omega=0123$,则 ε、0、1、2、01、12、23、012、123 及 0123 都是 ω 的子串。

定义 2-5　符号串的连接

设 α 和 β 是两个符号串,如果将符号串 β 直接拼接在符号串 α 之后,则称此操作为符号串 α 和 β 的连接,记作 $\alpha\beta$。例如,$\alpha=012$,$\beta=\mathrm{abc}$,则 $\alpha\beta=012\mathrm{abc}$,$\beta\alpha=\mathrm{abc}012$。显然连接运算是有序的。一般来说 $\alpha\beta\neq\beta\alpha$,仅当 $\alpha=\beta$ 或 α、β 至少有一个为空串时,$\alpha\beta=\beta\alpha$。

定义 2-6　符号串的方幂

设 ω 是某字母表上的符号串,把 ω 自身连接 n 次得到符号串 ν,即 $\nu=\omega\omega\cdots\omega$($n$ 个 ω),称 ν 是符号串 ω 的 n 次幂,记作 $\nu=\omega^n$。

设 ω 是符号串,则有定义

$$\omega^0=\varepsilon$$
$$\omega^1=\omega$$
$$\omega^2=\omega\omega$$
$$\omega^3=\omega^2\omega=\omega\omega^2=\omega\omega\omega$$
$$\vdots$$
$$\omega^n=\omega^{n-1}\omega=\omega\omega^{n-1}=\underbrace{\omega\omega\cdots\omega}_{n\text{个}}$$

例如,$\omega=\mathrm{abc}$,则 $\omega^2=\mathrm{abcabc}$,$\omega^3=\mathrm{abcabcabc}$。

定义 2-7　符号串集合的连接

设 A、B 是两个符号串集合,AB 表示 A 与 B 的连接,其定义为 $AB=\{ab\,|\,(a\in A)\text{ and }(b\in B)\}$,表示 a 属于 A 且 b 属于 B 的符号串 ab 所组成的集合。

注意:有 $\{\varepsilon\}A=A\{\varepsilon\}=A$,$\varnothing A=A\varnothing=\varnothing$,其中 $\varnothing$ 为空集。

定义 2-8　符号串集合的合并

设 A、B 是两个符号串集合,AB 表示 A 与 B 的连接,其定义为 $A\cup B=\{s\,|\,(s\in A)\text{ or }(s\in B)\}$,表示属于 A 或属于 B 的符号串 s 所组成的集合。

定义 2-9　符号串集合的方幂

设 A 是符号串集合,A 与自身的乘积可以用方幂表示。其定义为

$$A^0=\{\varepsilon\}$$

$$A^1 = A$$
$$A^2 = AA$$
$$A^3 = A^2A = AAA$$
$$\vdots$$
$$A^n = A^{n-1}A = \underbrace{AA\cdots A}_{n\text{个}}$$

显然有
$$A^{i+j} = A^i A^j$$

定义 2-10　集合的闭包

设 A 为一个集合，A 的正闭包记作 A^+，定义为
$$A^+ = A^1 \cup A^2 \cup \cdots \cup A^n \cup \cdots$$

A 的自反闭包记作 A^*，
$$A^* = A^0 \cup A^+ = \{\varepsilon\} \cup A^+ = A^+ \cup \{\varepsilon\}$$

由定义知，$A^+ = AA^*$。

设 Σ 为字母表，显然有
$$\Sigma^* = \Sigma^0 \cup \Sigma \cup \Sigma^2 \cup \cdots \cup \Sigma^n \cup \cdots$$

【例 2-1】 $A = \{x, y\}$，求 A 的自反闭包和正闭包。
$$A^* = \{\varepsilon, x, y, xx, xy, yx, yy, \cdots\}$$
$$A^+ = \{x, y, xx, xy, yx, yy, \cdots\}$$

【例 2-2】 设符号串 $L = \{A \sim Z, a \sim z\}$，$D = \{0 \sim 9\}$，试描述 $L \cup D$、LD、L^4、$L(L \cup D)^*$ 和 D^+ 分别表示什么样的符号串集合。

（1）$L \cup D = \{A \sim Z, a \sim z, 0 \sim 9\}$。

（2）LD 表示所有一个字母后跟一个数字组成的符号串构成的集合。

（3）L^4 表示所有的 4 个字母的符号串构成的集合。

（4）$L(L \cup D)^*$ 表示所有字母打头的字母和数字符号串构成的集合。

（5）D^+ 表示所有长度大于等于 1 的数字串构成的集合。

2.1.2　文法和语言的形式化定义

给定字母表 Σ，一种语言可看作 Σ^* 中的某个子集。显然，这种定义对于分析而言显得太宽泛了。要分析语言，就要知道其结构，文法就是一种能够用有限规则来展现出语言的结构的形式。

定义 2-11　文法

一部文法 G 是一个四元组
$$G = (V_N, V_T, S, P)$$

V_N 为非空有限的非终结符号集，其中的元素称为非终结符，或称为语法变量，代表了一个语法范畴，表示一类具有某种性质的符号。

V_T 为非空有限的终结符号集，其中的元素称为终结符，其代表了组成语言的不可再分的基本符号集。V_T 即字母表 Σ。设 V 是文法 G 的符号集，则有 $V = V_T \cup V_N$，并且 $V_T \cap V_N = \varnothing$。

S 为文法的开始符号或识别符号，$S \in V_N$。S 代表语言最终要得到的语法范畴。

P 为产生式集合。所谓产生式就是按一定格式书写的定义语法范畴的文法规则。产生式的形式为 $\alpha \rightarrow \beta$ 或 $\alpha = \beta (\alpha \in V^+$，且 α 中至少包含 V_N 中的一个元素，$\beta \in V^*$)。其中，α 称为产生式的左部，β 称为产生式的右部或称为 α 的候选式。

注意：(1) 开始符号 S 必须至少在文法某个产生式的左部出现一次。

(2) 一般情况下(默认)符号含义如下：

① A、B、C 等表示非终结符号。

② a、b、c、d 等表示终结符号。

③ α、β、γ 等表示文法符号串(终结符号和非终结符号组成的符号串)。

【例 2-3】 给出包含 7 条产生式规则的汉语文法如下。

$V_N = \{$句子，主语，谓语，宾语，形容词，名词，动词$\}$

$V_T = \{$大，灰狼，吃，小，山羊$\}$

$S = $句子

$P = \{$<句子>→<主语><谓语>

    <主语>→<形容词><名词>

    <谓语>→<动词><宾语>

    <宾语>→<形容词><名词>

    <形容词>→大|小

    <名词>→灰狼|山羊

    <动词>→吃$\}$

文法用来产生规定字母表 Σ 的语言，语言是字符串的集合，分析出语言中的字符串就可以分析语言，而文法中的规则可以推导出字符串。有了一组规则之后，可以按照一定的方式用规则去推导或产生字符串。推导方法是从一个要识别的开始符号开始推导，即用相应规则的右部来替代规则的左部，每次仅用一条规则进行推导。

【例 2-4】 试以例 2-3 给出的文法和句子为例考察如何用文法推导出字符串。

<句子> ⇒ <主语><谓语>   //<句子>替换为<主语><谓语>

    ⇒ <形容词><名词><谓语>   //<主语>替换为<形容词><名词>

    ⇒ 大<名词><谓语>   //<形容词>替换为"大"

    ⇒ 大灰狼<谓语>   //<名词>替换为"灰狼"

    ⇒ 大灰狼<动词><宾语>   //<谓语>替换为<动词><宾语>

    ⇒ 大灰狼吃<宾语>   //<动词>替换为"吃"

    ⇒ 大灰狼吃<形容词><名词>   //<宾语>替换为<形容词><名词>

    ⇒ 大灰狼吃小<名词>   //<形容词>替换为"小"

    ⇒ 大灰狼吃小山羊   //<名词>替换为"山羊"

到此为止，所得到的符号串中已经全部由终结符组成，这就是文法产生的语言集合中的一个字符串。

下面给出一些基本术语的定义。

定义 2-12　直接推导

设有文法 $G = (V_N, V_T, S, P)$，$\delta, \gamma \in (V_N \cup V_T)^*$，若对于文法符号串 $\delta \alpha \gamma$，存在 $\alpha \rightarrow \beta \in P$，

则称 $\delta\alpha\gamma$ 直接推导出 $\delta\beta\gamma$，记作 $\delta\alpha\gamma \Rightarrow \delta\beta\gamma$。

与之相对应，称 $\delta\beta\gamma$ 直接归约到 $\delta\alpha\gamma$。

定义 2-13 直接推导序列

设有文法 $G = (V_N, V_T, S, P)$，若存在 $\omega = \alpha_0 \Rightarrow \alpha_1, \alpha_1 \Rightarrow \alpha_2, \cdots, \alpha_{n-1} \Rightarrow \alpha_n = v$ 或 $\alpha_0 \Rightarrow \alpha_1 \Rightarrow \alpha_2 \Rightarrow \cdots \Rightarrow \alpha_n$，则 ω 经过 n 步$(n>0)$可以推导出 v，或 v 经过 n 步$(n>0)$可以归约到 ω。当 $\omega \stackrel{+}{\Rightarrow} v$ 或 $\omega = v$，记作 $\omega \stackrel{*}{\Rightarrow} v$。

定义 2-14 最左推导

在每步推导过程中，总是对字符串中最左边的非终结符进行替换，称为最左推导。

定义 2-15 最右推导

在每步推导过程中，总是对字符串中最右边的非终结符进行替换，称为最右推导。最右推导也称为规范推导，规范推导的逆序称为规范归约。

【例 2-5】 已知文法 $G(E)$，产生式规则为

$E \rightarrow E+T \mid T$

$T \rightarrow T*F \mid F$

$F \rightarrow (E) \mid i$

写出句子 $i+i*i$ 的最左推导和最右推导。

最左推导：$E \Rightarrow E+T \Rightarrow T+T \Rightarrow F+T \Rightarrow i+T \Rightarrow i+T*F \Rightarrow i+F*F \Rightarrow i+i*F \Rightarrow i+i*i$。

最右推导：$E \Rightarrow E+T \Rightarrow E+T*F \Rightarrow E+T*i \Rightarrow E+F*i \Rightarrow E+i*i \Rightarrow T+i*i \Rightarrow F+i*i \Rightarrow i+i*i$。

定义 2-16 句型

设有文法 $G = (V_N, V_T, S, P)$，$S \stackrel{+}{\Rightarrow} \alpha (\alpha \in (V_T \cup V_N)^*)$，则称 α 为 $G(S)$ 的句型。

定义 2-17 句子

设有文法 $G = (V_N, V_T, S, P)$，$S \stackrel{+}{\Rightarrow} \alpha (\alpha \in V_T^*)$，则称 α 为 $G(S)$ 的句子。

定义 2-18 语言

设有文法 $G = (V_N, V_T, S, P)$，其所产生的语言定义为 $L(G)$。

$L(G) = \{\alpha \mid \alpha \in V_T^* \land S \stackrel{*}{\Rightarrow} \alpha, S$ 是文法 G 的开始符号$\}$

【例 2-6】 一个文法 $G = (\{a, b\}, \{S\}, S, P)$，其中 $P: S \rightarrow aSb \mid ab$，因为

$$S \Rightarrow aSb \Rightarrow aaSbb \Rightarrow a^3Sb^3 \Rightarrow \cdots \Rightarrow a^{n-1}Sb^{n-1} \Rightarrow a^nb^n$$

所以该文法表示的语言为

$$L(G) = \{ab, aabb, aaabbb, \cdots\}$$

需要指出的是，文法和语言的相互关系并非是唯一的，形式语言理论可以证明如下结论。

(1) 给定文法 G，能从结构上唯一地确定相应的语言。

(2) 给定一种语言，能构造其文法，但这种文法不是唯一的，即有

$$L(G_1) = L(G_2) = \cdots = L(G_n)$$

但 $G_1, G_2, \cdots, G_n$ 互不相同。为此，引出文法等价的概念。

定义 2-19 文法等价

若 $L(G_1)=L(G_2)$,则称文法 G_1 和 G_2 是等价的。

文法等价的概念说明,两个文法即使规则不尽相同,只要所产生的语言集合相同,则认为这两个文法是等价的。

2.1.3 语法分析树与文法二义性

可以用语法分析树来表示经推导而产生的句子结构,这种表示直观形象,有助于理解句子的语法结构层次。一个句子的推导过程即是语法分析树的生长过程。分析树的每个结点与终结符或非终结符有关。构造一棵语法分析树的算法如下。

设 $G=(V_N,V_T,S,P)$,上下文无关文法 G 的一棵语法分析树应满足如下条件。

(1) 每个结点有一个标记,是 $V_T \cup V_N \cup \{\varepsilon\}$ 中的符号。

(2) 语法分析树的根结点是 S,表示一切推导都是从开始符号开始的。

(3) 如果结点是内部结点,则其标记 A 必在 V_N 中。

(4) 如果父结点的标记为 $A,n_1,n_2,\cdots,n_k$ 是其子结点从左到右的标识,则 P 中必存在产生式 $A \to n_1,n_2,\cdots,n_k$。

(5) 如果结点 n 有标记 ε,那么结点 n 是叶子,且是它父亲唯一的儿子,其他叶子结点是终结符。

一棵分析树从左到右的叶子结点就形成了由该语法分析树推导出的句型。若叶子结点都是由终结符组成的,则这些结点从左到右组成的符号串为句子。

【例 2-7】 试以例 2-3 给出的文法和句子为例了解如何用语法分析树推导出字符串。

"大灰狼吃小山羊"的语法分析树如图 2-1 所示。

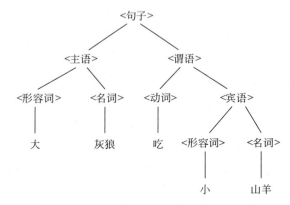

图 2-1 "大灰狼吃小山羊"的语法分析树

【例 2-8】 设有无符号整数的文法 G,产生式如下所示:

<无符号整数> → <数字串>

<数字串> → <数字串><数字> | <数字>

<数字> → 0 | 1 | 2 | 3 | 4 | 5 | 6 | 7 | 8 | 9

对句子 25 的最左推导过程如下:

<无符号整数> ⇒ <数字串> ⇒ <数字串><数字> ⇒ <数字><数字>
⇒ 2 <数字> ⇒ 25

推导的每一步可以用一棵分析树表示,其推导过程的分析树如图 2-2 所示。

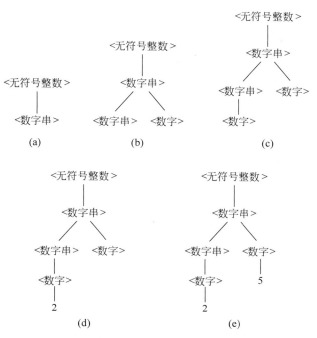

图 2-2 句子 25 的语法分析树推导过程

对句子 25,还可以给出另外的推导(如规范推导),其推导过程及语法树同样可以画出(略)。比较所有可能的推导及相应的分析树会发现,推导过程不同则分析树的生长过程也不同,但最终生成的分析树是完全相同的。

【例 2-9】 文法 G 的产生式为 $E \rightarrow E+E \mid E*E \mid (E) \mid i$。对于句子 $i+i*i$ 进行最左推导并画出语法分析树。

对于句子 $i+i*i$,有如下两个最左推导:

$$E \Rightarrow E+E \Rightarrow i+E \Rightarrow i+E*E \Rightarrow i+i*E \Rightarrow i+i*i$$
$$E \Rightarrow E*E \Rightarrow E+E*E \Rightarrow i+E*E \Rightarrow i+i*E \Rightarrow i+i*i$$

根据这两个最左推导得到的语法分析树的结构也不同,如图 2-3 所示。

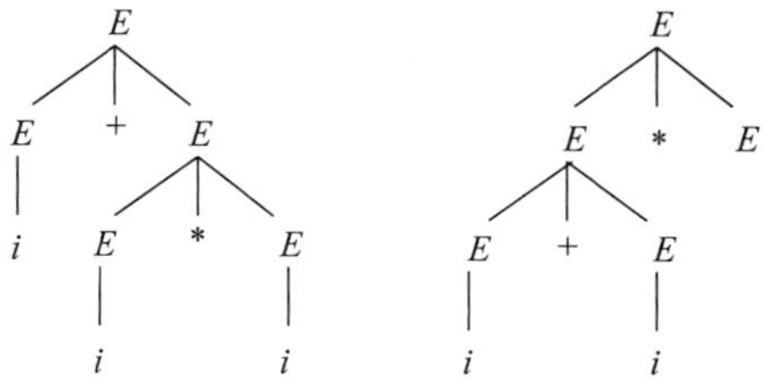

从例 2-9 可以提出这样一个问题:文法的一个句型是否只对应唯一的一棵分析树呢?即是否只有唯一的最左(最右)推导?由这个问题引出了文法二义性的问题。

图 2-3 $i+i*i$ 的两棵不同的语法分析树

定义 2-20 二义文法

对一部文法 G,如果至少存在一个句子,对应两棵(或两棵以上)不同的分析树,则称该句子是二义性的。换而言之,无二义性文法的句子只有一棵语法树,尽管推导过程可以不同。包含二义性句子的文法称为二义文法(或称二义性文法)。否则,该文法是无二义性的。

定义 2-20 也可叙述为：若文法中存在某个句子，它有两个不同的最左（最右）推导，则这个文法是二义性的。

严格说来，文法是对语言的有穷描述，即文法规则是有穷的，而由文法产生的语言一般是无穷的，因此文法的二义性问题是不可判定的，不存在一个算法能在有限步骤内确切地判定一个文法是否是二义性的；但能给出一组充分条件，满足这组充分条件的文法是无二义性的。但请注意，文法的二义性与语言语义的二义性是完全不同的概念，并非文法有二义性，其描述的语言就有二义性，反之亦然。

2.1.4 文法和语言的分类

20 世纪 50 年代，语言学家乔姆斯基（Avram Noam Chomsky）首先对语言的描述问题进行了探讨。在对某些自然语言进行研究的基础上，提出了一种用于描述语言的数学系统，并以此定义了 4 类不同的文法和语言。从前面的讨论可知，一部文法的核心是产生式，它决定着产生什么样的语言，所以文法分类的基点是对产生式类型的区分。乔姆斯基分类即将文法按产生式的不同分成 4 类，4 类文法对应 4 种类型的语言，且由相应的自动机来识别。

定义 2-21 0 型文法（短语结构文法）

如果对文法 $G=(V_N,V_T,S,P)$，其中 P 的每个产生式形如 $\alpha \rightarrow \beta$，其中，$\alpha,\beta \in (V_T \cup V_N)^*$，$\alpha \neq \varepsilon$，则称 G 为 0 型文法或短语结构文法。由 0 型文法所确定的语言为 0 型语言 L_0，0 型语言可由图灵机来识别。

定义 2-22 1 型文法（上下文有关文法）

设文法 $G=(V_N,V_T,S,P)$，对 P 中的每个产生式限制为形如

$$\alpha A \beta \rightarrow \alpha \gamma \beta$$

其中，$A \in V_N$，$\alpha,\beta \in (V_T \cup V_N)^*$，$\gamma \in (V_T \cup V_N)^+$（仅 $S \rightarrow \varepsilon$ 除外，但此时 S 不得出现在任何产生式的右部），则称文法 G 为 1 型文法或上下文有关文法。

1 型文法也称为上下文有关文法，是由于在文法规则中规定了非终结符 A 在出现上下文 α 和 β 的情况下才能由 A 推导出 γ，显示了上下文有关的特点。

1 型文法所确定的语言为 1 型语言 L_1，1 型语言可由线性有界自动机来识别。

定义 2-23 2 型文法（上下文无关文法）

设文法 $G=(V_N,V_T,S,P)$，对 P 中的每个产生式限制为形如

$$A \rightarrow \alpha$$

其中，$A \in V_N$，$\alpha \in (V_T \cup V_N)^*$，则称文法 G 为 2 型文法。

2 型文法也称为上下文无关文法，这是由于在文法规则中，每条规则左部只出现一个非终结符，因此不需要上下文就可由 A 推导出 α。

对 1 型文法，若限制 α、β 为空串，则得到 2 型文法，所以 2 型文法是在 1 型文法基础上稍加限制得到的。由 2 型文法所确定的语言为 2 型语言 L_2，2 型语言可由非确定的下推自动机来识别。

定义 2-24 3 型文法（正则文法、线性文法）

设文法 $G=(V_N,V_T,S,P)$，对 P 中的每个产生式限制为形如

$$A \rightarrow \alpha B \quad 或 \quad A \rightarrow \alpha$$

或者

$$A \rightarrow B\alpha \quad 或 \quad A \rightarrow \alpha$$

其中，$A,B \in V_N$，$\alpha \in V_T^*$，则称文法 G 为 3 型文法。

3 型文法也称为正则文法或线性文法，文法规则为 $A \rightarrow \alpha B$ 或 $A \rightarrow \alpha$ 的文法为右线性文法，文法规则为 $A \rightarrow B\alpha$ 或 $A \rightarrow \alpha$ 的文法为左线性文法。

由 3 型文法所确定的语言为 3 型语言 L_3（正则语言），3 型语言可由确定的有限自动机来识别。

在常见的程序设计语言中，多数与词法有关的文法属于 3 型文法。

上述 4 类文法，从 0 型到 3 型，其后一类都是前一类的子集，且限制是逐步增强的，而描述语言的功能是逐步减弱的。4 类文法描述的语言的关系可以用图 2-4 表示。

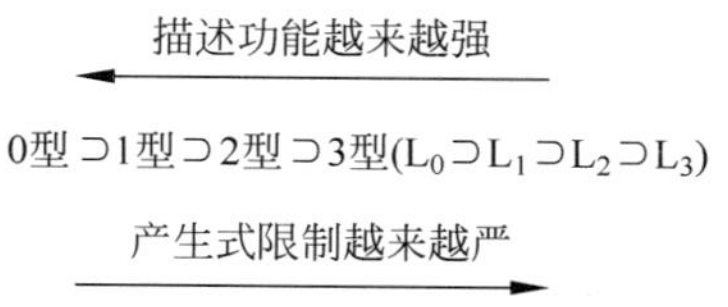

描述功能越来越强 ←

0型 ⊃ 1型 ⊃ 2型 ⊃ 3型（$L_0 \supset L_1 \supset L_2 \supset L_3$）

产生式限制越来越严 →

图 2-4　4 类文法描述的语言的关系

2.2　有限自动机

在 2.1 节介绍 4 类文法的产生式规则的基础上，本节讨论对语言有穷描述的另一方法——识别方式，即有限自动机（Finite Automaton，FA）。有限自动机分为两类：确定的有限自动机（Deterministic Finite Automaton，DFA）和非确定的有限自动机（Nondeterministic Finite Automaton，NFA）。下面分别给出确定的有限自动机和非确定的有限自动机定义，非确定的有限自动机的确定化、确定的有限自动机的化简等算法。

2.2.1　确定的有限自动机（DFA）

确定的有限自动机不是一台具体的机器，而是一个具有离散输入、输出系统的数学模型。它是 4 类文法的识别装置中最基本、最重要的一个。

定义 2-25　确定的有限自动机

一个确定的有限自动机 M（DFA M）是一个五元组

$$M = (\Sigma, S, S_0, Z, f)$$

其中，Σ 是一个字母表，它的每个元素称为一个输入符号；S 是一个有限状态集合，每个元素称为一个状态；$S_0 \in S$，S_0 为 S 的唯一初始状态（也称开始状态）；Z 是 S 的子集，即 $Z \subseteq S$，称为终止状态集合（或称接受状态集）；f 为状态转换函数，是一个从 $S \times \Sigma$ 到 S 的单值映射。例如，$f(p,a) = q$；$p,q \in S$；$a \in \Sigma$；表示状态 p 在输入字符 a 之后转入状态 q，把 q 称为 p 的后继状态。

确定的有限自动机有 3 种表示方法。

1. 转换函数

根据定义 2-25，确定的有限自动机 $M = (\Sigma, S, S_0, Z, f)$ 用状态转换函数 f 表示。

【例 2-10】 设有确定的有限自动机

$$M = (\{0,1,2,3\},\{a,b\},0,\{3\},f)$$

其中:

$$f(0,a)=1 \quad f(0,b)=2$$
$$f(1,a)=3 \quad f(1,b)=2$$
$$f(2,a)=1 \quad f(3,a)=3$$
$$f(2,b)=3 \quad f(3,b)=3$$

2. 转换矩阵

确定的有限自动机 $M=(\Sigma,S,S_0,Z,f)$ 还可以用状态转换矩阵表示。其中矩阵的第一列的元素与 M 的 S 相对应;第一列的第一个状态为开始状态 S_0;矩阵第一行的元素与 M 的有穷字母表 Σ 相对应;若有 $f(p,a)=q$,则在 p 对应的行、a 对应的列处的内容为 q。例 2-10 的 M 可以用表 2-1 表示。

表 2-1 DFA M 的状态表

S	Σ	
	a	b
0	1	2
1	3	2
2	1	3
3*	3	3

3. 状态转换图

确定的有限自动机 $M=(\Sigma,S,S_0,Z,f)$ 可以用一个有向赋权图来表示,称为状态转换图或状态图。图的顶点集为 S;弧上的权值(标记)构成集合 Σ;若有 $f(p,a)=q$,则表示图中有一条从 p 到 q 的权值(标记)为 a 的弧;通常约定,S_0 是由一个箭头指向的特殊标记出的结点;Z 中的状态由嵌套的双圆圈结点来标记。例 2-10 中的确定的有限自动机 M 所对应的状态图如图 2-5 所示。

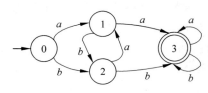

图 2-5 DFA M 的状态转换图

从这个例子可知,在表示一个确定的有限自动机 M 时,状态转换函数、状态矩阵与状态转换图是一致的。

那么,一个确定的有限自动机是如何工作的,即如何接受或识别字符串呢?

设 $M=(\Sigma,S,S_0,Z,f)$ 是一个确定的有限自动机,$w=w_1w_2\cdots w_n(w_i\in\Sigma)$ 是字母表 Σ 上的一个字符串,如果存在 S 中的状态序列 $p_0,p_1,\cdots,p_n$,满足下列条件:

(1) $p_0=S_0$
(2) $p_{i+1}=f(p_i,w_{i+1}),\quad i=0,1,2,\cdots,n-1$
(3) $p_n\in Z$

若有 $f(p_0,w)\in Z$,则 M 接受(识别)w,否则称 M 拒绝(不识别)w。

从状态图出发可以更形象地进行描述。即,若存在一条从初态结点到某一终态结点的路径,且在这条路径上所有弧的标记连接成的字符串等于 w,则称 w 被确定的有限自动机 M 所识别(接受)。特例是,若 M 的初态结点同时又是终态结点,则空串 ε 被 M 所识别。例 2-9 中,若 $w=baa$,则有 $f(0,baa)=f(2,aa)=f(1,a)=3$。则可以认为 DFA M 接受(识别)了 w。

确定的有限自动机 M 识别的字符串的全体称为 M 识别的语言,记为 $L(M)$。

【例 2-11】 已知 DFA M 如图 2-6 所示。给出它们在处理字符串 1011001 的过程中经过的状态序列。判断该符号串是否能被此 DFA M 所识别。

M 在处理 1011001 的过程中经过的状态序列为 $q_0q_3q_1q_3q_2q_3q_1q_3$;满足 q_0 为初始状态,q_3 属于终止状态集合,1011001 是从初态到终态的一条路径,所以符号串 1011001 可以被该 DFA M 所识别。

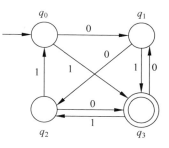

图 2-6 DFA M 的状态转换图

【例 2-12】 表 2-2 及图 2-7 分别给出了能识别含偶数个 0 和偶数个 1 的字符串的确定的有限自动机 M_1 的状态表及状态图。

表 2-2 DFA M_1 的状态表

S	Σ	
	0	**1**
q_0^*	q_2	q_1
q_1	q_3	q_0
q_2	q_0	q_3
q_3	q_1	q_2

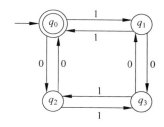

图 2-7 DFA M_1 的状态图

由此,可以给出 M_1 的形式定义如下:

确定的有限自动机 $M_1 = (\{q_0, q_1, q_2, q_3\}, \{0, 1\}, f, q_0, \{q_0\})$

其中,f 为

$$f(q_0, 0) = q_2 \quad f(q_0, 1) = q_1$$
$$f(q_1, 0) = q_3 \quad f(q_1, 1) = q_0$$
$$f(q_2, 0) = q_0 \quad f(q_2, 1) = q_3$$
$$f(q_3, 0) = q_1 \quad f(q_3, 1) = q_2$$

任给一含有偶数个 0 和偶数个 1 的字符串 $\$1 = 110101$,则 M_1 对 $\$1$ 的识别过程有如下两种表示方法。

用转换函数的形式来表示:

$$f(q_0, 1) = \{q_1\}$$
$$f(q_0, 11) = f(f(q_0, 1), 1) = f(q_1, 1) = q_0$$
$$f(q_0, 110) = f(f(q_0, 11), 0) = f(q_0, 1) = q_2$$
$$f(q_0, 1101) = f(f(q_0, 110), 1) = f(q_2, 1) = q_3$$
$$f(q_0, 11010) = f(f(q_0, 1101), 0) = f(q_3, 1) = q_1$$
$$f(q_0, 110101) = f(f(q_0, 11010), 1) = f(q_1, 1) = q_0 (q_0 \text{ 为终态})$$

用状态转换图的形式来表示:

有一条从初态结点 q_0 到终态结点 q_0 的路径 $q_0q_1q_0q_2q_3q_1q_0$,且在这条路径上所有弧的标记连接成的字符串等于 $\$1 = 110101$。

两种识别形式的结果都表示字符串 $1=110101$ 可被 M_1 接受。

2.2.2 非确定的有限自动机(NFA)

对上面讨论的确定的有限自动机稍加修改,使其在某状态下输入一个字符的转换状态不是唯一的,而允许转换为多个状态,并允许不扫描字符就可转换状态,这样的有限自动机称为非确定的有限自动机。

定义 2-26 非确定的有限自动机

一个非确定的有限自动机 M(NFA M)是一个五元组

$$M = (\Sigma, S, S_0, Z, f)$$

其中,Σ 是一个字母表,它的每个元素称为一个输入符号;S 是一个有限状态集合,每个元素称为一个状态;S_0 是 S 的子集,S_0 为 S 的初始状态集合(也称开始状态集合);Z 是 S 的子集,即 $Z \subseteq S$,称为终止状态集合(或称接受状态集);f 是一个从 $S \times (\Sigma \cup \{\varepsilon\})$ 到 S 的子集的映射,即 $f: S \times (\Sigma \cup \{\varepsilon\}) \rightarrow 2^S$,其中 2^S 是 S 的幂集,即 S 中所有子集组成的集合。

可见,确定的有限自动机和非确定的有限自动机之间的重要区别如下。

(1) 非确定的有限自动机的状态转换函数值是一个状态子集,反映在状态转换图上即从一个状态结点出发可以有不只一条同一标记的弧。

(2) 非确定的有限自动机可以带 ε 转换(不处理任何符号就进行状态转换)。

(3) NFA 中初态可以不止一个,而 DFA 中只能有一个唯一的初态。

确定的有限自动机与非确定的有限自动机统称为有限自动机。

一个非确定的有限自动机如何接受或识别字符串呢?

设 $M = (\Sigma, S, S_0, Z, f)$ 是一个非确定的有限自动机,字符串 $w = w_1 w_2 \cdots w_n (w_i \in \Sigma \cup \{\varepsilon\})$,如果存在 S 中的状态序列 $p_0, p_1, \cdots, p_n$ 满足下列条件:

(1) $p_0 \in S_0$

(2) $p_{i+1} = f(p_i, w_{i+1})$, $i = 0, 1, 2, \cdots, n-1$

(3) $p_n \in Z$

则称 w 可以被有限自动机 M 所识别。同理可定义 NFA M 所识别(接受)的语言。$\Sigma *$ 中所有可能被 NFA M 所识别的符号串的集合记为 $L(M)$。

【例 2-13】 给出一个非确定的有限自动机如下:

$$M = (\{0,1\}, \{q_0, q_1, q_2, q_3, q_4\}, \{q_0\}, \{q_2, q_4\}, f)$$

其中,状态转换函数 f 为

$$f(q_0, 0) = \{q_0, q_1, q_2, q_3\} \quad f(q_0, 1) = \{q_0, q_1\}$$
$$f(q_1, 0) = \varnothing \quad f(q_1, 1) = \{q_2\}$$
$$f(q_2, 0) = \{q_2\} \quad f(q_2, 1) = \{q_2\}$$
$$f(q_3, 0) = \{q_4\} \quad f(q_3, 1) = \varnothing$$
$$f(q_4, 0) = \{q_4\} \quad f(q_4, 1) = \{q_4\}$$

由于 $f(q_i, \varepsilon)(i=1,2,3,4)$ 没有描述,表示其定义值为 $\varnothing$。

非确定的有限自动机 M 所对应的状态表与状态图分别如表 2-3 和图 2-8 所示。

表 2-3 NFA M 的状态表

S	Σ	
	0	**1**
q_0	$\{q_0,q_3\}$	$\{q_0,q_1\}$
q_1	$\varnothing$	$\{q_2\}$
q_2^*	$\{q_2\}$	$\{q_2\}$
q_3	$\{q_4\}$	$\varnothing$
q_4^*	$\{q_4\}$	$\{q_4\}$

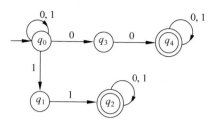

图 2-8 NFA M 的状态图

这个非确定的有限自动机 M 所能识别的字符串集合是由 0 和 1 组成的任意字符串，并且或者有两个相邻的 0，或者有两个相邻的 1。

在确定的有限自动机中，读入一个字符串 α 后，从初始状态 S_0 只有一条路径描述相应的变化。判定字符串 α 是否被一个确定的有限自动机所接受，只需跟踪一条路径。但在非确定的有限自动机中，对任一输入字符串 α，可以有若干条路径，这些路径都要被跟踪，以确定其中是否有一条路径，其最后的状态属于终态集。

例如，对例 2-13 中的非确定的有限自动机 M，输入字符串为 0101101，用状态函数来表示状态转换过程，则有

$$f(q_0,0)=\{q_0,q_3\}$$

接着

$$f(q_0,01)=f(f(q_0,0),1)=f(f(q_0,q_3),1)$$
$$=\{f(q_0,1),f(q_3,1)\}=\{q_0,q_1\}$$

类似地，有

$$f(q_0,010)=\{q_0,q_3\}$$
$$f(q_0,0101)=\{q_0,q_1\}$$
$$f(q_0,01011)=\{q_0,q_1,q_2\}$$
$$f(q_0,010110)=\{q_0,q_2,q_3\}$$
$$f(q_0,0101101)=\{q_0,q_2\}$$

由于 $\{q_0,q_2\}$ 中包含了终结状态 q_2，所以 0101101 为接受字符串。

应该注意到，确定的有限自动机是非确定的有限自动机的特殊情况，非确定的有限自动机是确定的有限自动机概念的推广。有限自动机理论告诉我们，被一个非确定的有限自动机所识别的语言，都能被一个确定的有限自动机所识别。下面进一步讨论两者之间的关系。

2.2.3 NFA 转换为等价的 DFA

定理 2-1 对任何一个 NFA M，都存在一个 DFA M'，使 $L(M')=L(M)$。

此定理告诉我们，对于给定的一个非确定的有限自动机，一定存在一个确定的有限自动机，使这两个有限自动机所识别的语言相同。为此可以由非确定的有限自动机构造与其等价的确定的有限自动机，也称为非确定的有限自动机确定化。

本书不对定理进行证明，只介绍一种算法，将 NFA 转换成接受同样语言的 DFA。构造

的方法为：用 M' 的一个状态对应 M 的多个状态，用这种方法，能从一个 NFA M 构造一个等价的 DFA M'，称作子集构造法。

为了介绍子集构造法，首先介绍两个定义。

定义 2-27　集合的 ε 闭包

设非确定的有限自动机 $M=(\Sigma,S,S_0,Z,f)$，假设 I 是 M 的状态集 S 的一个子集（即 $I\subseteq S$），则定义 ε-closure(I) 为

(1) 若 $q\in I$，则 $q\in$ ε-closure(I)；

(2) 若 $q\in I$，则对任意 $q'\in f(q,\varepsilon)$，有 $q'\in$ ε-closure(I)。

状态集 ε-closure(I) 称为状态集 I 的 ε 闭包。

【例 2-14】 给定 NFA M_1 如图 2-9 所示。

设 $I=\{1\}$，则
$$\varepsilon\text{-closure}(I)=\varepsilon\text{-closure}(\{1\})=\{1,2,7\}$$

设 $I=\{5\}$，则
$$\varepsilon\text{-closure}(I)=\varepsilon\text{-closure}(\{5\})=\{5,6,2,7\}$$

设 $I=\{1,5\}$，则
$$\varepsilon\text{-closure}(I)=\varepsilon\text{-closure}(\{1,5\})$$
$$=\varepsilon\text{-closure}(\{1\})\cup\varepsilon\text{-closure}(\{5\})$$
$$=\{1,2,7\}\cup\{5,6,2,7\}=\{1,2,5,6,7\}$$

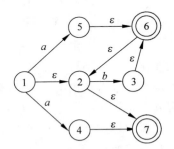

图 2-9　NFA M_1 的状态转换图

定义 2-28　集合 I_a 的闭包

设非确定的有限自动机 $M=(Q,\Sigma,f,q_0,Z)$，假定 $I\subseteq Q$，$a\in\Sigma$，则定义 $I_a=$ ε-closure($\{p\in f(q,a)\mid q\in$ ε-closure(I)$\}$)，即 I_a 为所有从 I 的 ε 闭包出发，经过一条 a 弧而到达的状态集的 ε 闭包。

【例 2-15】 对图 2-9 所示的非确定的有限自动机 M_1，已知 $I=\{1\}$，求 I_a。

设 $I=\{1\}$，则：
$$I_a=\varepsilon-\text{closure}(U_{q\in\varepsilon-\text{closure}(1)}f(q,a))$$
$$=\varepsilon-\text{closure}(U_{q\in\{1,2,7\}}f(q,a))$$
$$=\varepsilon-\text{closure}\{5,4\}$$
$$=\{5,4,6,2,7\}$$

I_a 可看作从状态 I 出发扫描字符串 $\varepsilon^m a \varepsilon^n$（$\forall m,n\geqslant 0$）后所能到达的状态集，简记为 $f(I,a)$。

算法 2-1　非确定的有限自动机的确定化算法——子集法

输入：非确定的有限自动机 $M=(\Sigma,S,S_0,Z,f)$。

输出：确定的有限自动机 $M'=(\Sigma,S',S_0',Z',f')$。

算法：

(1) 若 p 是 NFA 的初态，DFA 的初态 $A=$ ε-closure($\{p\}$)。

(2) 对 NFA 中每一个箭弧标记 m，计算 ε-closure($f(q,m)$)，其中 q 为已生成的 DFA 状态。即遍历字母表的每个字符作为输入，例如字母表为 $\{a,b\}$，则 $B=$ ε-closure($f(A,a)$)，$C=$ ε-closure($f(A,b)$)。如果 B 和 C 不为空集，重复这一过程，$D=$ ε-closure($f(B,a)$)，$E=$ ε-closure($f(B,b)$)，$F=$ ε-closure($f(C,a)$)，$G=$ ε-closure($f(C,b)$)……直到

不再出现新的状态集合。要注意将 D、E、F、G 中相等的集合合并,空集则舍去。

(3) 重新命名 DFA 中的状态,并相应修改其他项。

下面通过具体例子说明利用子集法实现非确定的有限自动机的确定化。中间求解用状态矩阵描述确定的有限自动机。

【例 2-16】 设 NFA M 如图 2-10 所示,求与之相等价的 DFA M'。

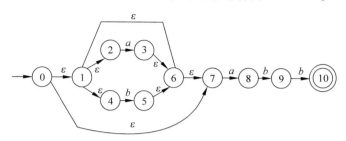

图 2-10 NFA 的状态转换图

构造确定的有限自动机 $M'=(\Sigma,S',S'_0,Z',f')$ 的状态矩阵框架,由于不知道状态数,行数不定,又 $\Sigma=\{a,b\}$,所以状态转换矩阵有 3 列,第一列为确定的有限自动机的状态 $I\in S'$,第二列和第三列分别为 $f'(I,a)$ 和 $f'(I,b)$,记为 I_a 和 I_b。

第一步,设置状态矩阵的第一个 I 为 $\varepsilon\text{-closure}\{q_0\}=\varepsilon\text{-closure}\{0\}=\{0,1,2,4,7\}$。填入状态转换矩阵中的第一行第一列中。

第二步,对状态集合 $\{0,1,2,4,7\}$ 进行 a 和 b 的遍历,生成新的状态集合,分别为 $\{0,1,2,4,7\}_a=\{3,8,6,1,2,4,7\}$ 和 $\{0,1,2,4,7\}_b=\{5,1,2,4,6,7\}$,分别填入第一行的第二列和第三列中。由于 $\{5,1,2,4,6,7\}$ 和 $\{3,8,6,1,2,4,7\}$ 与原先的状态集合不相等,意味着有新的状态集合生成,将 $\{3,8,6,1,2,4,7\}$ 填入第二行第一列,将 $\{5,1,2,4,6,7\}$ 填入第三行第一列,继续遍历字母表的字符 a 和 b。以此类推,直到没有新的状态集合生成,如表 2-4 所示。

最后对表 2-4 中的所有子集重新命名,形成表 2-5 所示的状态转换矩阵,即为所求的与非确定的有限自动机 M 等价的确定的有限自动机 M'。DFA M' 的状态转换图如图 2-11 所示。

表 2-4 子集法对 NFA M 确定化过程构造的状态表

I	I_a	I_b
$\{0,1,2,4,7\}$	$\{3,8,6,1,2,4,7\}$	$\{5,6,1,2,4,7\}$
$\{3,8,6,1,2,4,7\}$	$\{3,8,6,1,2,4,7\}$	$\{5,9,6,1,2,4,7\}$
$\{5,6,1,2,4,7\}$	$\{3,8,6,1,2,4,7\}$	$\{5,6,1,2,4,7\}$
$\{5,9,6,1,2,4,7\}$	$\{3,8,6,1,2,4,7\}$	$\{5,10,6,1,2,4,7\}$
$\{5,10,6,1,2,4,7\}$	$\{3,8,6,1,2,4,7\}$	$\{5,6,1,2,4,7\}$

表 2-5 NFA M 确定化后的 DFA M'

S	a	b
A	B	C
B	B	D
C	B	C
D	B	E
E	B	C

注意:包含 NFA M 原初始状态的状态子集为 DFA M' 的初态;包含 NFA M 原终止状态的状态子集为 DFA M 的终态。

上面介绍的构造子集法是具有 ε-转移的 NFA 转换成等价的 DFA,那么不具有 ε-转移的 NFA 如何构造等价的 DFA?

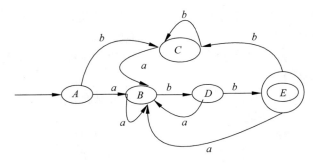

图 2-11　NFA M 确定化后的 DFA M'

【例 2-17】　设 NFA $M=(\{0,1\},\{q_0,q_1\},\{q_0\},\{q_1\},f)$。状态转换图如图 2-12 所示。求与之相等价的 DFA M'。

计算 DFA M' 的状态：

$$f(\{q_0\},0)=\{q_0,q_1\},\ f(\{q_0\},1)=\{q_1\}$$
$$f(\{q_1\},0)=\varnothing,\ f(\{q_1\},1)=\{q_0,q_1\}$$
$$f(\{q_0,q_1\},0)=\delta(q_0,0)\bigcup\delta(q_1,0)=\{q_0,q_1\}$$
$$f(\{q_0,q_1\},1)=\delta(q_0,1)\bigcup\delta(q_1,1)=\{q_0,q_1\}$$

最后得到与之相等价的 DFA M'，如图 2-13 所示。

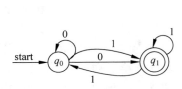

图 2-12　NFA 状态转换图

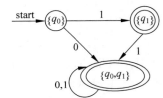

图 2-13　DFA M' 状态转换图

2.2.4　确定的有限自动机的化简

自动机是描述信息处理过程的一种数学模型。对于一种语言，是否只能用一个有限自动机来描述呢？回答是否定的。这如同用文法来描述语言，对一种语言，它可以用许多文法来描述。当用有限自动机识别语言时，同样可以有无限多个有限自动机来识别同一种语言。从功能上看，这些有限自动机是等价的，但其构成的复杂程度差别很大。对于一个非确定的有限自动机，当把它确定之后，得到的确定的有限自动机所具有的状态数可能并不是最少的。那么，有没有一个状态数最少的确定的有限自动机(称为最小的确定的有限自动机)呢？这就是下面要讨论的有限自动机的化简或最小化问题。

所谓一个 DFA $M=(\Sigma,S,S_0,Z,f)$ 的化简，是指寻找一个状态数比较少的 DFA M'，使 $L(M)=L(M')$。而且可以证明，存在一个最少状态的 DFA M'，使 $L(M)=L(M')$。

为说明最小化算法的思想，首先引入有关概念。

定义 2-29　状态等价

设 DFA M 的两个不同状态 q_1、q_2，如果对任意输入字符串 w，从 q_1、q_2 状态出发，总是同时到达接受状态或拒绝状态,则称 q_1、q_2 是等价的。即对于 $\forall w(w\in\Sigma^*)$,有 $f(q_1,w)=p_1,f(q_2,w)=p_2,p_1,p_2\in Z$ 或 $p_1,p_2\notin Z$,则 q_1、q_2 等价。如果两个状态不等价,则称 q_1、q_2 是可区别的。

这里定义的状态等价概念是数学意义上的一种等价关系,即这种关系具有自反性、对称性和可传递性。

说明:终结状态与非终结状态不等价。

定义 2-30 无关状态

如果从 DFA M 的初态开始,识别任何输入序列都不能到达的那些状态称为无关状态(或称多余状态)。

算法 2-2 消除确定的有限自动机中的无关状态

输入:确定的有限自动机 $M=(S,\Sigma,f,S_0,Z)$。

输出:消除了无关状态的确定的有限自动机 M'。

算法:

(1) 标记开始状态 q_0。

(2) while(存在未处理的标记状态)

{取未处理的标记状态 q,标记为处理,对所有 $a\in\Sigma$,若 $f(q,a)=p$,且 p 未标记,标记 p;}。

(3) 删除未标记的状态及其相关的转换。

定义 2-31 最小的确定的有限自动机

如果确定的有限自动机 M 既没有多余状态,又没有互相等价的状态,则称确定的有限自动机 M 是最小的。

在这里我们更关注如何具体构造一个最小的确定的有限自动机。一个 DFA M 可以通过消除多余状态和合并等价状态而转换成一个最小的 DFA M'。

1. 消除无关状态

消除无关状态的主要思想是标记出以下两类无关状态。

(1) 从该自动机的开始状态出发,任何输入串也不能到达的那个状态。

(2) 从该状态出发没有通向终结状态的道路。

【**例 2-18**】 设有 DFA M 如图 2-14 所示,消除该 DFA M 中的无关状态。

从图 2-14 中可以看出:状态 3 是从该自动机的开始状态出发,任何输入串都不能到达的那个状态;状态 4 是从该状态出发没有通向终结状态的道路。因此,状态 3 和状态 4 是无关状态。消除无关状态,要将该状态连同它们射出的弧一起消掉。

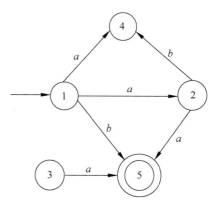

图 2-14 DFA M 状态转换图

2. 消除等价状态

消除等价状态采用划分法,其思想是,把一个 DFA(不含无关状态)的状态分割成一些不相关的子集,使任何不同的两个子集状态都是可区别的,而同一个子集中的任何状态都是等价的。在各个子集中任取一个状态做代表,删去子集的其余状态。

算法 2-3:消除等价状态的划分法算法

输入:确定的有限自动机 $M=(S,\Sigma,f,S_0,Z)$。

输出:状态数最少的与 M 等价的、确定的有限自动机 M'。

算法:

(1) 把 M 的所有状态 S 按终态与非终态划分成两个状态子集 Z 及 $S-Z$,构成初始划分(或称基本划分)记作 $\pi=\{Z,S-Z\}$。

(2) 设当前的划分 π 中已经含有 m 个子集,即 $\pi=\{S_1,S_2,\cdots,S_m\}$,针对 π 中的每一个大于或等于两个状态的子集 S_i,令 $S_i=\{s_{i1},s_{i2},\cdots,s_{in}\}\{n>1\}$,对 $\forall a\in\Sigma$,考察

$$S_{ia}=f(S_i,a)=\bigcup_{r=1}^{n}\{f\{s_{ir},a\}\}$$

若 S_{ia} 中的状态分别落在 π 中的 p 个不同的子集,则将 S_i 分为 p 个更小的状态子集 $S_i^{(1)}$,$S_i^{(2)},\cdots,S_i^{(p)}$,对 $\forall S_i^{(1)}$ 使 $f(S_i^{(1)},a)$ 中的全部状态都落在 π 的同一子集中。如此,得到一个新的划分 π_{new},去掉原划分中的子集 S_i,加入新的子集 $S_i^{(1)},S_i^{(2)},\cdots,S_i^{(p)}$,数目由原来的 m 个变为 $m+p-1$ 个。

(3) 如果 $\pi_{new}==\pi$,执行(4);否则令 $\pi=\pi_{new}$,重复执行(2)。

(4) 划分结束后,对最终 π 中的一个子集对应一个状态,作为代表状态,删除其他一切等价状态,并将对应的弧射向这个代表状态。

在算法中,对于每一个划分 π,属于不同子集的状态是可区分的,而属于同一子集的各状态是待区分的。算法的第(2)步检查是否还能对它们进行划分,若能就重新划分。例如,取划分中的一个状态集 S_i,s_{ip} 和 s_{iq} 是 S_i 中的两个状态,若有某个 $a\in\Sigma$,使得 $f(s_{ip},a)=s_{ju}$ 及 $f(s_{iq},a)=s_{kv}$,而状态 s_{ju} 及 s_{kv} 分别属于 π 的两个不同的子集 S_j 和 S_k,则 s_{ju} 与 s_{kv} 为某一符号串 w 所区分,从而 s_{ip} 和 s_{iq} 必为 a 所区分,故应将子集 Q_i 进一步划分,使 s_{ip} 和 s_{iq} 分别属于 S_i 的不同子集。

【例 2-19】 对图 2-15 中确定的有限自动机 M 进行化简。

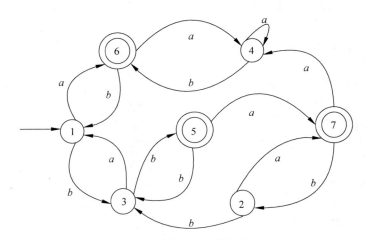

图 2-15 DFA M 状态转换图

第一步,将图 2-15 的 DFA M 的状态转换图改写成状态转换矩阵,如表 2-6 所示。

表 2-6 DFA M 状态转换矩阵

S	a	b
1	6	3
2	7	3
3	1	5
4	4	6
5	7	3
6	4	1
7	4	2

第二步,由于终结状态与非终结状态不等价,因此对 M 的状态形成基本划分:设 π_0 是基本划分,则 π_0 分成两个组 S_1, S_2,即 $\pi_0 = \{1,2,3,4,5,6,7\} = \{\{1,2,3,4\},\{5,6,7\}\} = \{S1, S2\}$,如图 2-16 所示。

第三步,对基本划分中的子集进行考察。

S_1 中,$q=1$ 时,$f(q,a)=6$;$q=2$ 时,$f(q,a)=7$;$q=3$ 时,$f(q,a)=1$;$q=4$ 时,$f(q,a)=4$。

状态 6、7 和状态 1、4 存在不同的子集,所以状态 1、2 和状态 3、4 不等价,则将 S_1 分成两个子集:$\{1,2\},\{3,4\}$。从而得到一个新划分:$\pi_1 = \{S_1, S_2, S_3\}$,其中,$S_1 = \{1,2\}$,$S_2 = \{3,4\}$,$S_3 = \{5,6,7\}$。

以此类推,直至所有子集中的状态全部等价,划分不变。用图 2-17 描述划分子集的过程。

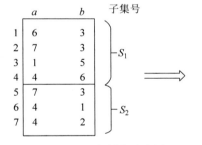

图 2-16 基本划分示意图

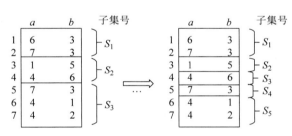

图 2-17 划分子集过程示意图

第四步,将划分结果中的子集命名为状态,整理其状态转换函数,形成与原 M 等价且化简的、确定的有限自动机 M',状态转换矩阵如表 2-7 所示。注意,子集中包含了原自动机中的终态就被认为是化简后的 DFA 的终态。化简后的 DFA M' 状态转换图如图 2-18 所示。

表 2-7 重新命名后的化简 DFA M' 状态转换矩阵

状态	a	b
1	5	2
2	1	4
3	3	5
4	5	2
5	3	1

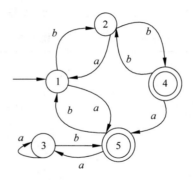

图 2-18　重新命名后的化简 DFA M' 状态转换图

【例 2-20】　设非确定的有限自动机 M'，如图 2-19 所示。求与其等价的最小的确定的有限自动机 M。

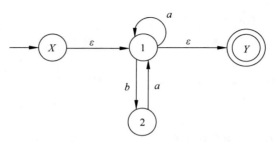

图 2-19　NFA M' 的状态图

第一步，用子集构造法对确定的有限自动机 M' 确定化。构造的状态表如表 2-8 所示。将表 2-8 中子集重新命名后得到表 2-9，其状态图如图 2-20 所示。

表 2-8　DFA M 的状态表

I	I_a	I_b
$\{X,1,Y\}$	$\{1,Y\}$	$\{2\}$
$\{1,Y\}$	$\{1,Y\}$	$\{2\}$
$\{2\}$	$\{1,Y\}$	/

表 2-9　NFA M' 确定化后的 DFA M

I	a	b
0^*	1	2
1^*	1	2
2	1	/

第二步，对确定的有限自动机 M 化简。将状态集划分为终态集$\{0,1\}$与非终态集$\{2\}$。考察状态集$\{0,1\}$，由于

$$\{0,1\}_a = \{1\} \subset \{0,1\}$$
$$\{0,1\}_b = \{2\} \subset \{2\}$$

因此{0,1}不可再分了。整个划分只含有{0,1}与{2}两组。令状态 1 代表{0,1},把原来到达的状态 0 的弧都导入 1,并删除状态 0,即将等价状态 0,1 合并,这样可得到如图 2-21 所示的最小的确定的有限自动机 M。

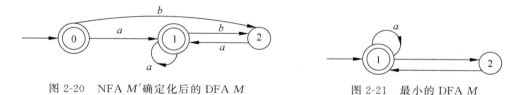

图 2-20　NFA M' 确定化后的 DFA M　　　　图 2-21　最小的 DFA M

注意,由于最小化 DFA 算法是从非确定的有限自动机确定化来的,而确定的有限自动机中不含有无关状态,所以化简时不用做无关状态的消除。

习题

1. 选择题。

(1) 设定义在字母表{a,b,c,x,y,z}上的正规式 $r=(a|b|c)(x|y|z)$,则 $L(r)$ 中元素有(　　)个。

　　A. 9　　　　　　　B. 6　　　　　　　C. 18　　　　　　　D. 27

(2) 设有语言 $L(G)=${有相同个数(0 个或 n 个)的 a 和 b 组成的句子},满足对 $L(G)$ 描述的正确文法是(　　)和(　　)。

　　A. $S \to abS|\Sigma$　　　　　　　　　B. $S \to aSbS|bSaS|\Sigma$

　　C. $S \to aSb|ab|\varepsilon$　　　　　　　　D. $S \to SS|aSb|bSa|ab|ba|\varepsilon$

(3) 设有文法 G,满足 $L(G)=\{a_ib_jc_jd_i|i \geq 0$ 且 $j \geq 1\}$ 的正确文法 G 为(　　)。

　　A. $G1: S \to aSd|T$　　　$T \to bcT|bc$

　　B. $G2: S \to aSd|T$　　　$T \to bTc|bc$

　　C. $G3: S \to AB|B$　　　$A \to aAd|ad$　　　$B \to bBc|bc$

　　D. $G4: S \to Abc|A$　　　$A \to aAd|ad$

(4) 设有文法 G:
$$S \to bS | aA | \varepsilon$$
$$A \to bA | AC$$
$$C \to bCaS | a$$

下列符号串是 $L(G)$ 中的元素的是(　　)。

　　A. $ba^{121}b^{100}a^2$　　B. $b^{1000}aa$　　C. $a^{800}b^{900}a$　　D. b^{10000}

2. 判断题。

(1) 文法 G 的一个句子对应于多个推导,则 G 是二义的。(　　)

(2) 设有文法符号集 V,则 $V_T \cap V_N = V$。(　　)

(3) BNF 是一种被广泛被采用的描述文法的工具。(　　)

(4) 有文法 $G1=G2$,则 $L(G1)=L(G2)$。(　　)

3. 设 $\Sigma = \{0, 1\}$,请给出 Σ 中的下列语言的文法。
(1) 所有以 0 开头的串。
(2) 所有以 0 开头,以 1 结尾的串。
(3) 所有以 11 开头、以 11 结尾的串。
(4) 所有 0 和 1 构成的但不含 00 的串。
(5) 所有 0 和 1 构成的含有形如 10110 的子串。
(6) 含偶数个 0 的二进制数组成的串。

4. 找出由下列各组生成式产生的语言。
(1) $G[S]: S \to SaS | b$
(2) $G[S]: S \to aSb | \to c$
(3) $G[S]: S \to a | aE, E \to aS$
(4) $G[N]: N \to D | ND, D \to 0|1|2|3|4|5|6|7|8|9$

5. 给出下面语言的上下文无关文法描述。
(1) $L1 = \{a^n b^n c^i | n \geq 1, i \geq 0\}$
(2) $L2 = \{ab^n a | n \geq 0\}$
(3) $L3 = \{a^i b^n c^n | n \geq 1, i \geq 0\}$
(4) $L4 = \{a^i b^j | j \geq i \geq 1\}$
(5) $L5 = \{a^n b^n a^m b^m | n, m \geq 0\}$
(6) $L6 = \{1^n 0^m 1^m 0^n | n, m \geq 0\}$
(7) $L7 = \{\omega a \omega^r | \omega$ 属于 $\{0, a\}^*, \omega^r$ 表示 ω 的转置$\}$

6. 设文法 $G(S)$ 为

$$S \to S, E | E$$
$$E \to E + T | T$$
$$T \to T * F | F$$
$$F \to a | (E) | a[S]$$

(1) 给出 $G(S)$ 的终结符号集、非终结符号集。
(2) $G(S)$ 属于哪类文法?写出集合 $L(G(S))$。
(3) 判断符号串

$$\$1: a, a + a[a[S]]$$
$$\$2: a * a, a + a[a]$$

是否为文法 $G(S)$ 的句子,对 $L(G(s))$ 的句子给出其分析树。

7. 设文法 $G(A)$ 为

$$A \to bA | cc$$

试证 $cc, bcc, bbbcc \in L(G(A))$。

8. 设文法 $G(Z)$ 为

$$Z \to U0 | V1$$
$$U \to Z1 | 1$$
$$V \to Z0 | 0$$

(1) $G(Z)$ 的语言是什么?

(2) 写出文法 $G(Z)$ 构造的长度为 6 的全部句子。

9. 设有文法 $G(S):S \rightarrow SS*|SS+|a$。

(1) $G(S)$ 的语言 $L(G(S))$ 是什么？

(2) 指出下列字符串哪些是该文法的句子：

$$\$1: aa+aa*+a$$
$$\$2: aa+aaa*++$$
$$\$3: aS+a*$$

(3) 对属于该文法的句子 $\$i$，画出其分析树。

10. 文法 $G[S]$ 为：

$$S \longrightarrow Ac \mid aB$$
$$A \longrightarrow ab$$
$$B \longrightarrow bc$$

写出 $L(G[S])$ 的全部元素。

11. 简答题。

(1) 在文法中，终结符号和非终结符号各起什么作用？

(2) 文法的语法范畴有什么意义？

(3) 规约和推导有什么不同？

(4) 给出语言的形式化定义。

(5) 乔姆斯基分类法按照什么原则对文法进行分类？分成了几类？各有什么特点？

(6) 如何判断一个文法是否为二义文法？

(7) 简述语法分析树的概念及其作用。

(8) 简述 NFA 与 DFA 的区别。

(9) 简述 NFA 的确定化基本方法。

(10) 简述 DFA 的化简方法。

12. 令字母表 $A=\{0,1,2\}$ 上的字符串 $x=01, y=2, z=001$。

(1) 写出下列符号串及它们的长度：$x_0, xy, xyz, x_4, (x_3)(y_2), (xy)^2$。

(2) 写出集合 $A+$ 和 $A*$ 的 7 个最短的字符串。

13. 对于以下文法 $G(E)$：

$$E \rightarrow T \mid E+T$$
$$T \rightarrow F \mid T*F$$
$$F \rightarrow (E) \mid i$$

(1) 写出句子 $i*i+i*i$ 的最左推导。

(2) 画出句型 $(T*F+i)$ 的语法分析树。

14. 设文法 G 的产生式集如下：

$$E \rightarrow id \mid c \mid +E \mid -E \mid E+E \mid E-E \mid E*E \mid E/E \mid E\uparrow E \mid \text{Fun}(E)$$

试给出句子 $id+id*id$ 的两个不同的推导和两个不同的归约。

15. 假设有文法 $G[S]$ 为 $S \rightarrow S(S)S|\varepsilon$，证明文法 $G[S]$ 为二义性文法。

16. 文法 $G(N)$ 和 $G(S)$ 分别为

$$G(N):N \rightarrow NE \mid E \mid ND \mid D$$

$$E \to 0 \mid 2 \mid 4 \mid 6 \mid 8 \mid 10$$
$$D \to 0 \mid 1 \mid 2 \mid \cdots \mid 9$$
$$G(S): S \to S(S)S \mid \varepsilon$$

(1) 文法 $G(N)$ 和 $G(S)$ 的语言是什么？

(2) 证明文法 $G(N)$ 和 $G(S)$ 均为二义文法。

(3) 改写文法 $G(N)$ 和 $G(S)$ 为等价的非二义文法。

17. 设已给文法 $G[\langle 程序\rangle]$：

$\langle 程序\rangle \to \langle 分程序\rangle \mid \langle 复合语句\rangle$

$\langle 分程序\rangle \to \langle 无标号分程序\rangle \mid \langle 标号\rangle : \langle 分程序\rangle$

$\langle 复合语句\rangle \to \langle 无标号复合语句\rangle \mid \langle 标号\rangle : \langle 复合语句\rangle$

$\langle 无标号分程序\rangle \to \langle 分程序首部\rangle ; \langle 复合尾部\rangle$

$\langle 无标号复合语句\rangle \to \text{begin} \langle 复合尾部\rangle$

$\langle 分程序首部\rangle \to \text{begin} \langle 说明\rangle \mid \langle 分程序首部\rangle ; \langle 说明\rangle$

$\langle 复合尾部\rangle \to \langle 语句\rangle \text{end} \mid \langle 语句\rangle ; \langle 复合尾部\rangle$

$\langle 说明\rangle \to d$

$\langle 语句\rangle \to s$

$\langle 标号\rangle \to L$

(1) 给出句子 L：begin d；d；s；s end 的最左推导和最右推导。

(2) 画出上述句子的语法树。

18. 构造一个 DFA，它接受 $\Sigma = \{a, b\}$ 上所有包含 ab 的字符串。

19. 构造一个确定的有限自动机 M，它接受字母表 $\Sigma = \{0, 1\}$ 上 0 和 1 的个数都是奇数的字符串。

20. 设计一个简单的、确定的有限自动机 M，其功能是能接受被 3 整除的无符号十进制整数。

21. 构造一个确定的有限自动机，它接受字母表 $\Sigma = \{0, 1\}$ 上能被 3 整除的二进制数。

22. 设 $M = (\{x, y\}, \{a, b\}, x, \{y\}, f)$ 为一非确定的有限自动机，其中 f 定义如下：
$$f(x, a) = \{x, y\} \quad f(x, b) = \{y\} \quad f(y, a) = \varnothing \quad f(y, b) = \{x, y\}$$
试构造相应的确定的有限自动机 DFA M'。

23. DFA $M = (\{0, 1, 2, 3\}, \{a, b\}, f, S, \{3\})$，其中 f 定义为
$$f(0, a) = 1 \quad f(0, b) = 2 \quad f(1, a) = 3 \quad f(1, b) = 2$$
$$f(2, a) = 1 \quad f(2, b) = 3 \quad f(3, a) = 3 \quad f(3, b) = 3$$
请给出该 DFA M 的另外两种表示方法：状态转换矩阵和状态转换图。

24. NFA M 如图 2-22 所示，试将其确定化为 DFA M'。

25. 用高级语言（例如：C++、Java）写出以下算法。

(1) NFA 确定化的算法。

(2) DFA 最小化的算法。

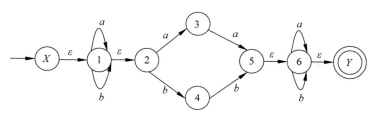

图 2-22 NFA M 状态转换图

26. 思考：把高级语言写的所有可能的语句看成一个集合，那么每条合法的高级语言源代码就是这个集合里的一个元素，合法的高级语言源代码有无穷多条，那我们要用什么样的描述方法来表达这个无穷集合？并且深入考虑如何表示高级语言的语法。例如：if 语句、while 语句、函数、类等。

第 3 章 词法分析

3.1 词法分析基本思想

3.1.1 词法分析任务

词法分析(lexical analysis)是编译器的第一个阶段,它的主要任务是从左至右逐个字符地对源程序进行扫描,产生一个个单词序列,用于语法分析。完成词法分析任务的程序称为词法分析程序,通常也称为词法分析器或扫描器(scanner)。它一般是一个独立的子程序或作为词法分析器的一个辅助子程序。

词法分析程序的主要任务是按照高级语言的词法规则从左到右逐个扫描字符流的源程序,从中识别出各类有独立意义的单词。单词是具有独立意义的最小语法单位。词法分析功能的具体说明参见图 3-1。词法分析程序的输出一般是将单词变换成带有单词性质且定长的属性字,并填充到符号表中。

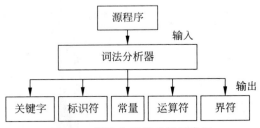

图 3-1 词法分析器功能示意图

【例 3-1】 有 C++代码段:while (i!= j) i++;
经词法分析器处理以后,它将被转换为如表 3-1 所示的单词符号串。

表 3-1 单词符号串

单词	单词说明	单词	单词说明
while	关键字	)	界符
(	界符	i	标识符
i	标识符	++	运算符
!=	运算符	;	界符
j	标识符		

除了识别单词外,为方便下一阶段的工作,词法分析程序还应该完成其他一些任务,主要包括以下几个方面。

(1) 消除无用字符。

对源程序文本进行处理,过滤掉源程序文本中的注释、空格、换行符及其他一切与语法分析和代码生成均无关的信息。

(2) 进行内部编码。

将长度不一、种类不同的单词变成长度统一、格式规整、分类清晰的内部机器码表示。

(3) 建立各种表格。

在词法分析时,可以根据单词特点建立不同表格,例如:名字表(标识符表)、常数表、数组向量表、过程表、界限表(包含保留字、运算符等)。

(4) 进行词法检查。

为了使编译程序能将发现的错误信息与源程序的出错位置联系起来,词法分析程序负责记录新读入的字符行的行号,以便行号与出错信息相关联;另外,在支持宏处理功能的源语言中,可以由词法分析程序完成其预处理等。

3.1.2 词法分析方式

现阶段词法分析主要有两种分析方式。

1. 将词法分析程序和语法分析程序按顺序执行

在多遍扫描的编译程序中,词法分析可以单独作为一遍扫描来完成,此时可将词法分析程序的输出放在一个中间文件上,语法分析程序可以从该文件取得它的输入,如图 3-2 所示。词法分析从语法分析独立出来的原因主要是考虑这样便于集中进行语法分析,便于建立有效的词法分析技术,给语法分析提供更多更详细的信息。

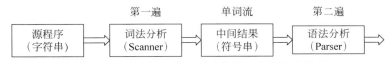

图 3-2　词法分析程序和语法分析程序按顺序执行

2. 将词法分析程序编写成一个独立子程序

在一遍扫描的编译程序中,往往将词法分析编写成语法分析的一个子程序,供语法分析时随时调用,每调用一次,则从源程序字符串中读出一个具有独立意义的单词,如图 3-3 所示。这种模式不需要在内存中构造和保留中间文件,所以可以节省内存空间。

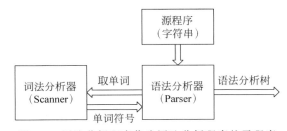

图 3-3　词法分析程序作为语法分析程序的子程序

3.2 单词的描述工具

3.2.1 正规集和正规式

正规式及正规式所表示的语言——正规集,其概念是美国数学家 Kleen 在 20 世纪 50 年代提出来的。这种方法现在已成为处理有限自动机问题的主要数学工具,无论在理论上还是在计算机科学领域的诸多工程实践中都有重要应用。

定义 3-1 正规式与正规集

设 Σ 为有限字母表,在 Σ 上的正规式与正规集可递归定义如下:

(1) ε 和 $\varnothing$ 是 Σ 上的正规式,它们表示的正规集分别为 $\{\varepsilon\}$ 和 $\varnothing$。

(2) 对任何 $a \in \Sigma$,a 是 Σ 上的正规式,它表示的正规集为 $\{a\}$。

(3) 若 r、s 都是正规式,它们表示的正规集分别为 R 和 S,则 $(r|s)$(或表示为 $r+s$)、$(r \cdot s)$(或表示为 rs)、$(r)^*$ 也是正规式,它们表示的正规集分别是 $R \cup S$、RS、R^*。

(4) 有限次使用上述 3 条规则构成的表达式称为 Σ 上的正规式,仅由这些正规式表示的集合为正规集。

规定正规式运算的优先级由高到低的次序为 *(闭包)、·(连接)和 |(并),它们的结合性都为左结合。在此规定下,书写正规式时可以省去不致造成混淆的括号。例如 $((0 \cdot (1^*))|0)$ 可写成 $01^*|0$。

【例 3-2】 设字母表 $\Sigma = \{0,1\}$,则 0、1、ε、$\varnothing$ 是 Σ 上的正规式,$0|1$、$0 \cdot 1$、$1 \cdot 0$、0^*、1^* 是 Σ 上的正规式。

【例 3-3】 设字母表 $\Sigma = \{A, B, 0, 1\}$,试说明正规式 $(A|B)(A|B|0|1)^*$ 和 $(0|1)(0|1)^*$ 分别表示的符号串集合。

正规式 $(A|B)(A|B|0|1)^*$ 表示的正规集是以字母 A 或 B 开头后跟任意多个字母 A、B 和数字 0、1 的符号串(标识符)的全体。

正规式 $(0|1)(0|1)^*$ 表示的正规集是二进制数字串。

正规式 r 所表示的正规集 R 是字母表 Σ 上的语言,称为正规语言,用 $L(r)$ 表示,即 $R = L(r)$。$L(r)$ 中的元素为字符串(也称为句子)。若两个正规式 r 和 s 所表示的语言 $L(r) = L(s)$,则称 r、s 等价,记作 $r = s$。例如,$1(01)^* = (10)^*1$。正规式的代数性质参见表 3-2,其中 s、t、r 为正规式。

表 3-2 正规式的代数性质

公 理	描 述	公 理	描 述
$s\|t = t\|s$	并是可交换的	$\varepsilon s = s$ $s\varepsilon = s$	ε 是连接的恒等元素
$s\|(t\|r) = (s\|t)\|r$	并是可结合的	$s^* = (s\|\varepsilon)^*$	闭包和 ε 间的关系
$(st)r = s(tr)$	连接是可结合的	$a^{**} = a^*$	闭包是幂等的
$s(t\|r) = st\|sr$ $(t\|r)s = ts\|rs$	连接对并可分配		

利用正规式的代数性质,可以对正规式进行等价变换及化简。

有些语言不能用正规式表达,说明了正规式的描述能力有限。例如,正规式不能描述配对或嵌套的结构。

3.2.2 正规式与有限自动机的等价性

从前面的讨论得知,有限自动机接收的语言等价于正规文法产生的正规语言。而正规式或正规集定义的语言也是正规语言。那么,正规式与有限自动机在描述语言上应该等价。

定理 3-1

(1) 字母表 Σ 的确定的有限自动机 M 所接受的语言 $L(M)$ 是 Σ 上的一个正规集。

(2) 对于 Σ 上的每一个正规式 r,存在一个字母表是 Σ 的非确定有限自动机 M,使得 $L(M)=L(r)$。

定理 3.1 表明,正规式所表示的语言即正规集与有限自动机所识别的语言是完全等价的,只是表示形式不同。也就是说,从描述语言的角度,没有必要对非确定的有限自动机、确定的有限自动机及它们所识别的语言(正规集)加以区分。同一种语言,既可以用有限自动机描述,也可以用正规式描述。有兴趣的读者可以对定理 3.1 进行证明。

根据上面的等价性定理,构造出等价的转换算法。

对于字母表 Σ 上任意一个正规式 r,一定可以构造一个非确定的有限自动机 M,使得 $L(M)=L(r)$。首先构造非确定的有限自动机 M 的一个广义的状态图,也是该非确定的有限自动机 M 的初始状态图。其中,只有一个开始状态 S 和一个终止状态 Z,连接 S 和 Z 的有向弧上的标记是正规式 r。然后,按照图 3-4 所示的替换规则对正规式 r 依次进行分解,分解的过程是一个不断加入结点和弧的过程,直到转换图上的所有弧标记上都是 Σ 上的元素或 ε 为止。

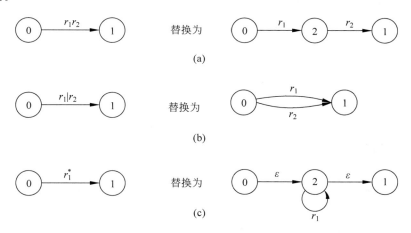

图 3-4 从正规式到有限自动机的等价替换规则

【例 3-4】 设 $\Sigma=\{x,y\}$,Σ 上的正规式 $r=xy^*(xy|yx)x^*$,构造一个非确定的有限自动机 M,使 $L(M)=L(r)$。

第一步,构造 M 的初始状态图,得到如图 3-5(a)所示的状态图。

第二步,将 $r=xy^*(xy|yx)x^*$ 拆成 4 个正规式 x、y^*、$xy|yx$、x^* 的连接,得到如图 3-5(b)

所示的状态图。

第三步,将 y^*、$xy|yx$、x^* 分别拆成正规式 y 的闭包、xy 与 yx 的并、x 的闭包,得到如图 3-5(c)所示的状态图。

第四步,将 xy、yx 分别拆成正规式 x 与 y 的连接和 y 与 x 的连接,得到如图 3-5(d)所示的状态图。

所有弧上的标记都属于 $\Sigma \cup \{\varepsilon\}$,构造完毕。

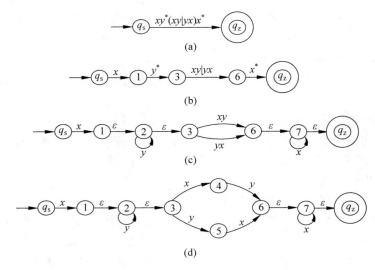

图 3-5 正规式 $r = xy^*(xy|yx)x^*$ 的分解

上面讨论了由正规式到非确定的有限自动机的转换,同样,对于一个字母表 Σ 上的非确定的有限自动机 M,也可以在 Σ 上构造相应的正规式 r,使 $L(r) = L(M)$。

根据前面的定理,构造之前,首先对非确定的有限自动机 M 对应的有限自动机进行拓广,加进两个状态,一个为唯一初态 S,一个为唯一终态 Z。具体用状态图描述的构造步骤如下。

(1) 在非确定的有限自动机 M 的状态转换图中加进两个结点,一个为 S 结点,另一个为 Z 结点。其中 S 是唯一的开始状态,Z 是唯一的终止状态。

(2) 从 S 用 ε 弧连接到 M 的初态结点,从 M 的所有终态结点用 ε 弧连接到 Z 结点,形成一个与 M 等价的 M'。M' 有一个没有射入弧的初态结点 S 和一个没有射出弧的终态结点 Z。

(3) 对新的非确定的有限自动机按照图 3-6 所示的替换规则反复进行替换,这个过程实际上是正规式的合成过程,即对 M' 不断消去结点和弧的过程。直到状态图中只剩下状态结点 S 和 Z 为止。当状态图中只有状态 S 和 Z 时,在 S 到 Z 的弧上标记的正规式即所求结果。

【例 3-5】 设非确定的有限自动机 M 的状态转换图如图 3-7 所示。在 $\{x, y\}$ 上构造一个正规式 r,使 $L(M) = L(r)$。

第一步,拓广状态图,得到如图 3-8(a)所示的状态图。

第二步,消去状态 2 和 3,得到如图 3-8(b)所示的状态图。

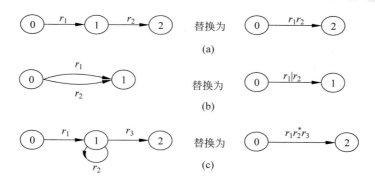

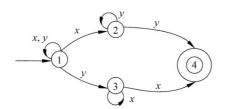

图 3-6　从有限自动机到正规式的等价替换规则

图 3-7　NFA M 的状态转换图

第三步,消去状态 4,得到如图 3-8(c)所示的状态图。

第四步,消去状态 1,得到如图 3-8(d)所示的状态图。

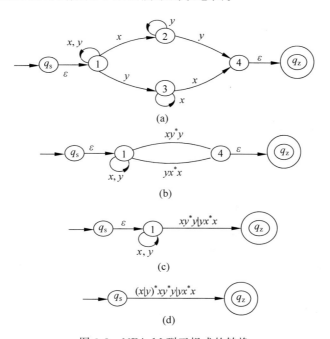

图 3-8　NFA M 到正规式的转换

此时状态转换图中只有状态 S 和 Z,所以非确定的有限自动机 M 对应的正规式为 $r = (x|y)^* xy^* y | yx^* x$。

【例 3-6】 设某种语言由标识符和无符号正整数两类单词构成,设 L 表示字母,D 表示十进制数字,其中 $L=[a\sim z, A\sim Z]$,$D=[0\sim 9]$。

设标识符和无符号正整数的词法规则如下:

$$<标识符>\rightarrow (L|\_)(L|D|\_)^*$$
$$<无符号正整数>\rightarrow DD^*$$

识别标识符和无符号正整数的状态转换图如图 3-9 所示。

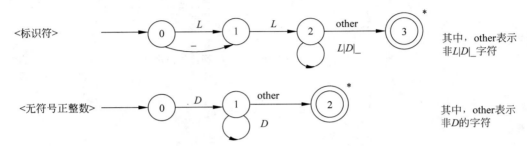

图 3-9 识别标识符和无符号正整数的状态转换图

注意:状态转换图中的终态结点若带有"*",表示在扫描和识别单词过程中,到达一个单词识别状态时,对于当前识别的单词多读进了一个字符,即超前搜索,则源程序扫描指针需要做自减运算以回退一个字符。

根据图 3-9 所示的状态转换图,同时可以得到:

$$<标识符>对应的正则式:(L|\_)(L|D|\_)^*$$
$$<无符号正整数>对应的正则式:DD^*$$

3.3 单词的识别

3.3.1 单词分类

逐个读入源程序字符并按照构词规则切分成一系列单词。单词是语言中具有独立意义的最小单位,包括保留字、标识符、运算符、标点符号和常量等。例如,在 C 语言中,一般的表达式不一定是单词,因为它们虽然具有独立的意义,但不一定是最小的语法单位。如表达式 a+b,它的单词是 a、+、b。C 语言中的字母和数组也不一定是单词,因为它们虽然是最小的语法单位,但常常不具有独立意义,如程序中定义一个变量 a10,a 和 10 若单独作为一个变量名和一个常数存在于程序中,则是合法的单词,但作为对变量标识的定义,只有 a10 作为一个整体才是合法的单词。

到底哪些语法符号是语言中具有独立意义的最小语法单位呢?这与具体语言的词法规则有关。一般常用的程序设计语言的单词可分为如下几类。

(1) 保留字,也称关键字。

保留字一般是语言系统本身定义的,通常是由字母组成的字符串。例如,C 语言中的 int 、float、while、for、break 和 switch 等。

(2) 常数。

程序设计语言中包含各种类型的常数,如整型常数、实型常数、不同进制的常数、布尔常数、字符及字符串常数等。

(3) 标识符。

标识符用来表示各类名字的标识,如常量名、变量名、数组名、结构名、函数名、类名、对象名和文件名等。

(4) 运算符。

运算符表示程序中算术运算、逻辑运算、字符及位串等运算的字符(或串),如各类语言中较通用的＋、－、＊、／、＜＝、＞＝、＜和＞等。还有一些语言包含特有的运算符,如 C 语言中的＋＋、？：、||、＋＝等。

(5) 界符。

如逗号、分号、括号、单引号和双引号等均为界符。

词法分析程序所输出的单词符号常常采用以下二元式表示:(单词种类,单词值)。其中,单词种类表示单词的类别,用来刻画和区分单词的特性或特征,通常用整数编码来表示。例如,可以将 C 语言中的关键字设计为一类,标识符为一类。运算符既可以按优先级分为不同的类,也可以作为一类。单词值则是编译其他阶段需要的信息,可以省略。例如,C 语言的语句"int i = 10, j = 1;"中的单词 i 和 j 的种类都是整型,单词的值为 10 和 1 对于代码生成来说是必不可少的。有时,对某些单词来说,不仅需要它的值,还需要其他一些信息以便于编译。例如,对于标识符来说,还需要记载它的类别、层次和其他属性,如果这些属性统统收集在符号表中,那么可以将单词的二元式表示设计成这种形式:(标识符,指向该标识符所在符号表中位置的指针)。

对于一种语言而言,如何对其中的单词进行分类、分成几类、怎样编码、单词属性部分能包含多少信息等,并没有一个原则性的规定,要视具体情况而定,主要取决于处理上的方便。一般来说,一个单词为一类,处理较为方便,但对于标识符却是不可行的。可以将具有一定共性的单词视为一类,统一给出一个属性,但属性部分信息包含越多,实现起来越复杂。属性字中的单词值部分要直接或间接给出单词在计算机内存储的内码表示。如对于某个标识符或某个常数,常把指向存放它的有关信息的符号或常数表入口的指针作为它的单词值。

3.3.2 单词的内部表示

单词的内部表示 Token 的结构一般由两部分组成:单词类别和语义信息。单词类别用来区分单词的不同种类,通常可以用整数编码来表示。单词的语义信息也取决于今后处理上的方便。对于常量和标识符还可以单独构造常量表和标识符名字表,此时,单词的语义信息的值就是指向常量表或标识符名字表中相应位置的指针。

3.3.3 单词的形式化描述

描述程序设计语言中单词的工具主要有以下 3 种:正则表达式、自动机和正则文法。它们的功能彼此相当。对于一个一般的程序设计语言,各类单词的正则表达式可能如下。

(1) 标识符:$L(L|D)^*$,其中 $L=[a\sim z, A\sim Z]$,$D=[0\sim 9]$。

(2) 整数：$D|D^*$，其中 $D=[0\sim9]$。
(3) 特殊符号：$+|;|:|:=|<|<=|\cdots$
(4) 保留字：if|else|while|$\cdots$

构造识别单词的有限自动机的方法与步骤如下。

(1) 根据构成规则对高级程序语言的单词按类构造出相应的状态转换图。

(2) 合并各类单词的状态转换图，构成一个能识别该语言的所有单词的状态转换图。合并方法如下。

① 将各类单词的状态转换图的初始状态合并为一个唯一的初始状态。

② 化简调整状态冲突和对冲突状态重新编号。

③ 如果有必要，增加出错状态。

【例 3-7】 如图 3-9 示出的例 3-6 两类单词的状态转换图，经合并和调整后，得到识别标识符和无符号正整数的一个状态转换图，如图 3-10 所示。

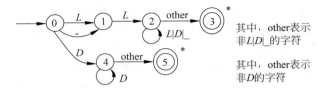

图 3-10 对图 3-9 合并后的状态转换图

3.4 词法分析程序的设计及实现

词法分析程序的设计步骤如下。

(1) 确定词法分析器的接口，即确定词法分析器是作为语法分析的一个子程序还是作为独立的一遍扫描过程。

(2) 确定单词分类和单词结构。

(3) 构造每一类单词的正规式以及对应的 NFA。

(4) 合并各类单词的状态图，增加一个出错处理终态，构成一个识别该语言所有单词的状态转换图 NFA，对该 NFA 确定化及化简，得到最终的能识别该语言所有单词的 DFA。

(5) 编程实现第(4)步得到的 DFA。

3.4.1 词法分析程序的预处理

词法分析器工作的第一步是源程序以字符流形式输入。词法分析器通常由两部分构成：预处理程序和扫描器(单词识别程序)，如图 3-11 所示。

由于在源程序中，特别是非自由格式书写的源程序中，往往有大量的空白符、回车换行符及注释等，这是为增加程序可读性及程序编辑的方便而设置的，对程序本身无实际意义。另外，像 C 语言有宏定义、文件包含、条件编译等语言特性，为了减轻词法分析器实质性处理的负担，在源程序从输入缓冲区进入词法分析器之前，要先对源程序进行预处理，预处理子程序一般完成的主要功能如下：滤掉源程序中的注释；剔除源程序中的无用字符；进行

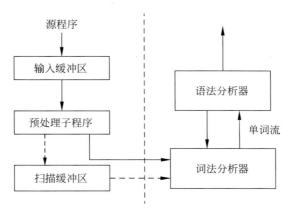

图 3-11　词法分析器结构示意图

宏替换；实现文件包含的嵌入和条件编译的嵌入等。

扫描器真正接受的输入是经过预处理后的源程序串,输出是识别出的单词流。

根据内存空间情况有两种选择。

(1) 如果内存比较大,可以直接输入到内存的一个源程序区,然后词法分析程序从源程序区依次读入字符进行扫描和处理。这种方式可以大大节省源程序输入的时间,提高词法分析器的效率。但在一个有限的内存空间内要满足各种规模的源程序的一次输入是困难的,这样的系统开销也比较大。

(2) 如果内存不足,将源程序以文件的形式存储在外部介质上,如磁盘、U 盘等。可以先在内存中开辟一个大小适宜的缓冲区,这个缓冲区称为输入缓冲区。词法分析程序工作时,先从外部介质将输入符号串分批读入缓冲区,然后进行预处理子程序,将无用的字符剔除。如果内存空间有限,可以将预处理后的字符流送入扫描缓冲区,然后送入扫描器进行单词符号的识别,如图 3-11 所示。

源程序以文件形式存于外存,首先要将其读入内存才可进行词法分析。早期计算机内存较小,只能在内存设置长度有限的输入缓冲区,分段读入源程序进行处理。在编制程序时,必须考虑由于源程序分段读入所产生的问题。例如,由多个字符构成的单词有可能被缓冲区边界所打断。目前计算机所使用的内存已超过若干年前硬盘容量,计算机内存足以容纳源程序的全部,故源程序可一次全部读入内存进行处理。

扫描缓冲区就是在内存中开辟一部分单元,供识别单词用。注意:扫描缓冲区和输入缓冲区是不同的,输入缓冲区是从外存上读入部分字符,而扫描缓冲区仅供识别单词用。显然,无论缓冲区设定为多大,都不能保证单词不会被它的边界打断,例如若有代码段 i++、j++,由于空间限制,可能在缓冲区中只存储了 i++、j,如图 3-12 所示。在这种情况下,即使读到缓冲区的最后一个字符,也仍不能找到该单词的右边界,这时,若从外存上再读一部分源程序进入缓冲区,则会将没有处理过的字符(++)冲掉。为此,可将缓冲区分成相等的两个区域,其结构如图 3-13 所示。

图 3-12　扫描缓冲区示意图

在扫描缓冲区中一般设两个指针,一个指向当前正在识别的单词的开始位置,另一个用于向前搜索寻找单词的终点。不论扫描缓冲区定为多大,都不能保证单词符号不会被它的边界所打断,因此,扫描缓冲区最好使用如图 3-13 所示的一分为二的区域。

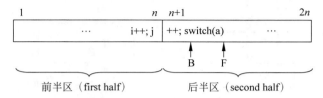

图 3-13　互补的扫描缓冲区结构示意图

开始时两个扫描缓冲区均为空。首先填满扫描缓冲区的前半区,并将两个指针指向扫描缓冲区一的第一个字符。将搜索指针向后移动,当识别出一个单词之后,搜索指针已指向下一个单词的第一个字符,然后再将起始指示器移到搜索指示器所指字符,接着搜索指针又开始扫描再下一个单词。当搜索指针越界时,说明扫描缓冲区前半区中的字符不足一个单词,这时填满扫描缓冲区后半区,再将搜索指示器扫描缓冲区后半区第一个字符。这样,两个扫描缓冲区交替工作。一般,扫描缓冲区的长度可以存放最长的一个单词即可正常工作,否则就不能保证单词符号不会被扫描缓冲区边界所打断。

扫描缓冲区两个半区互补功能的算法描述如下(设 F 为搜索指针):

```
if F at end of first half
{
    reload second half;
    F++;
}
else
    if F at end of second half
{
    reload first half;
    move F to beginning of first half
}
    else F++;
```

3.4.2　由词法规则画出状态转换图

通过综合实例画出识别 C 语言子集的单词符号的状态转换图。

设 C 语言的一个子集由下列单词符号构成,以正规式的形式表示如下。

(1) 关键字：int,if,for,while。

(2) 标识符：字母(字母|数字)*。

(3) 无符号整常数：数字(数字)*。

(4) 运算符或分界符：=,*,+,++,+=,{,},;。

根据正规式和有限自动机的等价转换规则,可以得到如图 3-14 所示的各类单词状态转换图。将各类单词对应的状态转换图合并,构成一个能识别语言所有单词的状态转换图。然后化简并调整冲突和状态编号。

经合并和调整后,确定并最简化得到最终的单词的状态转换图,如图 3-15 所示。注意,针对保留字,可以将保留字存储为一个特定文件,当识别出标识符后进行查表,判断是否为保留字。

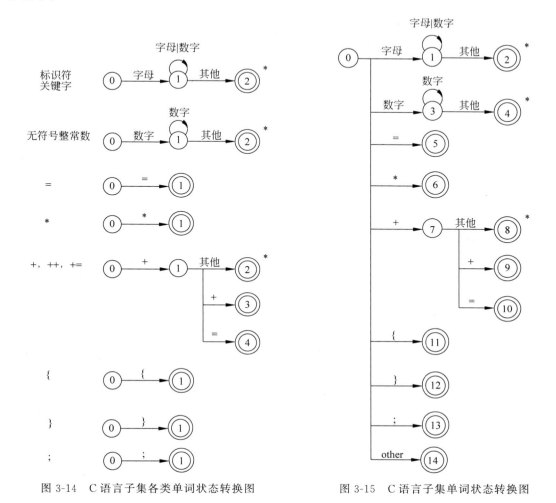

图 3-14　C 语言子集各类单词状态转换图　　图 3-15　C 语言子集单词状态转换图

3.4.3　单词对应状态转换图的实现

根据语言的词法规则构造出识别其单词的状态转换图,仅仅是理论上的词法分析器,是一个数学模型。那么,如何将状态转换图变为一个可行的词法分析器呢?最常用的状态转换图的实现方法称为程序中心法,即把状态转换图看成一个流程图,从状态转换图的初态开始,对它的每个状态结点编一段相应的程序。它要做的工作如下。

(1) 从输入缓冲区中取一个字符。为此,我们使用函数 nextchar(),每次调用它,搜索指针向前移一位,返回一个字符送给 CHAR 变量。

(2) 确定在本状态下,哪一条弧是用刚刚送来的输入字符标识的。如果找到,控制就转到该弧所指向的状态;若找不到,那么寻找该单词的企图就失败了,转向(3)。

(3) 错误处理:先行指针必须重新回到开始指针处,并用另一状态图来搜索另一个单词。如果所有的状态转换图都试过之后，还没有匹配的，就表明这是一个词法错误，此时，调用错误处理程序。

以图 3-16 为例，可以得到以下伪代码段：

```
state i:
        CHAR = GETNEXTCHAR();
        CASE CHAR OF
        'A' … 'Z': … state j … ;
        '0' … '9': … state k … ;
        ';' : … state l … ;
        END;
        ERROR();
```

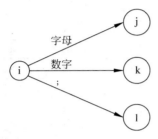

图 3-16　状态图示例

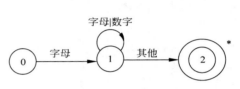

图 3-17　标识符状态图

【例 3-8】　以标识符状态图为例，将图 3-17 所示转换为伪代码段。设标识符类别为 1，输出单词形式为<1,单词名称>。

对于图 3-17 的状态转换图，状态 0 和状态 1 的代码如下所示：

```
state 0:
    C = GETNEXTCHAR();
    if   LETTER(C) then goto state 1
    else ERROR( )
state 1:
    C = GETNEXTCHAR();
    WHILE  (ISLETTER(C) OR ISDIGIT(C)) DO
    {
        当前字符放入一临时字符数组;
    C = GETNEXTCHAR();              //从缓冲区取下一字符
    };
    UNGETCH;                        //回退一字符
    OUTPUT(1,标识符名字);
```

【例 3-9】　关键字的伪代码处理流程。

关键字通常由字母构成，符合标识符规则。考虑简化程序设计，将关键字作为一种特殊标识符来处理。设置一个关键字表，如表 3-3 所示，当状态转换图识别出一个标识符时，就去查对这张表，确定它是关键字还是标识符。

表 3-3 关键字表示例

关　键　字	类　别	关　键　字	类　别
int	0	for	2
if	1	while	3

```
char reserve(char token[ ])              /*查找表函数*/
{//基本字及编码表
    const char * table[ ] = {"int","if","for","while"};
    for(int i = 0;i < strlen(code);i++)
        if(strcmp(token,table[i][0]) == 0) return table[i][1];
    return 'id';                         //标识符的单词种别为'id'
}
```

综上所述，给出图 3-15 所示的状态转换图实现的 C 语言伪代码如下：

```
int state = 0;
enum letter('a'…'z');
enum digit('0'…'9');
char char1;

char1 = nextchar();
switch(state)
{
    case 0:switch(char1)
        {
            case 'a'…'z':    state = 1;break;
            case '0'…'9':    state = 3;break;
            case ' = ':      state = 5;break;
            case ' * ':      state = 6;break;
            case ' + ':      state = 7;break;
            case '(':        state = 10;break;
            case ')':        state = 11;break;
            case ';':        state = 12;break;
            default :        state = 13;
        }
        break;
    case 1:while(char1 == letter||number) char1 = nextchar();
        state = 2;
        break;
    case 2:untread();                              /* 函数 untread()回退一个已读进的字符,属性
                                                      01 表示关键字,属性 02 表示标识符 */
        return(02,value)or return(01,value);
        break;
    case 3:while(char1 == number) char1 = nextchar();
        state = 4;
        break;
    case 4:untread();return(03,value);break;    /* 属性 03 表示无符号整常数 */

    case 5:return(04, );break;                    /* 属性 04 表示 = */
```

```
case 6:return(05, );break;                    /* 属性 05 表示 *  */
case 7:if(char1 == '+')state = 9;
       else if(char1!= "+")state = 8;
       break;
case 8:untread();return(08, );break;          /* 属性 08 表示 +  */
case 9:return(09, );break;                    /* 属性 09 表示++ */
case 10:return(10, );break;                   /* 属性 10 表示 += */
case 11:return(11, );break;                   /* 属性 11 表示( */
case 12:return(12, );break;                   /* 属性 12 表示) */
case 13: return(13, );break;                  /* 属性 13 表示; */
case 14:error();                              /* error 是语法错误处理函数 */
}
```

状态转换图实现的另一种方法是数据中心法,即将状态转换图看成一种数据结构(如状态矩阵表),用控制程序控制输入字符在其上运行,从而完成词法分析。而一个实际的状态矩阵表往往是一个稀疏矩阵,这会增加存储空间的开销。可以采用压缩的二级目录表的数据结构。所谓二级目录表,即分为主表和分表。主表结构为状态和分表地址两个数据项,若状态为终态(即单词接收态),则分表地址是处理相应单词的子函数入口。分表为当前输入字符及转换状态两个数据项。以图 3-15 为例,给出主表与分表的关系和结构,其表示如图 3-18 所示。

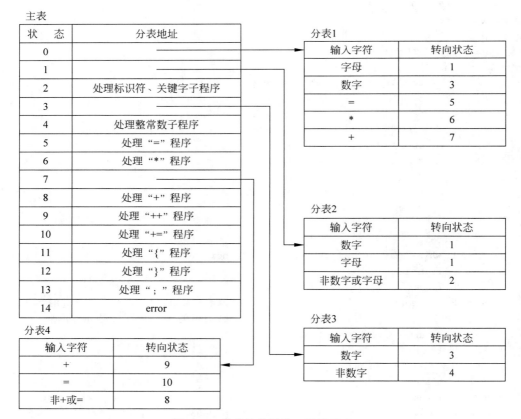

图 3-18　状态转换图的二级目录表

以二级目录表为主的数据中心实现法的控制程序请读者自己给出。

3.4.4 词法分析中的错误处理

词法错误是编译程序在词法分析阶段出现的错误,词法错误指单词的拼写错误,例如,保留字的拼写错误。词法分析程序主要功能是读词,分解单词符号拼写单词,该阶段的错误大多数是单词拼写错误,或者是书写错误。源程序所有的拼写错误一般有如下几种情况。

(1) 错写了一个字母或字符,如将 CONST 写成 COMST。
(2) 少写了一个字符,如将 WHILE 写成 WHIE。
(3) 多写了一个字符,如将 ELSE 写成 ELSET。
(4) 相邻的字符颠倒了位置,如 THEN 写成 THNE。

对词法分析产生的错误进行错误处理要涉及下面几个问题。

(1) 判断是哪个标识符拼写错误。
(2) 错误的性质,产生错误的原因,是哪类拼写错误。
(3) 错误的位置,产生错误的位置。
(4) 错误的局部化。
(5) 重复错误信息的遏止。

确定出错,采用错误恢复策略。最简单的错误恢复策略:从剩余的输入中不断删除字符,直到词法分析器能够在剩余输入的开头发现一个正确的字符为止。这也被称为"恐慌模式"恢复。

3.5 词法分析程序的自动实现

本节介绍一个著名的词法分析器自动生成工具 Lex。它是以有限自动机理论为基础而设计的,本质上是一个可以识别所有模式的确定的有限自动机。

3.5.1 Lex 介绍

Lex 是一个词法分析程序的自动生成器(lexical analyzer generator)。1972 年贝尔实验室在 UNIX 上首次实现了 Lex。1984 年,GNU 工程推出 Flex(fast lexical analyzer generator),它是对 Lex 的扩充。Lex/Flex 支持使用正则表达式来描述各个单词的模式,由此给出一个词法分析器的规约。

Lex 工具的输入表示方法称为 Lex 语言,而工具本身称为 Lex 编译器。图 3-19 示出了 Lex 编译器的主要组成部分。从图中可以看出,Lex 编译器接收用正规式表示的单词规则,然后利用算法 X 从此正规式出发构造能识别正规式描述的单词集(正规集)的非确定的有限自动机 M',再用算法 Y(即子集法)将 M' 确定化,得到与之等价的确定的有限自动机 M'',最后还可用算法 Z(即划分算法)对 M'' 进行化简,得到确定的有限自动机 M,则这个有限自动机 M 即是理论上的扫描器。

使用 Lex 自动生成词法分析器的步骤一般分为 3 步,如图 3-20 所示。

(1) 用 Lex 语言编写一个输入文件,描述将要生成的词法分析器。在图 3-20 中这个输

图 3-19　词法分析器自动构造的思想

入文件称为 lex.l。

（2）Lex 编译器将 lex.l 转换成 C 语言程序，生成的文件称为 lex.yy.c。

（3）lex.yy.c 被 C 编译器编译为一个名为 a.out 的文件。C 编译器的输出就是一个读取输入字符流并生成单词流的可运行的词法分析器。

图 3-20　用 Lex 自动生成一个词法分析器流程

3.5.2　Lex 语法基础

Lex 语言是对表示语言单词集的正规式的描述，以解决正规式规则输入问题。一个 Lex 程序具有如下形式：

```
说明部分              /* 包含模式宏定义和 C 语言的说明信息 */
%%
规则部分              /* 转换规则 */
%%
辅助函数              /* 规则动作部分所需的辅助过程的 C 语言代码 */
```

（1）第一部分"说明部分"包括 C 语言代码、模式宏定义等。模式宏定义实际是对识别规则中出现的正规式的辅助定义。如语言中的字母可定义为 Letter[A|B|…|Z|a|b|…|z]；数字可定义为 digital[0|1|2|…|9]；除宏定义外，定义部分的其余代码需要用符号%{和}%括起来。另外，Lex 源程序所使用的 C 语言库文件和外部变量也应分别用 #include 及 extern 予以说明，并置于%{和}%之内。Lex 扫描源文件时将%{和}%之间的部分原封不动地复制到输出文件 lex.yy.c 中。

例如，C 语言说明和 Lex 宏定义示例如下：

```
%{
#include <stdio.h>
#include <ctype.h>
/* definitions of manifest constants LT,LE,EQ,GT,GE,IF,THEN,ELSE,ID */
}%
/* regular expression */
```

```
delim      [\t\n]
ws         {delim}+
letter     [A-Za-z]
digit      [0-9]
id         {letter}({letter}|{digit})*
%%
```

在 Lex 源程序中,起标识作用的符号%%、%{和}%都必须处于所在行的最左字符位置。另外,在其中也可以随意添加 C 语言形式的注释。

(2) 第二部分"规则部分"是 Lex 程序的主体部分。其一般形式如下:

模式 1 {动作 1}
模式 2 {动作 2}
⋮
模式 n{动作 n}

其中模式是对单词的描述,用正规式表示。动作是与匹配的模式对应的,用 C 语言代码表示对模式处理的动作,表示当识别出某个模式所表示的单词后,词法分析器需要做的处理工作,即应执行动作的程序。通常使用的 Lex 模式定义如表 3-4 所示。

表 3-4 Lex 模式定义

模 式	说 明	示 例
x	匹配单个字符 x	
[abc]	匹配 a 或 b 或 c	[a-h0-5]
[^abcde]	匹配 a~e 之外的任意字符（可为[^a-e]）	[^abA-Z\n]表示匹配除小写字母 a,b、大写字母 A~Z 和换行符外任意字符
\	转义符定义同 ANSI C	
.	匹配除去换行符之外的任意字符	
r*	r 是正规式,r* 匹配 0 个或多个 r	
r+	r 是正规式,r+匹配 1 个或多个 r	
r?	r 是正规式,r? 匹配 0 个或 1 个 r	
r{2,5}	r 同上,匹配 2~5 次 r	
r{2,}	r 同上,匹配 2 次或更多次 r	
r{2}	r 同上,匹配 2 次 r	
{name}	name 是在定义部分出现的模式宏名	
"text"	匹配字符串"text"	
r|s	匹配正规式 r 或 s	
rs	匹配正规式 r 和 s 的连接	
…		

(3) 第三部分"辅助函数"定义对模式进行处理的 C 语言函数、主函数等,它是支持规则的动作部分所需要的处理过程,是对规则部分中动作的补充。这些过程若不是 C 语言的库函数,需给出具体定义,然后分别编译且与生成的词法分析器装配在一起。

需要说明的是,说明部分和辅助函数部分是任选的,规则部分是必需的。

3.5.3 词法分析器自动构造

词法分析程序主要由两部分组成：一张转换矩阵表和一个控制程序。转换矩阵表由 Lex 对某语言单词集描述的 Lex 源程序变换得来。基于 Lex 源程序，Lex 编译器的实现步骤可以描述如下。

(1) 对 Lex 源程序识别规则中的每个 P_i 构造一个相应的非确定的有限自动机 M_i。

引入唯一初态 X，从初态 X 通过 ε 弧将所有非确定的有限自动机 $M_i(i=1,2,\cdots,n)$ 连接成新的非确定的有限自动机 M'。

(2) 对非确定的有限自动机 M' 确定化，产生确定的有限自动机 M。

(3) 化简确定的有限自动机 M。

(4) 给出总控程序。总控程序的工作原理和手工构造相类似，差异在于如何实现状态迁移。手工构造的扫描器是利用程序控制流程的改变来实现状态迁移，而使用 DFA 的控制程序是利用状态转换矩阵来实现状态迁移。使用 DFA 的控制程序远比手工构造的扫描器简单，并且控制程序与源语言的单词集无关。

所谓自动构造词法分析器，实际上就是构造 DFA。所以，自动构造词法分析器的难点在于构造 DFA，对于实际程序设计语言来说，用人工构造 DFA 是不可能的，必须由程序来实现。

【例 3-10】 编制 Lex 源程序，分别统计文本文件 a.txt 中出现的标识符和整数个数，并显示之。标识符定义为字母开头，后跟若干字母、数字或下画线。整数可以带＋或－号，也可不带，且不以 0 开头。非单词和非整数则忽略不计，将之滤掉不显示。

设 Lex 源文件名为 count.l，文件内容如下：

```
%{
# include "stdio.h"
# include "stdlib.h"
int num_num = 0, num_id = 0;
%}
INTEGER   [-+]?[1-9][0-9]*
ID        [a-zA-Z][a-zA-Z_0-9]*
SPACE     [ \n\t]
%%
{INTEGER} { num_num++;
printf("(num = %d)",atoi(yytext));       //打印数字值
}
{ID} {
num_id++;
printf("(id = %s)",yytext);
}
{SPACE} |
. {
//什么也不做,滤掉白字符和其他字符
}
%%
void main()
```

```
{
yylex();
printf("num = %d,id = %d",num_num,num_id);
}
int yywrap()                              //此函数必须由用户提供
{return 1;}
```

【例 3-11】 下面是识别某语言单词的 Lex 源文件。

该语言的 Lex 源程序如下：

```
%{
#include <stdio.h>
#include <ctype.h>
#include <string.h>
#define IF      1
#define THEN    2
#define ELSE    3
#define ID      4
#define LT      5
#define LE      6
#define EQ      7
#define NE      8
#define GT      9
#define GE      10
}%
/* 正规式模式宏定义 */
digit            [0-9]
alpha            [a-zA-Z]
alnum            [a-zA-Z0-9]
delim            [ \t\n]
ws               {delim]}+
id               {letter}({letter}|{digit})*
number           {digit}+(\.{digit}+)?(E[+\-]?{digit}+)?
%%
{ws}             {/* no action and no return */}
If               {return (IF);}
then             {return (THEN);}
else             {return (ELSE);}
{id}             {yyIvaI = install_id(); return(ID);}
{number}         {yyIvaI = install_num(); return(NUMBER);}
"<"              {yyIvaI = LT; return(RELOP);}
"<="             {yyIvaI = LE; return(RELOP);}
"="              {yyIvaI = EQ; return(RELOP);}
"<>"             {yyIvaI = NE; return(RELOP);}
">"              {yyIvaI = GT; return(RELOP);}
">="             {yyIvaI = GE; return(RELOP);}
int  main()
{
yyparse();
return 0;
}
```

```
int yyerror(char *msg)
{
printf("Error
encountered: %s \n", msg);
}
```

程序开始是内部表示常数的定义,即用字符%{和}%括起来的部分。接下来是说明部分的模式宏定义。正规式规则定义部分出现的第一个正规名 delim,它对字符属性的描述是无意义的,仅表示 3 个字符,即空白、回车标记(\t)、换行标记(\n)。注意:正规式允许递归定义。

程序中第一次出现的字符%%标记识别规则部分,表示当某个模式被识别,则执行其后的处理动作。例如,当关键字 if 被识别,则产生执行语句 return(IF),该单词属性为 IF,此时,单词属性字的值部分为空。在识别规则中,对关系运算符"<"的识别,其动作部分由两条语句来完成,一是给出单词"<"的属性 RELOP,由语句 return(RELOP)完成;二是给出单词的内部值,由语句 yylval=LT 完成。而对标识符的识别,其动作部分也是由两条语句完成的,但在给出标识符内部值的语句中,则是转去调用辅助过程部分的一个过程 install_id,即由该过程给出相应的标识符的内部值。

Lex 程序的第三部分是辅助过程,定义了两个用 C 语言编写的函数,省略了具体代码,仅给出了函数的功能说明,其功能是完成对标识符及数值型常数的内部值的处理。

3.5.4　Lex 应用

作为对 Lex 应用的理解,给出如下实例。

【例 3-12】　编写 ANSI C 的 Lex 源程序如下:

```
    D           [0-9]
    L           [a-zA-Z]
    H           [a-fA-F0-9]
    E           [Ee][+-?]{D}*
    FS          (f|F|l|L)
    IS          (u|U|l|L)*
%{
#include <stdio.h>
#include "y.tab.h"
void count();
}%
%%
"/*"                        {comment();}
"auto"                      {count();return(AUTO);}
"break"                     {count();return(BREAK);}
"case"                      {count();return(CASE);}
"char"                      {count();return(CHAR);}
"const"                     {count();return(CONST);}
"continue"                  {count();return(CONTINUE);}
"default"                   {count();return(DEFAULT);}
"do"                        {count();return(DO);}
```

```
"double"                    {count();return(DOUBLE);}
"else"                      {count();return(ELSE);}
"enum"                      {count();return(ENUM);}
"extern"                    {count();return(EXTERN);}
"float"                     {count();return(FLOAT);}
"for"                       {count();return(FOR);}
"goto"                      {count();return(GOTO);}
"if"                        {count();return(IF);}
"int"                       {count();return(INT);}
"long"                      {count();return(LONG);}
"register"                  {count();return(REGISTER);}
"return"                    {count();return(RETURN);}
"short"                     {count();return(SHORT);}
"signed"                    {count();return(SIGNED);}
"sizeof"                    {count();return(SIZEOF);}
"static"                    {count();return(STATIC);}
"struct"                    {count();return(STRUCT);}
"switch"                    {count();return(SWITCH);}
"typedef"                   {count();return(TYPEDEF);}
"union"                     {count();return(UNION);}
"unsigned"                  {count();return(UNSIGNED);}
"void"                      {count();return(VOID);}
"volatile"                  {count();return(VOLATILE);}
"while"                     {count();return(WHILE);}
{L}({L}|{D})*               {count();return(check_type());}
0[xX]{H}+{IS}?              {count();return(CONSTANT);}
0{D}+{IS}?                  {count();return(CONSTANT);}
{D}+{IS}?                   {count();return(CONSTANT);}
L?'(\\.|[^\\'])+'           {count();return(CONSTANT);}
{D}+{E}{FS}?                {count();return(CONSTANT);}
{D}+"."{D}+({E})?{FS}?      {count();return(CONSTANT);}
{D}+"."{D}*({E})?{FS}?      {count();return(CONSTANT);}
L?\"(\\.|[^\\"])*\"         {count();return(STRING_LITERAL);}
"..."                       {count();return(ELLIPSIS);}
">>="                       {count();return(RIGHT_ASSIGN);}
"<<="                       {count();return(LEFT_ASSIGN);}
"+="                        {count();return(ADD_ASSIGN);}
"-="                        {count();return(SUB_ASSIGN);}
"*="                        {count();return(MUL_ASSIGN);}
"/="                        {count();return(DIV_ASSIGN);}
"%="                        {count();return(MOD_ASSIGN);}
"&="                        {count();return(AND_ASSIGN);}
"^="                        {count();return(XOR_ASSIGN);}
"|="                        {count();return(OR_ASSIGN);}
">>"                        {count();return(RIGHT_OP);}
"<<"                        {count();return(LEFT_OP);}
"++"                        {count();return(INC_OP);}
"--"                        {count();return(DEC_OP);}
"->"                        {count();return(PTR_OP);}
"&&"                        {count();return(AND_OP);}
"||"                        {count();return(OR_OP);}
```

```
"<="                        {count();return(LE_OP);}
">="                        {count();return(GE_OP);}
"=="                        {count();return(EQ_OP);}
"!="                        {count();return(NE_OP);}
";"                         {count();return(';');}
("{"|"<%")                  {count();return('{');}
(")"|"%>")                  {count();return(')');}
","                         {count();return(',');}
":"                         {count();return(':');}
"="                         {count();return('=');}
"("                         {count();return('(');}
")"                         {count();return(')');}
("["|"<:")                  {count();return('[');}
(")"|":>")                  {count();return(']');}
"."                         {count();return('.');}
"&"                         {count();return('&');}
"!"                         {count();return('!');}
"~"                         {count();return('~');}
"-"                         {count();return('-');}
"+"                         {count();return('+');}
"*"                         {count();return('*');}
"/"                         {count();return('/');}
"%"                         {count();return('%');}
"<"                         {count();return('<');}
">"                         {count();return('>');}
"^"                         {count();return('^');}
"|"                         {count();return('|');}
"?"                         {count();return('?');}
[\t\v\n\f]                  {count();}
.                           {/* ignore bad characters */}
%%
yywrap()
{
    return(1);
}
comment()
{
    char c,c1;
    loop;
    while((c = input())!= '*'&&c!= 0)
        putchar(c);
    if((c1 = input())!= '/'&&c!= 0)
    {
        unput(c1);
        goto loop;
    }
    if(c!= 0)
        putchar(c1);
}
int column = 0;
void count()
```

```
{
    int i;
    for(i = 0;yytext[i]!= '\0';i++)
        if(yytext[i] == '\n')
            column = 0;
        else if(yytext[i] == '\t')
            column += 8 - (column % 8);
        else
            column++;
}
int check_type()
{
/* pseudo code --- this is what it should check
 *
 * if(ytext == type_name)
 *        return(TYPE_NAME);
 *
 * return(IDENTIFIER);
 */
/*
 * it actually will only return IDENTIFIER
 */
    return(IDENTIFIER);
}
```

习题

1. 写出表示下列语言的正规式。
(1) {0,1}中不含形如 01 的所有串。
(2) {0,1}中至少只含两个 1 的所有串。
(3) {0,1}中最多只含两个 1 的所有串。
(4) {0,1}中以 1 开头和以 1 结尾的所有串。
(5) {0,1}中以 01 结尾的所有串。
(6) 能被 5 整除的十进制数。
(7) {0,1}中的含有子串 010 的所有串。
(8) 英文字母组成的所有符号串,要求符号串中的字母按字典序排列。

2. 构造下列正规式的等价 DFA。
(1) $(a|b)^*$
(2) $(a^*|b^*)^*$
(3) $(0|1)^*(0^*|1)^*(0|1)$
(4) $((\varepsilon|a)b^*)^*$
(5) $(a|b)^*a(a|b)$

3. 写出接受的字符串是分别满足和同时满足如下条件的确定的有限自动机及相应的正规式,$\Sigma=\{0,1\}$。

(1) 1 的个数为奇数。

(2) 两个 1 之间至少有一个 0 隔开。

4. 已知文法 $G=(\{S,A,B\},\{a,b,c\},P,S)$，其中：

$P:S \rightarrow aS \mid aB$

$B \rightarrow bB \mid bA$

$A \rightarrow cA \mid c$

构造一个与文法 G 等价的正规式 R。

5. 填空题。

(1) 设有 C 语言的程序段如下：

```
while(i!= j)
{ a = 34;
  j = k;
  i++;
}
```

则经过词法分析后可以识别的单词个数为(　　)。

(2) 设定义在字母表 $\{a,b,c,x,y,z\}$ 上的正规式 $r=(a|b|c)(x|y|z)$，则 $L(r)$ 中元素有(　　)个。

(3) 正则表达式 $R1$ 和 $R2$ 等价是指(　　)。

(4) 已知文法 $G[S]:S \rightarrow A1,A \rightarrow A1|S0|0$，与 G 等价的正规式是(　　)。

6. 判断题。

(1) Lex 是典型的词法分析程序。(　　)

(2) 词法分析的依据是源语言的文法规则。(　　)

(3) 源程序中的单词是具有独立意义的短语。(　　)

(4) 单词的属性字一般应该包括单词类别和单词内码。(　　)

(5) 编译的预处理程序的处理对象是源程序。(　　)

7. 设 A,B,C 为任意的正规式，试证明正规式的如下性质：

(1) $A|B=B|A$

(2) $A|(B|C)=(A|B)|C$

(3) $A(BC)=(AB)|C$

(4) $(A|B)C=AC|BC$

(5) $(A^*)^*=A^*$

(6) $A|A=A$

(7) $\varepsilon|A=A\varepsilon=A$

(8) $(AB)^*A=A(BA)^*$

8. 非确定的有限自动机 M 的状态图如图 3-21 所示，写出与其语言等价的正规式 r。

9. 简答题。

(1) 词法分析程序的基本功能有哪些？词法分析的性质是什么？

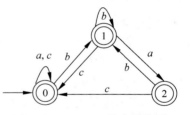

图 3-21　NFA M 状态转换图

(2) 词法分析中识别的单词具有什么特征？识别的依据是什么？

(3) 阐述词法分析器自动生成的思想。

(4) 何为超前搜索技术？

10. 用伪代码编写一个 C 源程序预处理程序，要求如下。

(1) 去除源程序中的注释(源程序中的注释用/ * …… * /标记，不允许嵌套使用)。

(2) 去除源程序中的续行符(\)。

(3) 将 Tab 和换行符替换为空格。

(4) 将大写字母变换成小写。

(5) 在源程序尾部添加字符♯，这是编译程序内部的一个特殊的单词，以示源程序结束。

(6) 每调用一次，将经预处理的源程序全部送入内存中的扫描缓冲区，供扫描器识别单词。

11. 假设有两类单词：①关键字 if；②标识符，它表示除 if 之外的所有字母组成的串。

(1) 给出识别这两类单词的 NFA。

(2) 给出识别这两类单词的 DFA。

12. 假设有一类单词为无符号数，例如：$123, 12.3, 1.23E+2, 1.23e-4$。

(1) 写出该单词对应的文法。

(2) 给出识别这两类单词的 NFA。

(3) 给出识别这两类单词的 DFA。

13. C++有各种整型常量：十进制数的简单序列可以看作整型常量，0x 为前缀的十六进制数序列为整型常量，以 0 为前缀的八进制数序列为整型常量，以 L 或 l 为后缀的整型常量表示的类型为 long int。编写一个描述用于识别 C++中整型常量的正规式，并构造相应的 NFA 和 DFA。

14. 总结 C 和 C++语言的全部单词种类。

15. 指出下列 Lex 正规式所匹配的字符串：

(1) "{" [^{] * "}"

(2) [^0-9]|[\r\n]

(3) \'([^'\n]|\'\')+\'

(4) \"([^"\n]|\[\"\n]) * \"

16. 编写一个 Lex 程序，该程序将程序中的关键字 int 的每个实例转换成 float。

17. 编写描述 C++的单词符号的 Lex 程序。

18. 编制 Lex 源程序，使用 Lex 实现统计 C 源文件中非注释的行数。

第 4 章 自顶向下的语法分析

语法是描述语言结构的文法,与翻译英文类似,语法分析是在词法分析确定每个单词符号正确的基础上,识别由单词符号构成的序列(句子)是否符合语言的语法规范,语法分析是编译程序的核心部分。目前语法分析的方法主要分为自顶向下分析和自底向上分析两大类。自顶向下分析包括包含回溯的语法分析方法和不含回溯的语法分析方法,自底向上分析主要包括算符优先分析和 LR 分析。鉴于程序设计语言都可以用上下文无关文法表示,故在本章中涉及的语法均为上下文无关文法。

4.1 自顶向下的语法分析方法

4.1.1 包含回溯的自顶向下语法分析

包含回溯的自顶向下语法分析的思想是:从文法 G 的开始符号 S 出发,试探性地用一切可能的方法向下推导,若匹配于输入符号串的最左推导存在,则输入符号串在语法上是合法的,否则不合法。引起回溯的原因是在文法中对应某个非终结符的产生式有多个候选式,无法确定选用哪个产生式,只能依次试探进行推导,从而引起回溯。举例如下。

【例 4-1】 设有如下文法 $G[S]$:

(1) $S \rightarrow aAb$

(2) $A \rightarrow xy \mid x$

若当前输入串为 axb,则推导过程如下。

第一步,从开始符号 S 出发,使用文法产生式(1)进行推导,如图 4-1(a)所示。

第二步,非终结符 A 对应两个产生式,先选用第一个产生式进行推导,如图 4-1(b)所示。其中,叶子结点 x 与输入串中的 x 匹配,但是 y 与输入串中的 b 不匹配,说明上一步中对 A 的替换不成功。

第三步,回溯到第二步,重新选取另一个产生式替换 A,如图 4-1(c)所示。输入串中的 x 与叶子结点 x 匹配,接着输入串中的 b 与叶子结点 b 匹配,说明句子 axb 合法。

(a) 第一步

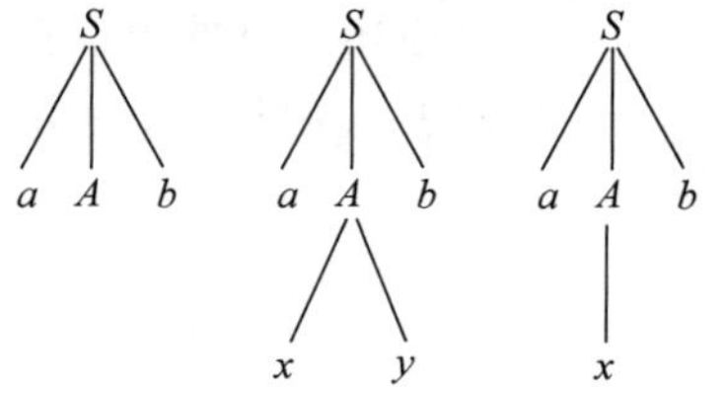

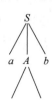
(b) 第二步

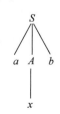
(c) 第三步

图 4-1 包含回溯的自顶向下语法分析树(一)

【例 4-2】 设有如下文法 $G[S]$：

(1) $S \rightarrow y$

(2) $S \rightarrow Sx$

若当前输入串为 yxx，则推导过程如下。

第一步，从开始符号 S 出发，使用文法产生式(1)进行推导，如图 4-2(a)所示。

第二步，此时语法树的叶子结点只有 y，与输入串不匹配，重新选用产生式(2)进行推导，如图 4-2(b)所示。

第三步，语法树末端结点最左端为非终结符号，试探着使用产生式(1)进行推导，结果如图 4-2(c)所示。

第四步，分析树的叶子结点 y 和 x 分别与输入串对应符号匹配，但输入串中还有一个 x 未能匹配，因此回溯到上一步，将 S 用产生式(2)进行替换，如图 4-2(d)所示。

第五步，语法树末端结点最左端为非终结符号 S，试探着使用产生式(1)进行推导，结果如图 4-2(e)所示。此时，分析树叶子结点与输入串一一对应，匹配成功，句子合法。

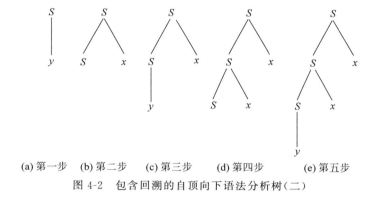

(a) 第一步   (b) 第二步   (c) 第三步   (d) 第四步   (e) 第五步

图 4-2　包含回溯的自顶向下语法分析树(二)

【例 4-3】 设有如下文法 $G[S]$：

(1) $S \rightarrow y$

(2) $S \rightarrow Sy \mid Sx$

若当前输入串为 yxx，则推导过程可能出现如下死循环。

第一步，从开始符号 S 出发，使用文法产生式(1)进行推导，如图 4-3(a)所示。

第二步，此时语法树的叶子结点只有 y，与输入串不匹配，重新选用产生式 $S \rightarrow Sy$ 进行推导，如图 4-3(b)所示。

第三步，语法树末端结点最左端为非终结符号，试探着使用产生式(1)进行推导，结果如图 4-3(c)所示。

第四步，分析树的叶子结点 y 与输入串对应符号 x 不匹配，因此回溯到上一步，将 S 用 $S \rightarrow Sy$ 进行替换，语法树末端结点最左端为非终结符号 S，试探着使用产生式(1)进行推导，结果如图 4-3(d)所示。

第五步，此时仍发现不匹配，因此回溯到上一步，选用产生式 $S \rightarrow Sy$ 进行推导，结果如图 4-3(e)所示。这种情况下自上向下分析陷入死循环。

由以上例子可以看出，包含回溯的自顶向下语法分析方法是一个试探推导的过程，当在分析过程中的某一步发现匹配不成功，则回退到上一步的合适位置重新试探其余可能的推

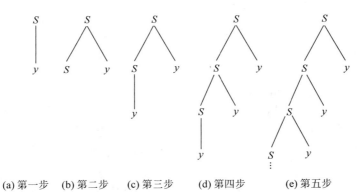

(a) 第一步　(b) 第二步　(c) 第三步　(d) 第四步　(e) 第五步

图 4-3　包含回溯的自顶向下语法分析树(三)

导,当文法产生式较多时,需要穷举完所有可能的推导才能发现不合法的句子,因此这种分析方法效率低,代价高。同时,由于对文法未加限制,当出现左递归时会出现死循环现象,导致算法实现的失败。因此,在实用编译程序中几乎不采用这种方法。

4.1.2　回溯产生的原因与解决方法

分析例 4-1 至例 4-3 可以发现,回溯的原因在于分析过程中选择产生式候选式的不确定性,造成了匹配输入符号串的假象。此外,自顶向下语法分析采取的是最左推导,当文法是左递归文法时,除了回溯,还有可能出现无终止的循环。因此,需要消除分析过程中产生式候选式的不确定性和消除左递归文法。

为消除回溯,需要对文法产生式进行改写,使得根据当前输入串中扫描的符号能够准确地选择一个产生式进行匹配,所选择的产生式若无法完成匹配,则别的产生式也肯定无法完成匹配,从而避免随机确定一个候选式进行试探性的匹配。

对于例 4-1 中的文法 $G[S]$,可以通过提取公共左因子的方法消除回溯,改写如下:

(1) $S \rightarrow aAb$

(2) $A \rightarrow xA'$

(3) $A' \rightarrow y | \varepsilon$

若当前输入串仍为 axb,则推导过程如下。

第一步,根据输入串中的第一个符号 a,从开始符号 S 出发,唯一选取文法产生式(1)进行推导,输入串当前扫描指针指向下一个符号 x,如图 4-4(a)所示。

第二步,根据输入串中的第二个符号 x,从非终结符 A 出发,唯一选取文法产生式(2)进行推导,输入串当前扫描指针指向下一个符号 b,如图 4-4(b)所示。

第三步,若输入串中当前符号为 y,则唯一选取文法产生式 $A' \rightarrow y$ 进行推导,输入串当前扫描指针指向下一个符号,而当前输入串中当前符号为 b,因此唯一选取特殊的产生式 $A' \rightarrow \varepsilon$,输入串当前扫描指针不变,仍然指向符

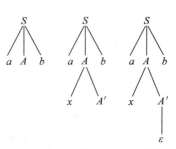

(a) 第一步　(b) 第二步　(c) 第三步

图 4-4　不含回溯的自顶向下语法分析树(一)

号 b,如图 4-4(c)所示。

第四步,输入串中的 b 与叶子结点 b 匹配,说明句子 axb 合法,分析成功。

从上述推导过程可以看出,根据当前扫描输入串中的符号,利用修改后的文法,可以唯一确定文法的某个产生式进行推导,从而避免了回溯的发生。

解决方法 1:提取公共左因子。

若文法中含有 $A \rightarrow \alpha\beta | \alpha\gamma$ 形式的产生式,可以进行等价变换:

$A \rightarrow \alpha A'$

$A' \rightarrow \beta | \gamma$

更一般地,若文法中含有 $A \rightarrow \alpha\beta_1 | \alpha\beta_2 | \cdots | \alpha\beta_m$ 形式的产生式,可以等价变换为

$A \rightarrow \alpha A'$

$A' \rightarrow \beta_1 | \beta_2 | \cdots | \beta_m$

若在 $\beta_i(1 \leqslant i \leqslant m)$ 中仍含有公共左因子,可以反复提取,直到新引进的非终结符对应的产生式再无公共左因子为止。

解决方法 2:消除左递归。

对于例 4-2 和例 4-3 中的文法,必须消除左递归文法。左递归有两种形式,即直接左递归和间接左递归。

一个文法 G,若存在推导 $A \Rightarrow A\alpha$,其中 $A \in V_N$,$\alpha \in (V_T \cup V_N)^*$,则称 G 是左递归的。直接左递归文法表现在产生式中会出现 $A \rightarrow A\cdots$ 的形式,间接左递归文法在最左推导中会出现 $A \Rightarrow A\cdots$ 的形式。例如文法 $G[E]:(1)E \rightarrow E+T | T$;$(2)T \rightarrow (E) | id$ 为直接左递归文法,而文法 $G[S]:(1)S \rightarrow Aa | b$;$(2)A \rightarrow Sd | \varepsilon$ 为间接左递归文法,因为 $S \Rightarrow Aa \Rightarrow Sda$。

1. 消除直接左递归

假定关于非终结符 A 的规则为

$A \rightarrow A\alpha | \beta \quad \alpha、\beta \in (V_T \cup V_N)^*$,其中 β 不以 A 打头

则可以把上述产生式规则改写为如下等价的非直接左递归形式:

$A \rightarrow \beta A'$

$A' \rightarrow \alpha A' | \varepsilon$

【例 4-4】 设有如下直接左递归文法 $G[S]$:

$S \rightarrow S+A | A$

$A \rightarrow A*B | B$

$B \rightarrow (S) | a$

消除直接左递归,得到如下文法:

$S \rightarrow AS'$

$S' \rightarrow +AS' | \varepsilon$

$A \rightarrow BA'$

$A' \rightarrow *BA' | \varepsilon$

$B \rightarrow (S) | a$

下面把上述转换规则一般化,直接左递归的一般形式为

$A \rightarrow A\alpha_1 | A\alpha_2 | \cdots | A\alpha_n | \beta_1 | \beta_2 | \cdots | \beta_m$

其中 $\beta_i(i=1,2,\cdots,m)$ 不以 A 打头,则可以把非终结符 A 的规则改写如下:
$$A \to \beta_1 A' | \beta_2 A' | \cdots | \beta_m A'$$
$$A' \to \alpha_1 A' | \alpha_2 A' | \cdots | \alpha_n A' | \varepsilon$$

【例 4-5】 消除例 4-3 中的直接左递归文法。

文法改写如下:

(1) $S \to yS'$

(2) $S' \to y S' | x S' | \varepsilon$

利用改写后的文法分析输入串 yxx,结果如图 4-5 所示,其中每一步根据当前的输入符号可以选取文法的唯一确定的产生式进行推导,从而避免了回溯和死循环。

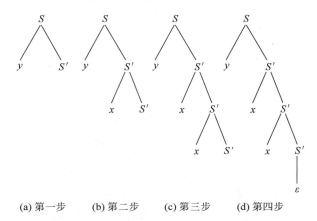

(a) 第一步　　(b) 第二步　　(c) 第三步　　(d) 第四步

图 4-5　不含回溯的自顶向下语法分析树(二)

2. 消除间接左递归

直接左递归文法比较直观,易于发现,而间接左递归文法表面上不具有左递归性,却隐含着左递归。消除间接左递归的方法是:把间接左递归文法中的非终结符号约定好顺序,通过穷举替换改写为直接左递归文法,把左递归性"挖掘"出来,然后用消除直接左递归的方法改写文法。

下面给出一个消除文法所有左递归的算法,该算法对文法的要求为,文法不含形如 $S \Rightarrow S$ 的推导且不含以 ε 为右部的产生式。

算法 4-1　消除文法左递归

输入:左递归文法 G。

输出:不含左递归的文法 G'。

算法:

对给定左递归文法 G,执行如下操作。

(1) 对文法所有的非终结符号按任一顺序排列成 $A_1, A_2, \cdots, A_n$。

(2) for(i = 1; i <= n; i++){
　　　for(j = 1; j <= i - 1; j++){
　　　　　如果 $A_i \to A_j \gamma$ 而 $A_j \to \delta_1 | \delta_2 | \cdots | \delta_k$
　　　　　则把 $A_j \to \delta_1 | \delta_2 | \cdots | \delta_k$ 带入 $A_i \to A_j \gamma$ 得 $A_i \to \delta_1 \gamma | \delta_2 \gamma | \cdots | \delta_k \gamma$

消除关于 A_i 产生式的直接左递归
　　　　}
（3）去除开始符号无法到达的非终结符号的产生式。

【例 4-6】 消除间接左递归文法 $G[S]$：
（1）$S \to Ac \mid c$
（2）$A \to Bb \mid b$
（3）$B \to Sa \mid a$

非终结符号排序为 B、A、S。

$A \to (Sa \mid a)b \mid b$　　　　把 B 的产生式代入 A 中
$A \to Sab \mid ab \mid b$
$S \to (Sab \mid ab \mid b)c \mid c$　　　　把 A 的产生式代入 S 中
$S \to Sabc \mid abc \mid bc \mid c$
$S \to abcS' \mid bc\ S' \mid cS'$　　　　消除直接左递归
$S' \to abcS' \mid \varepsilon$
$A \to Sab \mid ab \mid b$
$B \to Sa \mid a$

A 和 B 的产生式是多余的，因此最终转化后的无左递归的等价文法为

$S \to abcS' \mid bc\ S' \mid cS'$　　　　消除直接左递归
$S' \to abcS' \mid \varepsilon$

对文法的非终结符的排序不同，最后得到的文法在形式上可能也不同，但可以证明它们都是等价的。

4.2　递归下降分析法

分析程序由一组递归过程（或函数）组成，每个过程（函数）对应文法的一个非终结符，这样的一个分析程序称为递归下降分析器。解决了前面遇到的回溯和左递归两个关键问题后，根据改写后的文法可以设计出不含回溯的自顶向下语法分析器，本节主要讨论其中一种方法——递归下降分析法。

递归下降分析法的基本思想是：文法的每个非终结符对应一个子程序（函数），在子程序（函数）中实现对该非终结符所在产生式的右部语法成分的识别，分析过程是按产生式规则自顶向下一层一层调用相关子程序（函数）来完成的。

【例 4-7】 设有文法 $G[S]$：
$S \to S+A \mid A$
$A \to A*B \mid B$
$B \to ab \mid a$

构造该文法的递归下降分析器。

第一步，消除左递归和提取公共左因子，改写后的文法如下：
$S \to AS'$

$S' \to +AS'|\varepsilon$
$A \to BA'$
$A' \to *BA'|\varepsilon$
$B \to aB'$
$B' \to b|\varepsilon$

第二步，对文法进行改写后，根据输入串中的当前输入符号可以准确选择一个产生式进行匹配，因此对改写后文法中的 6 个非终结符分别构造出对应的函数，实现对产生式右部的匹配。

递归下降语法分析程序如下：

```
void S()
{
    A( );
    S'( );
}
void S'()
{
    if( ch = = ' + ') { n++;A( );S'( ); }
    else return;
}
void A()
{
    B( );
    A'( );
}
void A'()
{
    if( ch = = ' * ') { n++; B( );A'( ); }
    else return;
}
void B()
{
    if( ch = = 'a') { n++; B'( ); }
}
void B'()
{
    if( ch = = 'b') n++;
    else return;
}
```

其中，ch 为当前扫描的输入符号，n 为读单词指针。

从上述程序中可以体会"递归"和"下降"的含义，其中"递归"指函数中会出现向自身的递归调用，例如函数 $S'()$ 和 $A'()$ 中均含有直接递归调用，这是由文法的递归性（允许左递归之外的递归形式）决定的。"下降"指函数调用顺序是按产生式规则自顶向下逐层下降来完成的，例如，若输入串为 $a+a$，则逐层下降匹配如图 4-6 所示。

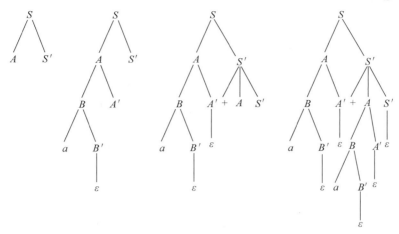

图 4-6 递归下降分析过程

4.3 LL(1)分析法与 LL(1)分析器

递归下降分析法的每一步分析虽然可以准确地选择产生式,但其缺点是设计的程序中出现了直接递归。递归程序的缺点在于每一步递归调用都要分配内存空间保存局部变量和现场,函数调用返回时需要逐层返回,因此代价较高。LL(1)分析法是比递归下降分析法更有效的一种自顶向下的语法分析方法,它使用显式栈将递归调用转化为非递归的分析过程。

LL(1)中的第一个 L 指语法分析按照自左至右的顺序扫描输入符号串,第二个 L 指分析过程产生句子的最左推导。括号中的 1 表示在分析过程中,每一步推导最多只要向前查看输入符号串中的一个输入符号,即能确定推导所需的产生式。利用 LL(1)方法实现的语法分析程序称为 LL(1)分析程序或 LL(1)分析器。依次类推,如果每一步推导需要向前查看 k 个输入字符,则称为 LL(k)分析。

1. LL(1)分析器的逻辑结构与工作过程

LL(1)分析器的逻辑结构由输入缓冲区、LL(1)分析表、分析控制程序和分析栈 4 部分组成。如图 4-7 所示,分析控制程序根据输入缓冲区中的当前扫描符号和分析栈的栈顶元素查询分析表中的预先设计好的内容,根据内容进行相应处理。

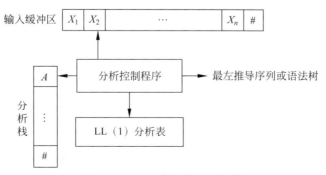

图 4-7 LL(1)分析器的逻辑结构

（1）输入缓冲区。存放输入符号串，为分析方便，在输入符号串的末尾加上♯作为分析结束标记。

（2）分析栈。在分析过程中用来存放推导中遇到的文法符号，分析栈初始化时，栈底压入♯作为结束标记，然后压入文法的开始符号进行推导。

（3）LL(1)分析表。用 $M[A,a]$ 矩阵表示，其中 A 表示文法的非终结符号，a 表示文法的终结符号或者♯，矩阵元素 $M[A,a]$ 存放非终结符 A 对应的产生式或一个错误标记。分析表预先设计好，矩阵元素的含义是当分析栈的栈顶出现 A、输入符号为 a 时，选用 A 对应的产生式进行推导。

（4）分析控制程序。根据分析栈的栈顶元素和输入缓冲区当前扫描符号查询分析表执行控制功能，具体处理过程如下。

① 把♯和文法开始符号 S 推进栈，并读入输入串的第一个单词 a，重复下述过程直到正常结束或出错。

② 根据栈顶文法符号 X 和当前单词符号 a 的关系进行不同的处理。

- 若 $X=a=♯$，分析成功，停止分析。
- 若 $X=a≠♯$，把 X 从栈顶弹出，输入缓冲区当前指针指向下一个输入符号。
- 若 X 为终结符号，且 $X≠a$，说明出现了不匹配情况，报错。
- 若 $X∈V_N$，查分析表元素 $M[X,a]$。若 $M[X,a]$ 中为一个产生式规则，则将 X 弹出栈，将产生式右部符号串反向压入分析栈（特别地，若产生式为 $X→ε$，则直接把 X 弹出即可）；若 $M[X,a]$ 中为错误标记，调用出错处理子程序进行处理。

【例 4-8】 设有文法 $G[S]$：

$S→S+A|A$
$A→A*B|B$
$B→ab|a$

给出该文法句子 $a+a$ 的 LL(1) 分析过程。

第一步，消除左递归和提取公共左因子，改写后的文法如下：

$S →AS'$
$S'→+AS'|ε$
$A→BA'$
$A'→*BA'|ε$
$B→aB'$
$B'→b|ε$

第二步，构造 LL(1) 分析表，如表 4-1 所示。

表 4-1 改写后文法的 LL(1) 分析表

非终结符 V_N	终结符 V_T				
	a	b	$+$	$*$	$♯$
S	$S→AS'$				
S'			$S'→+AS'$		$S'→ε$
A	$A→BA'$				
A'			$A'→ε$	$A'→*BA'$	$A'→ε$
B	$B→aB'$				
B'		$B'→b$	$B'→ε$	$B'→ε$	$B'→ε$

第三步,根据分析控制程序的执行过程得出如表 4-2 所示的分析步骤。

表 4-2 输入串 $a+a$ 的 LL(1)分析过程

步 骤	分 析 栈	剩余符号串	所用产生式
1	#S	a+a#	S→AS′
2	#S′A	a+a#	A→BA′
3	#S′A′B	a+a#	B→aB′
4	#S′A′B′a	a+a#	
5	#S′A′B′	+a#	B′→ε
6	#S′A′	+a#	A′→ε
7	#S′	+a#	S′→+AS′
8	#S′A+	+a#	
9	#S′A	a#	A→BA′
10	#S′A′B	a#	B→aB′
11	#S′A′B′a	a#	
12	#S′A′B′	#	B′→ε
13	#S′A′	#	A′→ε
14	#S′	#	S′→ε
15	#	#	分析成功

从表 4-2 的分析过程可见,LL(1)分析法的核心是 LL(1)分析表的构造,分析控制程序对不同文法的分析表的处理过程是类似的。

2．LL(1)分析表的构造

LL(1)分析表中存放的是产生式规则或错误标记(可以用空白来表示默认),因此其构造的关键是：输入缓冲区扫描到当前终结符号时,用栈顶非终结符号相应的哪个产生式进行匹配,就把该产生式放入到分析表中,所有的产生式填入分析表后,分析表剩余未被填入的位置说明正常分析过程中不会查询,因此填入错误标记。

确定如何将产生式规则 $A \to \alpha$ 填入 $M[A,?]$ 位置之前,首先给出 FIRST 集合和 FOLLOW 集合的定义。

定义 4-1 FIRST 集合

设文法 $G[S]=(V_T,V_N,S,P)$ 是上下文无关文法,则文法符号串 α 的 FIRST 集合定义为

$$\text{FIRST}(\alpha) = \{a \mid \alpha \Rightarrow a\beta, a \in V_T, \alpha, \beta \in (V_T \bigcup V_N)^*\}$$

若 $\alpha \Rightarrow \varepsilon$,则规定 $\varepsilon \in \text{FIRST}(\alpha)$,因此 $\text{FIRST}(\alpha)$ 是 α 所有可能推导的开头终结符号或可能推导出的 ε 所构成的集合。

根据定义,符号串 α 可以是单个文法符号,也可以是多个文法符号组成的符号串,下面分别讨论两种情况下的 FIRST 集合的构造。

1) 单个文法符号的 FIRST 集合的构造

如果 $\alpha \in V_T$,则 $\text{FIRST}(\alpha) = \{\alpha\}$;如果 $\alpha \in V_N$,且有推导 $\alpha \Rightarrow a\cdots, a \in V_T$,则把 a 加入 $\text{FIRST}(\alpha)$ 中;如果 $\alpha \to \varepsilon$ 也是一个产生式或 $\alpha \Rightarrow \varepsilon$,则把 ε 加入 $\text{FIRST}(\alpha)$ 中。

2) 文法符号串的 FIRST 集合的构造

设 $\alpha = X_1 X_2 \cdots X_n$，把 FIRST($X_1$) 的所有非 ε 元素加入 FIRST($\alpha$)。若 ε 在 FIRST($X_1$) 中，把 FIRST($X_2$) 的所有非 ε 元素也加入 FIRST($\alpha$)。若 ε 既在 FIRST($X_1$) 中也在 FIRST($X_2$) 中，把 FIRST($X_3$) 的所有非 ε 元素也加入 FIRST($\alpha$) 中……若对所有的 FIRST($X_i$), $i = 1, 2, \cdots, n$ 都含有 ε，把 ε 加入 FIRST(α) 中。

【例 4-9】 设有文法 $G[S]$：

$S \to ABC$
$A \to a \mid \varepsilon$
$B \to b \mid \varepsilon$
$C \to c \mid \varepsilon$

计算 FIRST(S)、FIRST(A)、FIRST(B) 和 FIRST(C)。

FIRST(S) = $\{a, b, c, \varepsilon\}$
FIRST(A) = $\{a, \varepsilon\}$
FIRST(B) = $\{b, \varepsilon\}$
FIRST(C) = $\{c, \varepsilon\}$

如果对于非终结符 A 的所有候选式都求出了它们的 FIRST 集合，而这些集合都两两不相交，分析表就很容易填了。但是问题通常不这么简单，例如 $A \to \varepsilon$ 是一个候选式或者 $A \to \alpha$ 是一个候选式，而 FIRST(α) 中包含了 ε，这个候选式该填入表的什么位置呢？因为分析表中根本就没有 ε 作为输入符号的列，这个产生式填在哪里呢？

这个问题需要引入 FOLLOW 集合的概念来解决。首先来分析 ε 产生式的使用时机。

【例 4-10】 设文法 $G(S)$ 如下：

① $S \to aBC$
② $B \to bC$
③ $B \to dB$
④ $B \to \varepsilon$
⑤ $C \to c$
⑥ $C \to a$
⑦ $D \to e$

对于句子 $a\,d\,a$ 的最左推导序列如下：

$S \Rightarrow aBC$
$\Rightarrow adBC$
$\Rightarrow adC$
$\Rightarrow ada$

在这个句子的推导中，当 B 遇到输入符号 a 时用空产生式成功地分析了句子。

下面再来看另外一个句子 $a\,d\,e$ 的最左推导序列：

$S \Rightarrow aBC$
$\Rightarrow adBC$
$\Rightarrow adC$

通过这个例子发现当 B 面临输入符号 a 时使用空产生式是正确的，而当 B 面临输入符

号 e 的时候，使用空产生式却是错误的。当 B 遇到哪些终结符时可以使用空产生式呢？在本例中，在所有可能的句型中，B 的后面总是紧跟非终结符 C，而 C 可以推导出终结符 a 和 c，因此当 B 遇到 a 和 c 的时候可以用空产生式来推导，否则就不行。

在本例中如果当前某非终结符 A 与当前输入符 a 不匹配时，若存在 $A\to\varepsilon$，可以通过检查 a 是否可以出现在 A 的后面，来决定是否使用产生式 $A\to\varepsilon$（若文法中无 $A\to\varepsilon$，则应报错），这个问题用 FOLLOW 集合来描述。

定义 4-2 FOLLOW 集合

设文法 $G[S]=(V_T,V_N,S,P)$ 是上下文无关文法，S 为文法的开始符号，则文法的非终结符号 A 的 FOLLOW 集合定义为

$\mathrm{FOLLOW}(A)=\{a\mid S\Rightarrow\cdots Aa\cdots,\ a\in V_T\}$，若有 $S\Rightarrow\cdots A$，则规定 $\sharp\in\mathrm{FOLLOW}(A)$，其中 $\sharp$ 作为输入串的结尾标记。因此，$\mathrm{FOLLOW}(A)$ 是所有句型中出现在紧接 A 之后的终结符号或 $\sharp$ 所构成的集合。

注意，不同于 FIRST 集合，只有非终结符号才存在对应的 FOLLOW 集合。下面讨论非终结符号 FOLLOW 集合的构造，对文法中的每个非终结符号 A，$\mathrm{FOLLOW}(A)$ 的构造规则如下：

(1) 对于文法的开始符号 S，置 $\sharp$ 于 $\mathrm{FOLLOW}(S)$ 中。

(2) 若 $A\to\alpha B\beta$，则把 $\mathrm{First}(\beta)$ 中的所有非 ε 元素加入到 $\mathrm{FOLLOW}(B)$ 中。特别地，若 $A\to\alpha B\beta(\beta\Rightarrow\varepsilon)$，则把 $\mathrm{FOLLOW}(A)$ 加入到 $\mathrm{FOLLOW}(B)$ 中。

(3) 若 $A\to\alpha B$，则把 $\mathrm{FOLLOW}(A)$ 加入到 $\mathrm{FOLLOW}(B)$ 中。

连续使用以上规则，直至 FOLLOW 集合不再扩大。

上述 FOLLOW 集合构造规则是依据 FOLLOW 集合的定义给出的，对照 FOLLOW 集合的定义不难理解。

【例 4-11】 设有文法 $G[S]$：

$S\to ABC$

$A\to a\mid\varepsilon$

$B\to b\mid\varepsilon$

$C\to c\mid\varepsilon$

计算 $\mathrm{FOLLOW}(S)$、$\mathrm{FOLLOW}(A)$、$\mathrm{FOLLOW}(B)$ 和 $\mathrm{FOLLOW}(C)$。

$\mathrm{FOLLOW}(S)=\{\sharp\}$

$\mathrm{FOLLOW}(A)=\{b,c,\sharp\}$

$\mathrm{FOLLOW}(B)=\{c,\sharp\}$

$\mathrm{FOLLOW}(C)=\{\sharp\}$

在掌握 FIRST 集合和 FOLLOW 集合构造方法的基础上，下面讨论 LL(1) 分析表的构造算法。

算法 4-2 LL(1) 分析表的构造

输入：文法 G 及其相应的 FIRST 集合和 FOLLOW 集合

输出：文法 G 的 LL(1) 分析表

算法：

(1) 扫描文法 G 的每个产生式 $A\to\alpha$，并执行第(2)步和第(3)步。

(2) 对每个终结符号 $a \in \text{FIRST}(\alpha)$,把 $A \rightarrow \alpha$ 加至 $M[A,a]$ 中。

(3) 若 $\varepsilon \in \text{FIRST}(\alpha)$,则对任何 $b \in \text{FOLLOW}(A)$,把 $A \rightarrow \alpha$ 加至 $M[A,b]$ 中。

(4) 把所有无定义的 $M[A,a]$ 标上错误标记。

【例 4-12】 已知文法 $G[S]$:

$S \rightarrow cAd$

$A \rightarrow aB$

$B \rightarrow b | \varepsilon$

假设分析句子 cad,按照算法 4-2,构造出对应的 LL(1) 分析表,输入缓冲区和分析栈中存放当前分析对应的符号,如表 4-3 所示。

表 4-3 LL(1) 分析表构造分析

$M[A,a]$	a	b	c	d	#
S			$S \rightarrow cAd$		
A	$A \rightarrow aB$				
B		$B \rightarrow b$			$B \rightarrow \varepsilon$

当前栈顶符号是文法的开始符号 S,缓冲区指针指向待分析符号串的第一个符号 c,因为 LL(1) 分析是自顶向下的语法分析方法,当前的状态说明要寻找从 S 出发第一个能推出 c 的产生式,所以在构造分析表时,很自然地要对每个终结符号 $a \in \text{FIRST}(\alpha)$,把 $A \rightarrow \alpha$ 加至 $M[A,a]$ 中,从而实现自顶向下的匹配,对应于上述例子就是把 $S \rightarrow cAd$ 放入到 $M[S,c]$ 这个位置,查表时可以直接取出该产生式进行分析。

3. LL(1) 文法

对于某些文法,构造出的 LL(1) 分析表中某些位置存在多个文法产生式,这样的分析表称为多重定义的分析表。例如,对文法 $G[S]$:$S \rightarrow Sa | b$,按算法 4-2 构造的分析表如表 4-4 所示。

表 4-4 文法 $G[S]$ 的分析表

$M(A,a)$	a	b	#
S		$S \rightarrow Sa$	
		$S \rightarrow b$	

元素 $M[S,b]$ 中对应两条产生式规则,即为多重定义。在具体分析过程中,显然多重定义会带来不确定性,当栈顶符号为 S,当前输入符号为 b 时,不知道采用哪个产生式继续进行推导。不难看出文法 $G[S]$ 同时也是左递归文法,说明左递归文法不适用于 LL(1) 分析法,因此需要消除左递归,然后构造分析表。上述例子也说明需要确定哪类文法能够使用 LL(1) 分析法进行分析。

还有些文法即使消除了左递归,提取了左公因子之后仍然不能使用 LL(1) 分析法。

【例 4-13】 已知条件语句文法:

条件语句 → if 条件 then 语句 else 语句

|if 条件 then 语句

|其他

将条件语句的文法简化后用符号来表示为：
$S \rightarrow iCtS | iCtSeS | a$
$C \rightarrow b$

显然这个文法存在左公因子，直接构造分析表的话，在 $M[S,i]$ 处将会填上 $S \rightarrow iCtS$ 和 $S \rightarrow iCtSeS$，从而发生冲突，所以条件语句的文法是不满足 LL(1) 文法的要求的。

下面对条件语句的文法提取公因子，提取后文法为：
$S \rightarrow iCtSS' | a$
$S' \rightarrow eS | \varepsilon$
$C \rightarrow b$

接下来计算该文法的 FIRST 集和 FOLLOW 集：
$\text{FIRST}(S) = \{i, a\}$
$\text{FIRST}(S') = \{e, \varepsilon\}$
$\text{FIRST}(C) = \{b\}$
$\text{FOLLOW}(S) = \{\#, e\}$
$\text{FOLLOW}(S') = \{\#, e\}$
$\text{FOLLOW}(C) = \{t\}$

然后根据 LL(1) 分析表的构造算法构造分析表。

根据产生式的 FIRST 集合，可以得到：

表 4-5　条件语句文法 $G[S]$ 的分析表（1）

V_N	V_T					
	a	b	e	i	t	$\#$
S	$S \rightarrow a$			$S \rightarrow iCtSS'$		
S'			$S' \rightarrow eS$			
C		$C \rightarrow b$				

对于 $S' \rightarrow \varepsilon$，

要按照 FOLLOW 集合来填表，即 $M[S', e] = M[S', \#] = S' \rightarrow \varepsilon$

如表 4-6 所示：

表 4-6　条件语句文法 $G[S]$ 的分析表（2）

V_N	V_T					
	a	b	e	i	t	$\#$
S	$S \rightarrow a$			$S \rightarrow iCtSS'$		
S'			$S' \rightarrow \varepsilon$ $S' \rightarrow eS$			$S' \rightarrow \varepsilon$
C		$C \rightarrow b$				

显然在 $M[S', e]$ 处发生了冲突，$M[S', e]$ 含有多个候选式；这是因为 $\text{FIRST}(eS) \cap \text{FOLLOW}(S') = \{e\} \neq \varnothing$。也就是说，条件语句的文法经过改造之后仍然不能使用 LL(1) 预测分析法来分析。

怎么样才能使得条件语句的文法可以使用 LL(1)预测分析法来进行语法分析呢？需要根据条件语句的特点为文法增加附加条件。强制令 $M[S',e]=\{S'\to eS\}$ 从程序语言来看，相当于规定 else 坚持与最近的 then 相结合。

如果选择 $S'\to\varepsilon$，将使得 else 永远不可能被放到栈中或者从输入中被消除，因此选择这个产生式一定是错误的。经过改造之后的分析表如表 4-7 所示：

表 4-7　条件语句文法 $G[S]$ 的分析表(3)

V_N	V_T					
	a	b	e	i	t	#
S	S→a			S→iCtSS'		
S'			S'→eS			S'→ε
C		C→b				

例如：对于句子 if b then a else a 在遇到 else 之前的分析过程如表 4-8 所示：

表 4-8　if b then a else a 的分析过程

序号	栈	输　　入	输　　出
1	#S	if b then a else a#	
2	#S'StCi	if b then a else a#	S→iCtSS'
3	#S'StC	b then a else a#	
4	#S'Stb	b then a else a#	C→b
5	#S'St	then a else a#	
6	#S'S	a else a#	
7	#S'a	a else a#	S→a
8	#S'	else a#	

现在到了第 8 步，此时栈顶为 S'，输入串指针指向 else，如果选择 $S'\to\varepsilon$，则栈顶变成了 #，而输入串指针指向的是 else，栈顶元素和输入串指针所指向的元素是不匹配的，这就使得 else 永远不可能被放到栈中，当然从输入中也无法消除 else，这就使得语法分析无法进行下去，最终只能报错了。

如果我们选择了 $S'\to eS$，则栈顶为 else，和输入串指针所指向的 else 匹配，分析可以顺利进行下去了，最后完成句子的匹配工作。

下面给出关于 LL(1)文法的定义以及 LL(1)文法的一些重要性质。

定义 4-3　LL(1)文法

一个文法 G，若它的分析表 M 不含多重定义入口，则称为 LL(1)文法。

一个文法 G 是 LL(1)的，当且仅当对于 G 的每一个非终结符号 A 的任何两个不同产生式 $A\to\alpha|\beta$，下面的条件成立：

(1) $FIRST(\alpha)\cap FIRST(\beta)=\varnothing$，即 α 和 β 推导不出以同一终结符号为首的符号串。

(2) 假若 $\beta\Rightarrow\varepsilon$，那么 $FIRST(\alpha)\cap FOLLOW(A)=\varnothing$。

由 LL(1)文法产生的语言称为 LL(1)语言，在形式语言与自动机理论中，关于 LL(1)文法及 LL(1)语言具有许多重要的性质。这里给出其中一些重要的结论而略去相应的证明：

- 任何 LL(1)文法是无二义性的。

- 若一个文法是左递归文法,则一定不是 LL(1) 文法。
- 存在一种算法,能判定任一文法是否是 LL(1) 文法。
- 不存在这样的算法,能判定上下文无关语言能否由 LL(1) 文法产生。

1. 选择题。
(1) 在编译中生成语法树的主要目的是(   )。
    A. 判断给定的输入串是否符合语法的要求
    B. 判断给定的输入串在语义上是否满足要求
    C. 判断给定的输入串是否是合法的单词
    D. 目标代码生成
(2) 语法分析程序的输入是(   )。
    A. 词法分析中的单词流   B. 表达式序列
    C. 语法规则   D. 源语言中的程序语句
(3) 语法分析器可以发现源程序中的(   )。
    A. 变量未经定义就使用等语义错误   B. 缺少匹配的右括号等语法错误
    C. 标识符定义错误并校正   D. 以上错误均可发现
(4) 高级语言编译程序常用的语法分析方法中,递归下降分析法属于(   )。
    A. 有回溯的自顶向下分析法   B. 无回溯的自顶向下分析法
    C. 自底向上的分析法   D. 以上说法都不对
(5) 在自顶向下的语法分析中,采取的主要动作是(   )。
    A. 推导   B. 移进   C. 归约   D. 回溯
(6) 源程序是句子的集合,(   )可以较好地反应句子的结构。
    A. 有序线性表   B. 语法分析树   C. 有向无环图   D. 堆栈
(7) 若 $a \in \text{FOLLOW}(S)$,$a \in V_T$,则 a 这个终结符的含义是(   )。
    A. 在 S 所属文法的所有句型中紧接在 S 之后出现的终结符号或者 #
    B. S 可能推导出的第一个终结符
    C. S 可能推导出的最后一个终结符
    D. 以上说法都不对
(8) 若文法存在左递归,当采用递归的方法进行语法分析时,则在分析过程中将会产生(   )。
    A. 回溯   B. 非法调用   C. 有限次调用   D. 陷入死循环
(9) 在自顶向下的语法分析方法中,需要做的是(   )。
    A. 寻找最左直接短语   B. 寻找合适的句型进行推导
    C. 消除递归与回溯   D. 选择可归约串
(10) 基于 LL(1) 文法进行预测分析时,求得的 FIRST 集合、FOLLOW 集合均是(   )。
    A. 文法中非终结符集
    B. 终结符集

C. 字母表中可能出现的字母

D. 文法对应的有限状态自动机状态集合

(11) 文法 S→XX,X→Xy|y 不是 LL(1)方法,理由是( )。

A. FIRST(S)∩FIRST(X)≠∅
B. FIRST(S)∩FOLLOW(X)≠∅
C. FIRST(y)∩FIRST(X)≠∅
D. 以上均不对

(12) 编译过程中常用的语法分析方法里面,LL(k)分析法属于( )方法。

A. 自左至右的有回溯的语法分析

B. 自顶向下的非递归的语法分析

C. 自底向上的非递归语法分析

D. 自右至左的递归语法分析

(13) 递归下降分析法要求描述语言的文法是( )。

A. LL(1)文法
B. LR(k) 文法
C. 正则文法
D. 上下文有关文法

(14) LL(1)分析法的名字中,第一个"L"的含义是( )。

A. 自左向右进行扫描输入的单词串

B. 语法分析的每一步都采用最左推导

C. 语法分析的每一步都采用最左归约

D. 在决定下一步的动作时,向前看输入串中的一个符号

(15) LL(1)文法的条件是( )。

① 对形如 $A→α_1|α_2|\cdots|α_n$ 的规则,要求 $FIRST(α_i)∩FIRST(α_j)=∅,(i≠j)$;

② 对形如 $A→α_1|α_2|\cdots|α_n$ 的规则,若 $α_i \overset{*}{\Rightarrow} ε$,则要求 $FIRST(α_j)∩FOLLOW(A)=∅,(i≠j)$;

③ 对形如 $A→α_1|α_2|\cdots|α_n$ 的规则,若 $α_i \overset{*}{\Rightarrow} ε$ 与 $α_j \overset{*}{\Rightarrow} ε(i≠j)$ 不能同时成立。

A. ①②
B. ②③
C. ①②③
D. ①③

2. 填空题。

(1) 常用的两类语法分析方法是( )和( )分析法。

(2) 语法分析的功能是以( )作为输入,以( )作为依据,识别输入串是否为给定文法的( )。

(3) 递归下降分析法在进行语法分析之前要对文法进行( )和( )工作。

(4) LL(1)分析法的文法须满足的条件是( )和( )。

(5) 递归下降分析法是( )的语法分析方法。

(6) 由形式为 $S→Sa|b$ 的产生式引起的左递归称为( ),消除左递归之后的文法为( )。

(7) 由形式为 $S→Ca|b,C→Sc|c$ 的产生式引起的左递归称为( ),消除左递归之后的文法为( )。

(8) $X→xY|xZ|x$,经过提取左因子,原来的产生式成为( )和( )。

3. 分析计算题。

(1) 将文法 $G[S]$ 改写为等价的 $G'[S]$,使 $G'[S]$ 不含左递归和左公共因子。

$G[S]$: $S \to (A$
$A \to B) | AS$
$B \to bB | b$

(2) 已知文法 $G(S)$:
$S \to XxY | YyX$
$X \to Sz | z$
$Y \to Xy | y$

请消除文法的左递归。

(3) 文法 $G(E)$ 如下，求 FIRST(T') 和 FOLLOW(F)。
$E \to TE'$
$E' \to + TE' | \varepsilon$
$T \to FT'$
$T' \to * FT' | \varepsilon$
$F \to (E) | a$

(4) 已知文法 $G[S]$:
$S \to aSb | Sb | b$

试证明文法 $G[S]$ 为二义性文法。

(5) 对于 $G(M)$:
$M \to TB$
$T \to Ba | \varepsilon$
$B \to Db | eT | \varepsilon$
$D \to d | \varepsilon$

计算文法 $G(M)$ 的每个非终结符号的 FIRST 和 FOLLOW 集合，并判断该文法是否是 LL(1) 的，请说明理由。

(6) 已知文法 $G(S)$ 如下，构造该文法的 LL(1) 分析表。
$S \to AB$
$A \to int | real$
$B \to id\ C$
$C \to , id\ C | \varepsilon$

(7) 已知文法 $G(S)$ 如下：
$G(S)$：
$S \to S/aA | aA | /aA$
$A \to +aA | +a$

要求：

① 将文法 $G[S]$ 改写成 LL(1) 文法。

② 给出改写后文法的预测分析表，要求计算出改写后文法各非终结符的 FIRST 和 FOLLOW 集合。

③ 有输入符号串 $i-i//i\sharp$，写出按上述算法识别此符号串的过程，遇到错误停止即可，不需要错误恢复。

(8) 设文法 $G(S)$：

$S \to (T) \mid a+S \mid a$

$T \to T,S \mid S$

① 消除左递归并提取公共左因子。

② 构造相应的 FIRST 和 FOLLOW 集合。

③ 构造预测分析表。

(9) 试设计下列文法 $G[E]$ 的递归下降分析程序。

$E \to Aa \mid Bb$

$A \to cA \mid eB$

$B \to bd$

(10) 设有文法 $G[S]$：

$S \to AbB \mid Bc$

$A \to AbB \mid a$

$B \to bA \mid b$

① 试求各候选式的 FIRST 集。

② 试说明该文法是否可以采用自顶向下的语法分析方法。

③ 如果②可以，试用递归下降分析法设计其语法分析程序；如果②不可以，请改写文法，并写出其递归下降分析程序。

第5章 自底向上的语法分析

自底向上的分析方法的主要思想是从待分析的输入单词串出发,根据文法规则逐步进行归约,直到归约到文法的开始符号为止。在编译器的语法分析中,存在多种自底向上的分析法,这些方法归根结底都遵循相同的原理,即"移进-归约"的思想。

5.1 自底向上的语法分析方法

5.1.1 "移进-归约"分析

自底向上的语法分析方法通常采用"移进-归约"的分析过程处理输入串。该过程需要预先设置一个存放文法符号的符号栈和存放输入串的缓冲区,初始化时,栈底存放标记符号♯,输入缓冲区也以♯作为结尾标记。在分析过程中,自左至右扫描输入串,把输入字符逐一移入符号栈内,当栈顶出现某个产生式的右部时就进行归约,即把栈顶的可归约串弹出,产生式的左部符号入栈,然后继续检查栈顶是否又出现了归约串,若出现,则继续归约,否则从输入缓冲区中继续移进下一个符号,这一过程直到整个输入串扫描完毕。此时若栈顶为文法的开始符号,说明整个输入串最终归约成文法开始符号,则可以确认所分析的符号串是文法的句子,否则,符号串不合法,要报告语法错误。下面通过一个例子说明"移进-归约"分析过程。

【例 5-1】 设有文法 $G[S]$:

$S \rightarrow aAcBe$

$A \rightarrow b | Ab$

$B \rightarrow d$

对输入符号串 $abbcde$ 进行"移进-归约"分析,即判定它是否为该文法的句子。

用"移进-归约"分析方法对输入符号串 $abbcde$ 的分析过程如表 5-1 所示。符号♯作为输入符号串 $abbcde$ 的左右界符,即输入符号串的开始和结束标志。初始化时,将左界符♯首先放入符号栈底,然后从第一个符号开始分析。

表 5-1 输入符号串 $abbcde$ 的分析过程

步骤	符号栈	输入串	分析动作
初始化	#	$abbcde$#	移进
(1)	#a	$bbcde$#	移进
(2)	#ab	$bcde$#	用 $A \to b$ 归约
(3)	#aA	$bcde$#	移进
(4)	#aAb	cde#	用 $A \to Ab$ 归约
(5)	#aA	cde#	移进
(6)	#aAc	de#	移进
(7)	#$aAcd$	e#	用 $B \to d$ 归约
(8)	#$aAcB$	e#	移进
(9)	#$aAcBe$	#	用 $S \to aAcBe$ 归约
(10)	#S	#	接受(分析成功)

注：表中第 2 列"符号栈"左端表示栈底，右端表示栈顶；第 3 列"输入串"左端表示当前要读入的输入串的字符，右端是输入串的结束。

从上述分析过程可知，"移进-归约"分析过程主要采取的分析动作包括移进、归约、接受或报错，上例因为分析的符号串没有语法错误，所以没有出现"报错"。"报错"通常调用出错处理子程序进行处理。进一步观察表 5-1 给出的归约顺序可知，归约的逆过程恰好是从文法开始符号出发，进行最右推导(规范推导)的过程。例如，符号串 $abbcde$ 的最右推导序列为

$$S \Rightarrow aAcBe \Rightarrow aAcde \Rightarrow aAbcde \Rightarrow abbcde$$

每次归约时呈现在栈顶的要归约的子串称为可归约串。归约时，第一步把最左边的可归约串 b 归约为 A，第二步把最左边的可归约串 Ab 归约为 A，第三步把最左边的可归约串 d 归约为 B，最后一步仍然是把最左边的可归约串 $aAcBe$ 归约为 S。因此最右推导与最左归约对应，互为逆过程。

"移进-归约"分析方法之所以采用最左归约是和扫描顺序对应的，因为对输入字符串自左至右逐一扫描，所以很自然地总是对最左边的可归约串进行归约。

5.1.2 规范归约与句柄

上述"移进-归约"分析实施的是规范归约(最左归约)，每步归约的是最左可归约串，显然，如何定义和确定它是自底向上分析的关键问题。下面介绍一些相关的概念和定义。

定义 5-1 短语

已知文法 $G[S]$，S 是文法 G 的开始符号，$\alpha\beta\delta$ 是文法 G 的一个句型，即 $S \stackrel{*}{\Rightarrow} \alpha A\delta$，若 $A \stackrel{+}{\Rightarrow} \beta$，则 β 是句型 $\alpha\beta\delta$ 相对于非终结符 A 的短语。

定义 5-2 直接短语

已知文法 $G[S]$，S 是文法 G 的开始符号，$\alpha\beta\delta$ 是文法 G 的一个句型，若有 $S \stackrel{*}{\Rightarrow} \alpha A\delta$ 且 $A \Rightarrow \beta$，则 β 是句型 $\alpha\beta\delta$ 相对于非终结符 A 的直接短语。

定义 5-3 句柄

一个句型的最左直接短语称为该句型的句柄，句柄是一个重要的概念。"移进-归约"分

析中的"可归约串"就是当前句型的句柄。如果文法是无二义性的,则规范句型的最右推导是唯一的,也就是说每步归约至多存在一个句柄。

下面通过例子说明短语、直接短语和句柄的概念以及句柄在"移进-归约"分析中的作用。

【**例 5-2**】 设有文法 $G[S]$:

(1) $S \rightarrow aAcBe$

(2) $A \rightarrow b \mid Ab$

(3) $B \rightarrow d$

符号串 $abbcde$ 的最右推导序列为 $S \Rightarrow aAcBe \Rightarrow aAcde \Rightarrow aAbcde \Rightarrow abbcde$,分析每一步推导过程中各句型中的短语、直接短语和句柄。

下面根据短语、直接短语和句柄的定义进行分析,句型 $aAcBe$ 中,$aAcBe$ 是相对 S 的短语、直接短语,也是句柄,这是因为 $S \overset{*}{\Rightarrow} S$,$S \Rightarrow aAcBe$,且 $aAcBe$ 是唯一直接短语,因此也是句柄。句型 $aAcde$ 中,d 是相对于 B 的直接短语,$aAcde$ 是相对于 S 的短语。同理可以分析剩余的两个句型。从定义出发寻找每个句型中的短语、直接短语和句柄不直观,容易遗漏,下面介绍一种简单直观的方法。

在自顶向下分析中,可通过分析树直观地了解从文法开始符号 S(树根)到输入串(叶子结点)的推导过程。同样,在自底向上分析中,从输入串(叶子结点)出发,可通过对分析树逐层修剪直到根结点来了解归约过程,从而加深对规范归约、句柄等概念的理解。

下面对例 5-2 进行分析,句子 $abbcde$ 的自底向上归约过程的分析树如图 5-1 所示。

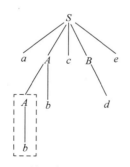
(a) 输入串 $abbcde$ 的分析树

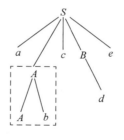
(b) 剪掉 b 后句型 $aAbcde$ 的分析树

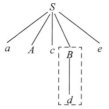
(c) 剪掉 Ab 后句型 $aAcde$ 的分析树

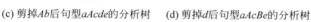
(d) 剪掉 d 后句型 $aAcBe$ 的分析树

图 5-1 句子 $abbcde$ 的自底向上分析分析树的修剪过程

句子 $abbcde$ 的最左子树是图 5-1(a)中方框勾出的部分。这样子树的叶子结点 b 即为句子 $abbcde$ 的句柄,将其剪掉(归约)后如图 5-1(b)所示。图 5-1(b)中方框勾出的部分为句型 $aAbcde$ 的分析树中的最左子树,其叶子结点 Ab 为句柄,将其剪掉如图 5-1(c)所示。此时，句型 $aAcde$ 的句柄为 d，将其剪掉得到图 5-1(d) 所示的分析树。此时，句型 $aAcBe$ 的最左子树即为它自身的分析树，它的叶子结点 $aAcBe$ 为句型 $aAcBe$ 的句柄，将其剪掉，只剩下根结点 S，即文法的开始符号，至此，完成了输入符号串 $abbcde$ 的分析。

仍然对例 5-2 进行分析，可以看出，一个句型的分析树中最左边只有父子两代的子树的所有叶子的自左至右排列形成该句型的句柄。而句型的直接短语是仅有父子两代的子树的所有叶子结点自左至右排列起来所形成的符号串。句型的短语是分析树中子树的所有叶子结点从左到右的排列，形成相对于子树根的短语。

下面对例 5-2 每步归约对应的句型进行分析，通过分析树找出短语、直接短语和句柄。各句型的分析树中所有子树用方框标识，如图 5-2 所示。句子 $abbcde$ 的子树是图 5-2(a) 中方框勾出的部分，共 4 棵子树，叶子结点 b 是相对于子树根 A 的短语和直接短语，bb 是相对于子树根 A 的短语，因为从 A 出发经过两步而不是直接推导出 bb，d 是相对于子树根 B 的短语和直接短语。句子 $abbcde$ 的分析树是其自身的子树，因此，$abbcde$ 是相对于子树根 S 的短语，b 是分析树中最左那棵只有父子两代的子树的所有叶子自左至右排列形成的符号串，即句柄。句型 $aAbcde$ 的分析树中包含 3 棵子树，其中 Ab 是相对于 A 的短语、直接短语，也是句柄。d 是相对于 B 的短语和直接短语。$aAbcde$ 是相对于子树根 S 的短语，如图 5-2(b) 所示。句型 $aAcde$ 包含两棵分析树，d 和 $aAcde$ 是短语，d 也是直接短语和句柄，如图 5-2(c) 所示。句型 $aAcBe$ 的短语、直接短语和句柄均为 $aAcBe$，如图 5-2(d) 所示。

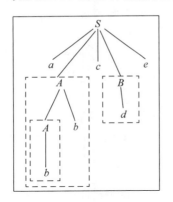

(a) 输入串 $abbcde$ 的分析树

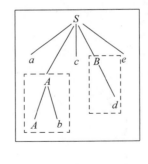

(b) 句型 $aAbcde$ 的分析树

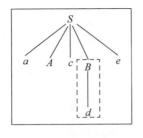

(c) 句型 $aAcde$ 的分析树

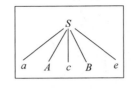

(d) 句型 $aAcBe$ 的分析树

图 5-2　各句型的分析树及其子树

从上述例子可以看出，"移进-归约"分析方法的关键问题是如何确定可归约串。一是判断栈顶字符串的可归约性，即判断处在栈顶的子串是否是可归约串；二是确定使用文法中的哪一个规则进行归约,因为一个可归约串可以归约到多个不同的非终结符,即可归约串是不同的产生式的候选式。依照寻找可归约串的策略不同形成了不同的自底向上分析方法。

综上所述,各种自底向上分析方法的共同点是,都采用"移进-归约"分析思想,不同点是确定可归约串的方法不同。下面将介绍几种典型的自底向上的分析方法。

5.2 LR 分析法

LR(k)分析法简称为 LR 分析法,1965 年由 D. Knuth 提出,是目前编译程序的语法分析中最常用且有效的自底向上的分析方法,这里的 L 指自左至右扫描输入符号串,R 指分析过程是最右推导的逆过程。k 表示根据分析栈当前已移进和归约出的全部文法符号,再向前查看 $k(k{\geqslant}0)$ 个输入符号,就可以确定分析器的动作是移进还是归约。LR 分析的过程是规范推导的逆过程,因此是一种规范归约过程。采用 LR 方法构造的语法分析程序统称为 LR 分析器。

自顶向下的 LL(1)分析对文法有较强的限制,而 LR 分析法对于文法的限制则少得多,因此也更通用,适用于绝大多数上下文无关语言分析,理论上也比较完善,另外这种方法还具有分析速度快、报错准确等优点。其缺点是对于高级程序语言构造一个 LR 分析器工作量相当大,手工实现困难。因此,需要借助贝尔实验室最早推出的语法分析自动生成器 YACC 辅助构造来自动生成。

下面重点介绍 LR(k)当 $k{\leqslant}1$ 时分析器的基本构造原理和方法,其中 LR(0)分析器是最简单的一种 LR 分析法,分析过程中不需要向后看任何符号,但是它对文法的限制较大,对绝大多数高级程序语言不适用,其他 LR 分析法都是在 LR(0)的基础上进行完善的,特别地,当 $k=1$ 时就能够满足绝大多数高级程序语言语法分析的需要。本节重点讨论 LR(0)、SLR(1)、LR(1)和 LALR(1)这 4 种分析器的构造。

1. LR 分析器的逻辑结构和工作过程

在逻辑上,LR 分析器的结构如图 5-3 所示。它有一个输入缓冲区,存放 LR 分析器处理的字符串,有一个下推分析栈,以及一个 LR 分析总控程序和 LR 分析表。

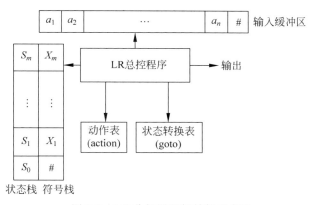

图 5-3 LR 分析器逻辑结构示意图

(1) 分析栈。包括文法符号栈 $X[i]$ 和相应的状态栈 $S[i]$ 两部分(状态是指能识别活前缀的自动机状态,后面会详细说明),LR 分析器通过判断状态栈的栈顶元素和输入符号查询分析表确定下一步分析动作,对符号栈进行相应更新。文法符号栈存放在分析过程中移进或归约的文法符号,类似"移进-归约"分析中符号栈的作用。状态栈的栈顶状态概括了栈中位于下边的全部信息,即无须关心状态栈中从开始状态到当前栈顶状态之间经历的一系列状态,仅用当前栈顶状态和输入符号就可以决定下一步的具体工作。换句话说,栈顶状态刻画了分析过程的"历史"情况和"展望"信息。初始化时,符号栈压入初始状态,文法符号栈压入输入串的左界符 #。

(2) 总控程序。LR 分析器在总控程序的控制下自左至右扫描输入串,根据当前分析栈顶所存放的文法符号状态及当前扫描读入的符号,查询 LR 分析表完成分析动作。

(3) 分析表。分析表是 LR 分析器的核心,它与具体文法有关,包括动作表(action)和状态转换表(goto)两部分,均使用二维数组表示,为总控程序提供决策依据。两个表的结构如表 5-2 和表 5-3 所示。

表 5-2 LR 分析表的动作表

状态	a_1	a_2	…	a_n
S_0	action$[S_0, a_1]$	action$[S_0, a_2]$	…	action$[S_0, a_n]$
S_1	action$[S_1, a_1]$	action$[S_1, a_2]$	…	action$[S_1, a_n]$
⋮	⋮	⋮	⋮	⋮
S_n	action$[S_n, a_1]$	action$[S_n, a_2]$	…	action$[S_n, a_n]$

表 5-3 LR 分析表的状态转换表

状态	X_1	X_2	…	X_n
S_0	goto$[S_0, X_1]$	goto$[S_0, X_2]$	…	goto$[S_0, X_n]$
S_1	goto$[S_1, X_1]$	goto$[S_1, X_2]$	…	goto$[S_1, X_n]$
⋮	⋮	⋮	⋮	⋮
S_n	goto$[S_n, X_1]$	goto$[S_n, X_2]$	…	goto$[S_n, X_n]$

其中,状态转换表的元素 goto$[S_i, X_i]$ 是一个状态,它表示根据状态栈栈顶状态 S_i 和文法符号栈栈顶符号 $X_i (X_i \in V_N)$ 转移到下一个状态。例如,若有 goto$[S_i, X_i] = S_k$,表示当前栈顶状态为 S_i 和符号为 X_i 时转移到的下一个状态为 S_k。

动作表的元素 action$[S_i, a_i]$ 表示栈顶当前状态为 S_i,和当前输入符号为 $a_i (a_i \in V_T)$ 时完成的分析动作。具体的分析动作可分为 4 类:移进、归约、接受或出错。

(1) 移进。

当 action$[S_i, a_i] = S_j$ 时(这里 S_i 和 S_j 中的 i、j 为状态编号,S 表示 shift,移进),即当前栈顶状态为 S_i,当前缓冲区输入符号为 a_i 时,将 S_j 移进状态栈,a_i 移进文法符号栈。"移进"分析动作表示句柄尚未在分析栈顶形成,正期待继续移进符号以形成句柄。

(2) 归约。

当 action$[S_i, a_i] = r_j$ 时(r_j 指按文法的第 j 个产生式进行归约,r 表示 reduce,归约),即表示当前栈顶状态为 S_i,当前输入符号为 a_i 时,用第 j 个产生式归约。设第 j 个产生式为 $A \rightarrow \beta$,字符串 β 的长度为 r,分析动作为"归约"时,表明当前分析栈的栈顶已形成

当前句型的句柄 β，要立即进行归约。不仅要把文法符号栈栈顶包含 r 个符号的句柄 β 弹出，同时，状态栈也要弹出对应的 r 个状态，并把 A 移入文法符号栈，同时查询状态转换表 goto$[S_m, A] = S_j$（S_m 表示状态栈弹出 r 个状态后的栈顶状态），把 S_j 移进状态栈，形成当前的新状态。

（3）接受。

当 action$[S_i, a_i]$ = 'acc' 时（'acc' 表示 accept，接受），表示当前输入串已经归约到文法的开始符号，即文法符号栈栈顶为开始符号 S，输入缓冲区扫描到最后的结尾标记 # 时，分析成功，终止分析工作。

（4）报错。

当 action$[S_i, a_i]$ = 'error'（也可用空白表示）时，分析动作出错，表示当前输入串有语法错误，调用相应的出错处理程序。

算法 5-1 给出了 LR 分析过程的具体描述。

算法 5-1　LR 分析算法

输入：LR 分析表和输入符号串

输出：若输入符号串合法，输出自底向上构造的分析树，否则报错。

算法：

（1）初始化，将初始状态 S_0 压入状态栈，输入串左界符 # 压入文法符号栈。

（2）循环执行下面的步骤，直至分析成功或报错。

（3）根据当前状态栈栈顶状态 S_i 以及当前输入符号 a_i 查询动作表。

若 action$[S_i, a_i]$ = S_j，将 S_j 移进状态栈，a_i 移进文法符号栈。

若 action$[S_i, a_i]$ = r_j，用第 j 个产生式归约，归约过程如前面所述。

若 action$[S_i, a_i]$ = 'acc'，分析成功。若 action$[S_i, a_i]$ = 'error'，进行出错处理。

下面通过具体例子介绍 LR 分析器的工作过程。

【例 5-3】 设有文法 $G[S]$：

(1) $S \to L, S$

(2) $S \to L$

(3) $L \to x$

(4) $L \to y$

已知文法 $G[S]$ 的 LR 分析表如表 5-4 所示。以输入串 "x, y, x" 为例，给出 LR 分析器的分析过程。

表 5-4　文法 $G[S]$ 的 LR 分析表

状态	action 表				goto 表	
	x	y	,	#	S	L
0	S_3	S_4			1	2
1				acc		
2			S_5	r_2		
3			r_3	r_3		
4			r_4	r_4		
5	S_3	S_4			6	2
6				r_1		

输入串"x,y,x"的 LR 分析过程如表 5-5 所示。

表 5-5　输入串"x,y,x"的 LR 分析过程

步骤	栈中状态	栈中符号	输入符号串	分析动作
1	0	#	x,y,x#	S_3 移进"x",状态转到 3(3 入栈)
2	03	#x	$,y,x$#	r_3(用第三个产生式 $L \to x$ 归约)
3	02	#L	$,y,x$#	S_5 移进",",状态转到 5(5 入栈)
4	025	#$L,$	y,x#	S_4 移进"y",状态转到 4(4 入栈)
5	0254	#L,y	$,x$#	r_4(用第四个产生式 $L \to y$ 归约)
6	0252	#L,L	$,x$#	S_5 移进",",状态转到 5(5 入栈)
7	02525	#$L,L,$	x#	S_3 移进"x",状态转到 3(3 入栈)
8	025253	#L,L,x	#	r_3(用第三个产生式 $L \to x$ 归约)
9	025252	#L,L,L	#	r_2(用第二个产生式 $S \to L$ 归约)
10	025256	#L,L,S	#	r_1(用第一个产生式 $S \to L,S$ 归约)
11	0256	#L,S	#	r_1(用第一个产生式 $S \to L,S$ 归约)
12	01	#S	#	acc

从表 5-5 所示的分析过程可看出,根据归约的顺序依次归约的句柄是"x""y""x""L""L,S""L,S"。刚好构成了最右推导(规范推导)的逆过程,即上述分析过程每一行的符号栈的文法符号和输入缓冲区的所有符号加在一起,刚好构成文法的一个右句型,因此,LR 的分析过程是(最左归约)规范归约的过程。

对于例 5-3,本书预先给出了 LR 分析表,实际上,LR 分析法的关键恰恰是分析表的构造。对于不同的文法,LR 分析算法都是不变的,唯一的区别是 LR 分析表构造的方法不同。

2. LR 文法

定义 5-4　LR 文法

一个文法 G,若构造出的 LR 分析表不含多重定义,即它的每一入口的动作都是唯一确定的,则文法 G 称为 LR 文法。

定义 5-5　LR(k)文法

一个文法 G,若使用 LR 方法进行分析,分析过程中的每一步最多向前查看 k 个输入符号,就能唯一确定当前分析动作,即可以构造出无多重定义的 LR(k)分析表,则称文法 G 为 LR(k)文法。

LR(k)是从分析过程需要利用输入字符数目的角度来定义的。对于当前流行的大多数程序设计语言来说,$k=1$ 就可以满足它们 LR 分析的需要。根据定义不难推出,任何 LR(k)文法都是无二义性的文法,任何二义性文法都不是 LR(k)文法。对于二义性文法而言,可通过对二义性文法进行修改或者施加一些限制来克服分析表中出现的冲突动作,从而使 LR 分析适用于这些二义性文法。

当 $k=0$ 时对应的 LR(0)分析是最简单的一种 LR 分析法,仅适用于 LR(0)文法。LR(0)分析仅根据状态栈当前状态即可决定当前符号栈是否已构成句柄,而不需要查看下一个输入符号,即只根据状态就可以确定是否归约。值得注意的是,这里的向前看一个符号的作用

主要是确定是否归约,因为移进动作总是需要向前看一个符号,也就是说,每个 LR(k)分析法确定移进动作时肯定需要向前看一个符号,但是确定是否归约时就有区别了,LR(0)不需要向前看任何符号,SLR(1)找出所有跟在句柄后可能的第一个终结符,LR(1)找出规范句型中跟在句柄之后可能的第一个终结符。

各种 LR 分析的实现思想和分析过程是相同的,区别仅在于 LR 分析表中确定归约动作的方法不同,下面从 LR(0)分析作为出发点,逐步展开对 LR 分析的讨论。首先引入一些重要的概念、术语和定义。

定义 5-6 规范句型的活前缀

规范句型的一个前缀若不含句柄之后的任何符号,则称为该句型的一个活前缀。活前缀的形式化定义为:设有文法 $G[S]$,$S \Rightarrow \alpha A w \Rightarrow \alpha \beta w$ 是文法 G 的一个规范推导($\alpha, \beta \in V^+, w \in V_T^*, A \in V_N$),若 γ 是符号串 $\alpha\beta$ 的前缀,则称 γ 是 G 的一个活前缀,如果符号串 γ 是含句柄的活前缀,则称 γ 是 G 的可归前缀(最长的活前缀)。

需要注意的是,活前缀所在句型一定是规范句型。从例 5-3 中对输入串"x,y,x"的分析过程可以看出,在分析的每一步,若将符号栈中的全部文法符号与扫描剩余的输入串连接起来,刚好构成语法的一个规范句型。符号栈中全部文法符号刚好是某一规范句型的活前缀。

例如,如表 5-6 所示,句子"x,y,x"分析的第 3 步,符号栈中的文法符号串是"L",剩余字符串为",y,x",连接在一起刚好形成文法一个规范句型"L,y,x"。该句型的句柄为"y",栈中符号串为"L",则此句型的活前缀为"ε""L""$L,$""L,y",最长活前缀"L,y"恰好含有句柄"y"。但是在第 3 步还没有把"y"移入符号栈,因此,需要把输入符号串的字符继续逐一移入符号栈,在第 5 步句柄"y"出现在栈顶时,把"y"归约为"L"。从这个例子可以看出,符号栈中的符号串是当前规范句型的活前缀,如果还没有包括句柄,则继续移入符号,当把句柄完全移入后产生了最长的活前缀,然后紧接着进行归约。因此,我们最关心的是最长活前缀,因为最长活前缀刚好包含句柄。不难看出,活前缀的特点是它不含句柄之右的任何符号。

表 5-6 规范句型的活前缀

步骤	栈中状态	栈中符号	输入符号串	活前缀					最长活前缀
1	0	#	x,y,x#	ε	x				x
2	03	#x	,y,x#	ε	x				x
3	02	#L	,y,x#	ε	L	$L,$	L,y		L,y
4	025	#$L,$	y,x#	ε	L	$L,$	L,y		L,y
5	0254	#L,y	,x#	ε	L	$L,$	L,y		L,y
6	0252	#L,L	,x#	ε	L	L,L	$L,L,$	L,L,x	L,L,x
7	02525	#$L,L,$	x#	ε	L	L,L	$L,L,$	L,L,x	L,L,x
8	025253	#L,L,x	#	ε	L	L,L	$L,L,$	L,L,x	L,L,x
9	025252	#L,L,L	#	ε	L	L,L	$L,L,$	L,L,S	L,L,S
10	025256	#L,L,S	#	ε	L	L,L	$L,L,$	L,L,S	L,L,S
11	0256	#L,S	#	ε	L	L,S			L,S
12	01	#S	#						

上例也说明,一个 LR 分析器的"移进-归约"工作过程其实是符号栈逐步产生文法 G 的规范句型的活前缀的过程。当生成最长活前缀时,此时分析栈顶部形成句柄,可立即归约。

这就为确定分析动作提供了依据,若能找出文法所有的活前缀,并且确定当前分析句型中最长的活前缀,那么就可以在活前缀生长到最长时归约,在其余状态时移进或报错。

5.2.1 LR(0)

如前所述,找出文法所有的活前缀并确定最长的活前缀是确定分析动作的关键,为此,首先分析活前缀与句柄的关系,然后提出识别文法所有活前缀的方法。

在一个规范句型的活前缀中,决不会含有句柄右边的任何符号。因此,活前缀与句柄间的关系有 3 种情况:

(1) 活前缀中不包含句柄的任何符号。
(2) 活前缀中只含有句柄的一部分符号。
(3) 活前缀中已含有句柄的全部符号,即最长活前缀,通常也称为可归前缀。

第一种情况表明,句柄中的文法符号没有一个出现在栈顶,期望从输入符号串中移进某一产生式 $A \rightarrow \beta$ 中的 β 符号串。第二种情况意味着形如产生式 $A \rightarrow \beta_1\beta_2$ 的子串 β_1 已出现在栈顶,下一步准备从输入串中移进由 β_2 推出的符号串。第三种情况表明,某一产生式 $A \rightarrow \beta$ 的右部 β 已完全出现在栈顶,下一步分析动作应是用该产生式进行归约。为了刻画分析过程中文法的每一个产生式的右部符号已有多大一部分被识别(出现在栈顶),很自然地可以在产生式的右部加上一个圆点指示位置。

(1) $A \rightarrow \cdot \beta$ 表示当前句型活前缀中不包含句柄 β 的任何符号。
(2) $A \rightarrow \beta_1 \cdot \beta_2$ 表示当前句型活前缀中只含有句柄的一部分符号 β_1。
(3) $A \rightarrow \beta \cdot$ 表示当前句型活前缀中已含有句柄的全部符号。

因此,需要定义 LR(0) 项目来描述这些情况。

定义 5-7 LR(0) 项目

为了描述分析状态,在文法 G 的每个产生式的右部符号串的任何位置上添加一个圆点所构成的每个产生式称为 LR(0) 项目。

特别地,若产生式形为 $A \rightarrow \varepsilon$,则其 LR(0) 项目为 $A \rightarrow \cdot$ 。

【例 5-4】 已知文法 $G(S)$:

$S \rightarrow aAcBe$
$A \rightarrow Ab \mid b$
$B \rightarrow d$

找出其所有 LR(0) 项目。

$G(S)$ 的 LR(0) 项目有:

$S \rightarrow \cdot aAcBe, S \rightarrow a \cdot AcBe, S \rightarrow aA \cdot cBe, S \rightarrow aAc \cdot Be, S \rightarrow aAcB \cdot e, S \rightarrow aAcBe \cdot ,$
$A \rightarrow \cdot Ab, A \rightarrow A \cdot b, A \rightarrow Ab \cdot , A \rightarrow \cdot b, A \rightarrow b \cdot ,$
$B \rightarrow \cdot d, B \rightarrow d \cdot$

从直观意义上讲,一个 LR(0) 项目对应一种分析状态,即在分析过程中分析到了圆点所在的位置,圆点可看成是符号栈栈顶与输入串当前输入符号的分界点,圆点左边为已进入符号栈的部分,右边是当前需要分析的符号串。

根据 LR(0)项目的定义,圆点所在不同位置反映了分析栈的不同情况。因此根据不同的位置可以把 LR(0)项目分为 4 类,表示 4 种不同状态。

(1) 移进项目。

形式:$A \rightarrow \alpha \cdot a\beta(a \in V_T)$

这类 LR(0)项目表示 α 出现在符号栈中,活前缀包含句柄的部分符号,为构成可归前缀,需继续将圆点后的终结符号 a 移进符号栈。因此这种形式的 LR(0)项目称为移进项目,它对应的状态为移进状态。

(2) 待约项目。

形式:$A \rightarrow \alpha \cdot B\beta(B \in V_N)$

这类 LR(0)项目表示 α 出现在符号栈中,活前缀包含句柄的部分符号,为构成可归前缀,期待着把当前输入字符串中的相应内容先归约到 B。因此这种形式的 LR(0)项目称为待约项目,它对应的状态为待约状态。

(3) 归约项目。

形式:$A \rightarrow \alpha \cdot$

这类 LR(0)项目表示句柄 α 刚好出现在符号栈栈顶,活前缀刚好包含句柄,即当前符号栈中的符号串正好为可归前缀,应按 $A \rightarrow \alpha$ 进行归约。因此这种形式的 LR(0)项目称为归约项目,它对应的状态为归约状态。

(4) 接受项目。

对任何文法 G,在 G 中加进一个新的符号 S' 和一个产生式 $S' \rightarrow S$,并以 S' 代替 S 作为文法的开始符号,这样得到的一个与 G 等价的文法 G' 称为 G 的拓广文法。对于拓广文法 $G[S']$,有项目 $S' \rightarrow S \cdot$,它是一个特殊的归约项目,我们称它为接受项目,它所对应的状态为接受状态。引入拓广文法的目的在于,拓广文法 G' 的接受项目是唯一的,即 $S' \rightarrow S \cdot$。下面举一个例子,例如,已知文法 $G(S)$:$S \rightarrow aS|b$,若分析句子 ab,当把 b 归约为 S 时,好像是归约到了文法的开始符号 S,整个分析就结束了,但实际上还需要进一步归约,因此,引入拓广文法就可以避免这一问题。

对例 5-4 的文法进行拓广,引入一个新的开始符号 S',则拓广后的文法为 $G(S')$:$S' \rightarrow S, S \rightarrow aAcBe, A \rightarrow Ab|b, B \rightarrow d$,对其所有 LR(0)项目进行编号:

(1) $S \rightarrow \cdot S'$ (2) $S \rightarrow S' \cdot$ (3) $S \rightarrow \cdot aAcBe$ (4) $S \rightarrow a \cdot AcBe$ (5) $S \rightarrow aA \cdot cBe$
(6) $S \rightarrow aAc \cdot Be$ (7) $S \rightarrow aAcB \cdot e$ (8) $S \rightarrow aAcBe \cdot$ (9) $A \rightarrow \cdot Ab$ (10) $A \rightarrow A \cdot b$
(11) $A \rightarrow Ab \cdot$ (12) $B \rightarrow \cdot d$ (13) $B \rightarrow d \cdot$ (14) $A \rightarrow \cdot b$ (15) $A \rightarrow b \cdot$

其中(2)、(8)、(11)、(13)、(15)为归约项目,(2)为接受项目,(1)、(4)、(6)、(9)为待约项目,(3)、(5)、(7)、(10)、(12)、(14)为移进项目。

前面已经提到,找出文法所有的活前缀并确定最长的活前缀是确定分析动作的关键,在给出 LR(0)项目的定义和分类之后,可以定义文法的所有 LR(0)项目,每个项目对应一个分析状态。因此,利用这些 LR(0)项目,可以构造能识别文法所有可归前缀的有限自动机。具体地,构造有限自动机可以从初始 LR(0)项目出发,通过引入闭包运算和 GO 转移函数来实现。

定义 5-8　LR(0)项目集的闭包运算

假定 I 是文法 G 的任一 LR(0)项目集,I 的项目集闭包 closure(I)通过以下步骤生成:

(1) I 中的每一个 LR(0) 项目皆属于 closure(I)。

(2) 若项目 $A \to \alpha \cdot B\beta \in \text{closure}(I)$ ($B \in V_N$)，则把文法 G 中形如 $B \to \eta$ 对应的 LR(0) 项目 $B \to \cdot \eta$ 加进 closure(I) 中。

(3) 重复执行(2)直到 closure(I) 不再增大为止。

LR(0) 项目集的闭包运算的含义是把项目集当中所有形如 $A \to \alpha \cdot B\beta$ 和 $B \to \cdot \eta$ 的 LR(0) 项目放在一起，因为 $A \to \alpha \cdot B\beta$ 和 $B \to \cdot \eta$ 对应的分析状态是相同的，$A \to \alpha \cdot B\beta$ 表示将要开始识别 B，马上要进行分析，$B \to \cdot \eta$ 也表示还没有分析 B 能推导出的 η，两个 LR(0) 项目均表示当前要分析 B，因此它们表示同一种状态，使用闭包运算来合并这些相同含义的状态。

【例 5-5】 已知文法 $G(S)$：

$S \to ABC$
$A \to Aa \mid a$
$B \to b \mid bB$
$C \to c$

假设 $I_1 = \{S \to \cdot ABC\}$，$I_2 = \{S \to A \cdot BC\}$ 求 I_1 和 I_2 的 LR(0) 项目集闭包。

根据定义不难求出：

closure(I_1) = { $S \to \cdot ABC, A \to \cdot Aa, A \to \cdot a$ }
closure(I_2) = { $S \to A \cdot BC, B \to \cdot bB, B \to \cdot b$ }

定义 5-9　GO 转移函数

若 I 是 G 的一个 LR(0) 项目集，$X \in \{V_T \cup V_N\}$，则

GO(I, X) = closure(J)，$J = \{A \to \alpha X \cdot \beta \mid A \to \alpha \cdot X\beta \in I\}$

GO(I, X) 称为转移函数，项目 $A \to \alpha X \cdot \beta$ 称为 $A \to \alpha \cdot X\beta$ 的后继。

转移函数用来刻画不同 LR(0) 项目集状态之间的关系，或者说从一个状态如何转移到下一个状态。例如，例 5-5 中的 I_1 和 I_2 之间的关系可以使用 GO 转移函数表示：

GO(I_1, B) = closure(I_2) = closure({ $S \to A \cdot BC$ }) = { $S \to A \cdot BC, B \to \cdot bB, B \to \cdot b$ }

结合 LR(0) 项目集闭包的定义，可以很好地理解这两个定义的作用，即 LR(0) 项目集闭包首先把表示相同状态的 LR(0) 项目合并在一起形成 LR(0) 项目集，然后利用转移函数建立不同 LR(0) 项目集之间的跳转关系，从而形成识别文法所有可归前缀的有限自动机。

定义 5-10　LR(0) 项目集规范族

识别文法 G 可归前缀的 DFA 中的所有 LR(0) 项目集的全体称为文法 G 的 LR(0) 项目集规范族。

根据定义 5-10，构造出了识别文法所有可归前缀的 DFA，也就构造出了 LR(0) 项目集规范族。下面给出 LR(0) 项目集规范族的构造算法。

算法 5-2　文法 $G[S]$ 的 LR(0) 项目集规范族的构造算法

输入：文法 $G[S]$ 的拓广文法 G'

输出：文法 $G[S]$ 的 LR(0) 项目集规范族 C

算法：

/* 通过加入 $S' \to S$ 对文法进行拓广形成拓广文法 G'，从而使接受状态易于识别 */
BEGIN

$C = \{\text{closure}(S' \to \cdot S)\}$;
DO
  FOR $\forall I \in C$ 和 $\forall X \in \{V_T \cup V_N\}$
    把 $\text{go}(I, X)$ 加入到 C 中
WHILE C 不再增大
END；

算法 5-2 从文法的初始 LR(0) 项目 $S' \to \cdot S$ 开始求其闭包 I，再通过 GO 函数求其所有的后继项目集，然后逐步扩展，且将其各项目集连成一个 DFA，最终求得的所有项目集 C 即为文法 G' 的 LR(0) 项目集规范族。

需要注意的是，用前述方法所构造的 LR(0) 项目集中可能包括多个 LR(0) 项目，每个 LR(0) 项目表征了在分析过程中一个特定的分析动作，因此每个项目集中的各项目应是相容的，即没有冲突的。下面从项目集相容的角度出发，对 LR(0) 文法加以定义。

定义 5-11 LR(0) 文法

若一个文法 G 的识别可归前缀的 DFA 的每个状态对应的项目集均不存在以下情况：

(1) 既含移进项目又含归约项目。

(2) 含有多个归约项目。

则称项目集是相容的，称 G 是一个 LR(0) 文法。

项目集是相容的也称为项目集是没有冲突的，而不相容的项目集一定包含"移进-归约"冲突或者"归约-归约"冲突。根据定义 5-11 可以得出：对任何一个 LR(0) 文法对应的 LR(0) 分析表一定不含多重定义。

至此，已经完成了所有构造 LR(0) 分析表的准备工作，当识别其所有可归前缀的 DFA 构造出来以后，可以方便地构造出 LR(0) 分析表及相应的 LR 分析器，因为从 DFA 中可以清楚地确定每个状态的含义，即确定是移进、归约、接受或者报错。所以 LR 分析器实质是一个带栈的确定的有限自动机，也称为下推自动机（关于下推自动机的定义不再介绍，读者可以参考可计算理论的相关内容）。

下面给出从识别可归前缀的 DFA 构造 LR(0) 分析表的算法。

算法 5-3 利用识别可归前缀的 DFA 构造 LR(0) 分析表

输入：文法 G；文法 G 的识别可归前缀的 DFA

输出：文法 G 的 LR(0) 分析表

算法：

(1) 对于 $A \to \alpha \cdot x\beta \in S_i$，$\text{GO}(S_i, x) = S_j$：若 $x \in V_T$，则置 $\text{action}[S_i, x] = S_j$；若 $x \in V_N$，则置 $\text{goto}[S_i, x] = j$；

(2) 对于 $A \to \alpha \cdot \in S_i$，若 $A \to \alpha$ 是 G 中第 k 个产生式，则对所有输入符号 $x \in V_T$（包括 #），均置 $\text{action}[S_i, x] = r_k$。

(3) 若 $S' \to S \cdot \in S_i$，则置 $\text{action}[S_i, \#] = \text{acc}$(# 表示输入串右界符)。

(4) 其他情况均置错。

算法 5-3 构造的分析表称为 LR(0) 分析表，使用 LR(0) 分析表的 LR 分析器称为 LR(0) 分析器。下面举例说明 LR(0) 分析表的构造过程。

【例 5-6】 已知文法 $G[E]$：

$E \rightarrow aA \mid bB$

$A \rightarrow cA \mid d$

$B \rightarrow cB \mid d$

构造该文法的 LR(0) 分析表。

首先对文法进行拓广，并对产生式进行编号：

(0) $S' \rightarrow E$　(1) $E \rightarrow aA$　(2) $E \rightarrow bB$　(3) $A \rightarrow cA$　(4) $A \rightarrow d$　(5) $B \rightarrow cB$　(6) $B \rightarrow d$

根据算法 5-2，从 $S' \rightarrow \cdot E$ 出发，构造识别文法所有可归前缀的 DFA，如图 5-4 所示。

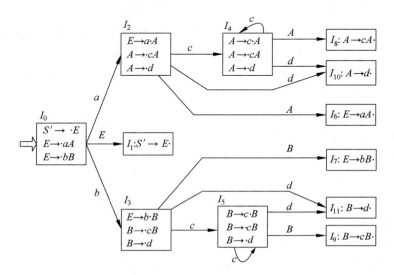

图 5-4　识别文法 $G[E]$ 所有可归前缀的 DFA

再根据算法 5-3，构造文法 $G[E]$ 的 LR(0) 分析表如表 5-7 所示。

表 5-7　文法 $G[E]$ 的 LR(0) 分析表

状态	action					goto		
	a	b	c	d	#	E	A	B
0	S_2	S_3				1		
1					acc			
2			S_4	S_{10}			6	
3			S_5	S_{11}				7
4			S_4	S_{10}			8	
5			S_5	S_{11}				9
6	r_1	r_1	r_1	r_1	r_1			
7	r_2	r_2	r_2	r_2	r_2			
8	r_3	r_3	r_3	r_3	r_3			
9	r_5	r_5	r_5	r_5	r_5			
10	r_4	r_4	r_4	r_4	r_4			
11	r_6	r_6	r_6	r_6	r_6			

下面以句子 acd 为例,对表 5-7 进行说明。DFA 初始状态 0 经过终结符 a 到达状态 2,所以在 action$[0,a]$ 位置填写 S_2,表示当读入 a 时,分析器的动作为移进,把 a 移进符号栈,状态 2 压入状态栈。接着从状态 2 出发,经过终结符 c 到达状态 4,所以在 action$[2,c]$ 位置填写 S_4,表示当读入 c 时,继续移进,c 移进符号栈,状态 4 压入状态栈。同理,在 action$[4,d]$ 位置填写 S_{10},状态 10 中对应归约项目 $A \to d \cdot$,其编号为 4,所以在 action 表中状态 10 所在的行填入 r_4,说明栈顶出现了句柄,需要进行归约,因此,d 从符号栈弹出,10 从状态栈弹出,然后 A 入栈。此时说明 A 已经产生,当前状态栈栈顶状态为 4,说明状态应该从状态 4 转到识别出 A 之后到达的状态 8,因此,在 goto 表的 goto$[4,A]$ 填入状态 8。分析表其他位置的元素也都是根据 DFA 进行构造。特别地,action$[1,\#]$=acc,这是因为状态 1 对应 LR(0) 项目 $S' \to E \cdot$,说明要把 E 归约为 S',如果缓冲区当前扫描到输入串右界符 $\#$,说明句子合法,分析动作为接受。

5.2.2 SLR(1)

LR(0) 文法是一类非常简单的文法,它的项目集规范族中的每一项目集均不包含冲突,但是对于高级程序设计语言来说,构造出的项目集中往往包括"移进-归约"或者"归约-归约"冲突,因此 LR(0) 分析的适用性受到很大的限制。下面通过例子进行说明。

【例 5-7】 设有文法 $G[S]$:

$S \to rD$

$D \to D, i \mid i$

试构造文法 G 的 LR(0) 分析表。

首先将文法进行拓广,并对产生式进行编号:

(0) $S' \to S$ (1) $S \to rD$ (2) $D \to D, i$ (3) $D \to i$

构造项目集规范族和识别文法可归前缀的 DFA,如图 5-5 所示。

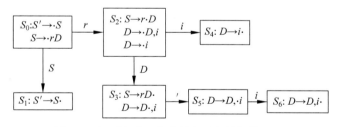

图 5-5 识别文法 $G[S]$ 所有可归前缀的 DFA

从图 5-5 中可看到,在项目集 S_3 中,既有移进项目($D \to D \cdot , i$),又有规约项目($S \to rD \cdot$),按照 LR(0) 分析表的构造方法,在分析表中必有元素 action$[3,,]=\{S_5,r_1\}$,出现多重定义,如表 5-8 所示。这说明当分析到状态 3 时,下一个输入符号如果是",",或者将","移进符号栈,或者按文法的第一个产生式 $S \to rD$ 进行归约。于是出现了"移进-归约"冲突。其他项目集中没有出现冲突,所以要解决含有冲突动作的项目集 S_3 的问题,就可以使用 LR 分析方法。下面首先对 LR(0) 分析表构造算法进行分析,找出不足,然后稍加修改,使其仍能适用于出现冲突的文法。其解决方法就是下面要研究的 SLR(1) 分析法(即简单的 LR(1) 分析法)。

表 5-8 文法 $G[S]$ 的 LR(0) 分析表

状态	action				goto	
	r	,	i	#	S	D
0	S_2				1	
1				acc		
2			S_4			3
3	r_1	r_1, S_5	r_1	r_1		
4	r_3	r_3	r_3	r_3		
5			S_6			
6	r_2	r_2	r_2	r_2		

LR(0) 分析表构造算法的问题在于,对于 $A \to \alpha \cdot \in S_i$,若 $A \to \alpha$ 是 G 中第 k 个产生式,则对所有输入符号 $x \in V_T$(包括#),均置 action$[S_i, x] = r_k$,也就是说,不管当前输入符号是什么,action 表中相应于状态 S_i 的那一行的元素都指定为 r_k。这是不合理的,因为只有当输入缓冲区中出现了紧跟在 A 之后的终结符号时才应该归约,因此,LR(0) 分析法并没有进一步确定哪些符号紧跟在 A 之后,所以有可能即使出现了错误的句子,仍然进行归约。SLR(1) 分析法的改进就是,对于归约项目 $A \to \alpha \cdot$,要确定紧跟在 A 之后的终结符号,即计算 FOLLOW(A)。

下面对这一处理过程进行描述,假定一个 LR(0) 的规范族中存在如下含有冲突的项目集:

$$S_i = \{x \to \alpha \cdot b\beta, A \to \gamma \cdot, B \to \delta \cdot, \alpha, \beta, \gamma, \delta \in V^*, b \in V_T\}$$

显然,项目集中含有一个移进项目和两个归约项目。出现了"移进-归约"和"归约-归约"冲突。为解决冲突,对于归约项目 $A \to \gamma \cdot$ 和 $B \to \delta \cdot$,分别求 FOLLOW(A) 和 FOLLOW(B)。若 FOLLOW(A)、FOLLOW(B) 和 $\{b\}$ 互不相交,则冲突可以解决,即对下一个输入符号 a 有:

(1) 当 $a = b$ 时,置 action$[S_i, b] = $ "移进"。

(2) 当 $a \in$ FOLLOW(A) 时,置 action$[S_i, a] = \{$按产生式 $A \to \gamma$ 归约$\}$。

(3) 当 $a \in$ FOLLOW(B) 时,置 action$[S_i, a] = \{$按产生式 $B \to \delta$ 归约$\}$。

(4) 当 a 不属于上述 3 种情况时,置 action$[S_i, a] = $ "error"。

上述方法仅对出现冲突的数据集进行处理,在冲突的地方简单地向前看一个符号,因此称为简单的 LR(1) 分析法,即 SLR(1) 方法。

下面给出从识别可归前缀的 DFA 构造 SLR(1) 分析表的算法。

算法 5-4 利用识别可归前缀的 DFA 构造 SLR(1) 分析表

输入:文法 G;文法 G 的识别可归前缀的 DFA

输出:文法 G 的 SLR(1) 分析表

算法:

(1) 对于 $A \to \alpha \cdot x\beta \in S_i$,GO$(S_i, x) = S_j$:若 $x \in V_T$,则置 action$[S_i, x] = S_j$;若 $x \in V_N$,则置 goto$[S_i, x] = j$。

(2) 对于归约项目 $A \to \alpha \cdot \in S_i$,若 $A \to \alpha$ 为文法的第 j 个产生式,则对于任意输入符号 a,若 $a \in$ FOLLOW(A),则置 action$[S_i, a] = r_j$。

(3) 若 $S' \to S \cdot \in S_i$，则置 action$[S_i, \#]$＝acc（♯表示输入串右界符）。

(4) 其他情况均置错。

比较 LR(0) 和 SLR(1) 分析表的构造算法可以看出，后者仅仅对于归约项目 $A \to \alpha \cdot$ 进行了进一步处理，计算 FOLLOW(A)。具体地，对于例 5-7，需要计算 FOLLOW(S)，FOLLOW(S)＝{♯}，与{,}不相交，所以冲突可以解决。构造出的 SLR(1) 分析表如表 5-9 所示。

表 5-9 文法 $G[S]$ 的 SLR(1) 分析表

状态	action				goto	
	r	,	i	♯	S	D
0	S_2				1	
1				acc		
2			S_4			3
3		S_5		r_1		
4	r_3	r_3	r_3	r_3		
5			S_6			
6	r_2	r_2	r_2	r_2		

从表 5-9 可以看出，SLR(1) 分析方法比 LR(0) 分析方法更确定，报错更及时。例如，在状态 3 下，下一个输入符号如果是 r 或者 i，则直接报错，而 LR(0) 分析表（表 5-8）中对应的动作却是归约，因此，错误可能在若干步之后才会发现。

定义 5-12 SLR(1) 文法

文法 G 按照 SLR(1) 方法构造的分析表称为 SLR(1) 分析表。如果每个入口不含多重定义，则文法 G 称为 SLR(1) 文法。使用 SLR(1) 分析表的 LR 分析器称为 SLR(1) 分析器。

下面进一步讨论 LR(0) 文法与 SLR(1) 文法之间的关系。

【例 5-8】 已知文法 $G[E]$：

$E \to aA | bB$

$A \to cA | d$

$B \to cB | d$

构造该文法的 SLR(1) 分析表。

首先对文法进行拓广，并对产生式进行编号：

(0) $S' \to E$ (1) $E \to aA$ (2) $E \to bB$ (3) $A \to cA$ (4) $A \to d$ (5) $B \to cB$ (6) $B \to d$

根据算法 5-2，从 $S' \to \cdot E$ 出发，构造识别文法所有可归前缀的 DFA，如图 5-6 所示。

状态 I_6、I_7、I_8、I_9、I_{10} 和 I_{11} 中含有归约项目，计算 FOLLOW(E)、FOLLOW(A) 和 FOLLOW(B)，FOLLOW(E)＝FOLLOW(A)＝FOLLOW(B)＝{♯}。

再根据算法 5-4，构造文法 $G[E]$ 的 SLR(1) 分析表，如表 5-10 所示。对比文法的 LR(0) 分析表（表 5-7）可以看出，文法 $G[E]$ 的 SLR(1) 分析表删除了一些归约动作，说明 SLR(1) 分析报错更及时。同时，这个例子也说明，一个文法如果是 LR(0) 文法，那么也一定是 SLR(1) 文法；反之，一个文法是 SLR(1) 文法，则不一定是 LR(0) 文法。

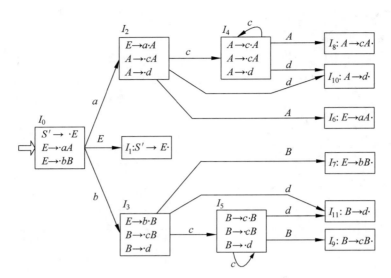

图 5-6 识别文法 $G[E]$ 所有可归前缀的 DFA

表 5-10 文法 $G[E]$ 的 SLR(1) 分析表

状态	action					goto		
	a	b	c	d	#	E	A	B
0	S_2	S_3				1		
1					acc			
2			S_4	S_{10}			6	
3			S_5	S_{11}				7
4			S_4	S_{10}			8	
5			S_5	S_{11}				9
6					r_1			
7					r_2			
8					r_3			
9					r_5			
10					r_4			
11					r_6			

5.2.3 LR(1)

SLR(1) 分析法是一种较为实用的方法。大多数程序设计语言基本上都可以用 SLR(1) 文法来描述。在 SLR(1) 分析法中,对于某状态 S_i,其项目集若不相容时,可根据 SLR(1) 分析表的构造规则来解决冲突。然而,也确实存在许多无二义的文法,其项目集中的"移进-归约"和"归约-归约"冲突不能由 SLR(1) 分析法解决,下面举例说明。

【例 5-9】 有文法 $G[S']$:

$S' \rightarrow S$

$S \rightarrow A = B$

$S \to B$
$A \to *B$
$A \to \text{id}$
$B \to A$

判断该文法是否为 SLR(1) 文法。

首先从 $S' \to \cdot S$ 出发,构造识别文法所有可归前缀的 DFA,如图 5-7 所示。

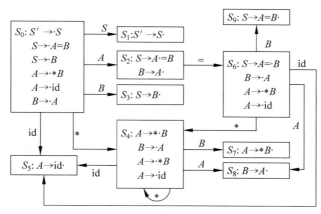

图 5-7 识别文法 $G[S']$ 所有可归前缀的 DFA

其中,状态 S_2 出现了移进-归约冲突,根据 SLR(1) 分析法计算 FOLLOW(B),FOLLOW(B)={=,♯},与状态 S_2 中的移进符号{=}相交不为空集,冲突仍然没有解决,这说明 SLR(1) 方法存在不足之处。

下面分析 SLR(1) 方法存在的问题。SLR(1) 分析法对于归约项目 $A \to \alpha \cdot$,要确定紧跟在 A 之后的终结符号,即计算 FOLLOW(A)。通俗地讲,就是要找出所有句型中紧跟在 A 之后的终结符号,因此,这就带来一个问题,分析过程中的一个状态往往只对应一个句型,我们关心的是在当前句型下紧跟在 A 之后的终结符号,而不是所有句型中紧跟在 A 之后的终结符号。例如,分析一下状态 S_2,S_2 是由初始状态 S_0 识别了 A 到达的,而 S_0 中有两个句型识别 A 之后到达 S_2。S_2 中的 $S \to A \cdot =B$ 对应的是句型 $S \Rightarrow A=B$,S_2 中的 $B \to A \cdot$ 对应句型 $S \Rightarrow A$ 而不是句型 $S \Rightarrow A=B$。SLR(1) 方法的含义是在 S_2 状态下计算 FOLLOW(B),既考虑句型 $A=B$ 中紧跟在 A 之后的 =,又考虑句型 A 中紧跟在 B 之后的 =,也就是说 SLR(1) 方法仍然不够精确,没有细化到当前状态对应的句型。以上的分析说明,我们不仅关心紧跟在 A 之后的终结符号,更关心对当前状态有效的句型中紧跟在 A 之后的终结符号,因此,需要进一步确定 FOLLOW(A) 中哪些终结符号对当前状态的具体句型有效。对状态 S_2 有效的句型是 $S \Rightarrow A$,因此在状态 S_2 下,只有下一个输入符号出现了 ♯ 才进行归约,如果有效句型是 $S \Rightarrow A=B$,出现 = 时则移进,冲突可以解决。因此,通过把 LR(0) 项目与有效的句型绑定,就可以设计出比 SLR(1) 更有效的 LR 分析方法。

通过以上分析可知,问题的关键点在于如何确定当前句型中紧跟在 A 之后的终结符号。对于当前分析状态 $S_i : S \to \alpha \cdot Aw, A \to \cdot \gamma$(假定 w 推导不出 ε),把 FIRST(w) 作为用产生式 $A \to \gamma$ 进行归约的搜索符,用于替代 SLR(1) 分析法中的 FOLLOW(A),并把搜索符号的集合放在项目的后面([$A \to \cdot \gamma, a$] $a \in$ FIRST(w))。这种处理方法称为 LR(1) 分析法。

定义 5-13　LR(1)项目

在 LR(0)项目中放置一个向前搜索的符号 a，成为 $[A \to \alpha \cdot \beta, a]$。$A \to \alpha \cdot \beta$ 是一个 LR(0)项目，a 是一个终结符号，这种形式的项目称为 LR(1)项目，a 称为向前搜索符。

向前搜索符仅对归约项目 $[A \to \alpha \cdot, a]$ 有意义，当前输入符号是 a 时，才能用 $A \to \alpha$ 进行归约。

定义 5-14　LR(1)项目对活前缀的有效性

若文法 G 的一个 LR(1)项目 $[A \to \alpha \cdot \beta, a]$ 对活前缀 γ 是有效的，当且仅当存在规范推导 $S \Rightarrow \delta A w \Rightarrow \delta \alpha \beta w$ $(w \in V_T^*, A \in V_N)$，$\gamma = \delta \alpha$，$a \in \text{FIRST}(w)$ 或 $a = '\#'(w = \varepsilon)$。

定义 5-14 的本质在于把 $A \to \alpha \cdot \beta$ 与句型 $\delta A w$ 对应起来，或者说进行绑定，这样就可以确定当前分析状态下的搜索符，即当前句型紧跟在 A 之后的终结符号。因此，必须准确计算出每个 LR(1)项目的向前搜索符，即构造出的每一个 LR(1)项目对活前缀（即对应一个句型）都必须是有效的。例 5-9 中，S_0 状态中的 $B \to \cdot A$ 对应的是句型 $S \Rightarrow A$，所以称 $[B \to \cdot A, \#]$ 对活前缀 A 是有效的，换句话说，$[B \to \cdot A, \#]$ 对句型 A 也是有效的。因此，定义 5-14 的目的是更好地增强 LR 分析的处理冲突的能力。

与 LR(0)分析的情况相类似，识别文法全部可归前缀的 DFA 的每一个状态也用一个 LR(1)项目集来表示，故构造 LR(1)项目集规范族的方法和构造 LR(0)项目集规范族的方法在本质上是一样的，同样需要用到函数 $\text{closure}(I)$ 和 $\text{GO}(I, X)$。

定义 5-15　LR(1)项目集的闭包运算

假定 I 是文法 G 的任一 LR(1)项目集，I 的项目集闭包 $\text{closure}(I)$ 通过以下步骤生成：

(1) I 中的每一个 LR(1)项目皆属于 $\text{closure}(I)$。

(2) 若项目 $[A \to \alpha \cdot B\beta, a] \in \text{closure}(I)$ $(B \in V_N)$，则把文法 G 中形如 $B \to \eta$ 对应的 LR(1)项目 $[B \to \cdot \eta, b]$ $(b \in \text{FIRST}(\beta a))$ 加进 $\text{closure}(I)$ 中。

(3) 重复执行(2)直到 $\text{closure}(I)$ 不再增大为止。

定义 5-16　GO 转移函数

若 I 是 G 的一个 LR(1)项目集，$X \in \{V_T \cup V_N\}$，则

$$\text{GO}(I, X) = \text{closure}(J)$$

其中，$J = \{[A \to \alpha X \cdot \beta, a] \mid \text{当}[A \to \alpha \cdot X\beta, a] \in I\}$，$\text{GO}(I, X)$ 称为转移函数。项目 $A \to \alpha X \cdot \beta$ 称为 $A \to \alpha \cdot X\beta$ 的后继。

定义 5-17　LR(1)项目集规范族

识别文法 G 可归前缀的 DFA 中的所有 LR(1)项目集的全体称为文法 G 的 LR(1)项目集规范族。

下面给出 LR(1)项目集规范族的构造算法。

算法 5-5　文法 $G[S]$ 的 LR(1)项目集规范族的构造算法

输入：文法 $G[S]$ 的拓广文法 G'

输出：文法 $G[S]$ 的 LR(1)项目集规范族 C

算法：

/* 通过加入 $S' \to S$ 对文法进行拓广形成拓广文法 G'，从而使接受状态易于识别 */

BEGIN

$C = \{\text{closure}(\{[S' \to \cdot S, \#]\})\}$；
DO
    FOR $\forall I \in C$ 和 $\forall X \in \{V_T \cup V_N\}$
        把 $go(I, X)$ 加入到 C 中
WHILE C 不再增大
END；

【例 5-10】 有文法 $G[S']$：

(0) $S' \to S$

(1) $S \to A = B$

(2) $S \to B$

(3) $A \to *B$

(4) $A \to \text{id}$

(5) $B \to A$

构造该文法的 LR(1) 项目集规范族。

根据算法 5-5，从 $[S' \to \cdot S, \#]$ 出发，构造初始项目集，然后逐步扩展生成文法的 LR(1) 项目集规范族，如图 5-8 所示。

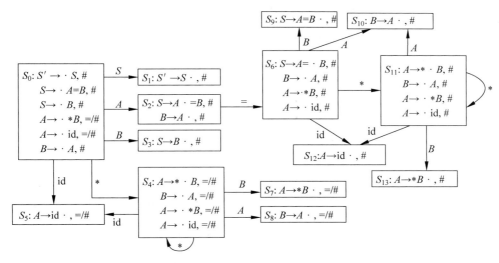

图 5-8 文法 $G[S']$ 的 LR(1) 项目集规范族和识别可归前缀的 DFA

对于给定文法，当 LR(1) 项目集规范族和识别可归前缀的 DFA 构造出来以后，可以方便地构造出文法的 LR(1) 分析表。

算法 5-6　LR(1) 分析表的构造

输入：文法 G 的 LR(1) 项目集规范族和识别可归前缀的 DFA

输出：文法 G 的 LR(1) 分析表

算法：

(1) 对于 $[A \to \alpha \cdot x\beta, b] \in S_i$，$GO(S_i, x) = S_j$：若 $x \in V_T$，则置 $\text{action}[S_i, x] = S_j$；若 $x \in V_N$，则置 $\text{goto}[S_i, x] = j$。

(2) 对于$[A \to \alpha \cdot, a] \in S_i$，若$A \to \alpha$是$G$中第$k$个产生式，则置action$[S_i, a] = r_k$。

(3) 若$[S' \to S \cdot, \#] \in S_i$，则置action$[S_i, \#]$=acc（#表示输入串右界符）。

(4) 其他情况均置错。

算法5-6构造的分析表称为LR(1)分析表，若一个文法构造出的LR(1)分析表不含多重定义，则该文法称为LR(1)文法，使用LR(1)分析表的LR分析器称为LR(1)分析器。下面举例说明LR(1)分析表的构造过程。

【例5-11】 有文法$G[S']$：

(0) $S' \to S$

(1) $S \to A = B$

(2) $S \to B$

(3) $A \to *B$

(4) $A \to id$

(5) $B \to A$

构造该文法的LR(1)分析表。

在图5-8的基础上，根据算法5-6，构造文法$G[S']$的LR(1)分析表，如表5-11所示。与LR(0)和SLR(1)相比较，构造LR(1)分析表最大的不同在于算法的第二步，即利用归约项目中的向前搜索符就可以准确确定归约动作，也就是说，LR(1)分析法中，每一个LR(1)项目都对应向前看一个符号，向前搜索符虽然对非归约项目暂时没有作用，但它是为后面出现的归约项目提前做准备的，因此每一步都向前看一个符号，而不是出现冲突了才向前看一个符号。

表5-11 文法$G[S']$的LR(1)分析表

状态	action				goto		
	=	*	id	#	S	A	B
0		S_4	S_5		1	2	3
1				acc			
2	S_6			r_5			
3				r_2			
4		S_4	S_5			8	7
5	r_4			r_4			
6		S_{11}	S_{12}			10	9
7	r_3			r_3			
8	r_5			r_5			
9				r_1			
10				r_5			
11		S_{11}	S_{12}			10	13
12				r_4			
13				r_3			

前面已经说明，一个文法如果是LR(0)文法，那么也一定是SLR(1)文法，这是因为SLR(1)分析比LR(0)分析多计算了归约项目$A \to \alpha \cdot$的FOLLOW(A)集合，相当于删除了

LR(0)分析表中的一些归约动作。同理,一个文法如果是 SLR(1)文法,那么也一定是 LR(1)文法,这是因为 LR(1)分析进一步确定了 FOLLOW(A)中的对当前分析句型有效的终结符号,即向前搜索符。因此,LR(1)分析进一步确定了在 FOLLOW(A)中哪些终结符号有效,哪些无效,即 LR(1)分析表进一步删除了 SLR(1)分析表中的一些归约动作。若一个文法的 SLR(1)分析表中没有多重定义,则该文法的 LR(1)分析表更不会有多重定义。

3 种 LR 分析法的最大的区别就在于分析表的构造不同,是一个逐步确定化和细化的过程,它们之间的关系如表 5-12 所示。

表 5-12 3 种 LR 分析法的对比

LR 分析法	优 点	缺 点
LR(0)分析法	无任何冲突,所以分析表构造最简单	所有终结符号均归约,查错慢,仅限于 LR(0)文法
SLR(1)分析法	对 FOLLOW(A)中的终结符号才归约,查错较快	没有考虑当前分析的句型,查错较 LR(1)慢,仅限于 SLR(1)文法
LR(1)分析法	对 FOLLOW(A)中的对当前分析句型有效的终结符号才归约,每一步都求出这种终结符号,查错最快	构造 LR(1)项目集规范族较复杂,识别可归前缀的 DFA 状态数较多

5.2.4 LALR(1)

前面已经提到,LR(1)分析法通过向前搜索符确切地指出归约时 FOLLOW 集中哪些终结符号有效,但向前搜索符的引入会带来状态数的增加。例如,假设 SLR(1)中存在一个项目集[$A \to \alpha \cdot$],则在 LR(1)中可能对应两个项目集[$A \to \alpha \cdot, a$]和[$A \to \alpha \cdot, b$],优点是使分析更加确定,缺点是增加了状态。若对高级程序构造对应的 LR(1)分析表,一般是比较庞大的,在机器的存储方面会遇到问题,从而影响到它的应用和推广。

LALR(1)分析法(Look-Ahead LR)是对 LR(1)分析法的一种简化和改进,它的思想是对 LR(1)中能够合并的项目集进行合并,从而减少状态。对同一个文法,合并 LR(1)项目集之后得到的 LALR(1)分析表比 LR(1)分析表状态数少,具有和 SLR(1)分析表相同数目的状态,但却能胜任 SLR(1)所不能解决的问题。对目前常用的各类程序设计语言,LALR(1)分析法基本能够适用,但是缺点是状态的减少导致其比 LR(1)报错要慢一点,所以从本质上讲,LALR(1)分析法是一种介于 SLR(1)和 LR (1)之间的折中的方法。

因此,LALR(1)分析法的关键问题在于 LR(1)中哪些项目集能够合并,为此,给出如下同心集的定义。

定义 5-18 同心集

若 LR(1)的两个项目集的 LR(0)项目全部相同,则称两个 LR(1)项目集具有相同的心。具有相同心的项目集称为同心集。

【例 5-12】 有文法 $G[S']$:

(0) $S' \to S$

(1) $S \to CC$

(2) $C \to cC$

(3) $C \rightarrow d$

构造该文法的 LR(1) 项目集规范族,并合并同心集。

从 $[S' \rightarrow \cdot S, \#]$ 出发,构造初始项目集,然后逐步扩展生成文法的 LR(1) 项目集规范族,如图 5-9 所示。不难看出,I_4 和 I_7、I_3 和 I_6、I_8 和 I_9 是同心集,LALR(1) 分析的思想就是在文法 LR(1) 项目集规范族的基础上,将同心的项目集进行合并,合并之后得到的项目集规范族称为 LALR(1) 项目集规范族。文法 $G[S']$ 的 LALR(1) 项目集规范族如图 5-10 所示。

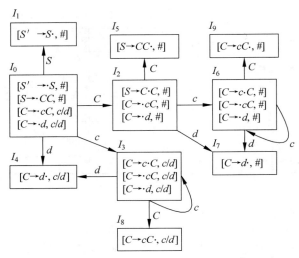

图 5-9 文法 $G[S']$ 的 LR(1) 项目集规范族和识别可归前缀的 DFA

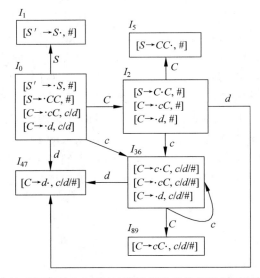

图 5-10 文法 $G[S']$ 的 LALR(1) 项目集规范族和识别可归前缀的 DFA

一般来说,对于某个 LR(1) 文法,若把同心项目集合并,可能会导致冲突,这种冲突不会是"移进-归约"冲突,仅可能产生新的"归约-归约"冲突。例如,假定 I_k 和 I_j 是两个同心集,如下所示：

$I_k:\{[A \to \alpha \cdot ,u_1]\ [B \to \eta \cdot ,u_2]\ [C \to \beta \cdot a\gamma ,b]\}$ $a \cap u_1 = \varnothing$ $a \cap u_1 = \varnothing$

$I_j:\{[A \to \alpha \cdot ,u_2]\ [B \to \eta \cdot ,u_1]\ [C \to \beta \cdot a\gamma ,c]\}$ $a \cap u_2 = \varnothing$ $a \cap u_1 = \varnothing$

则合并之后的项目集 I_{kj} 如下：

$I_{kj}:[A \to \alpha \cdot ,u_1/u_2]$ $[B \to \eta \cdot ,u_1/u_2]$ $[C \to \beta \cdot a\gamma ,b/c]$ $a \cap \{u_1,u_2\} = \varnothing$

因为原有项目集中假定没有"移进-归约"冲突,所以合并之后也不会出现"移进-归约"冲突,即 $a \cap \{u_1,u_2\} = \varnothing$。但是出现了"归约-归约"冲突。例如,下一个输入符号若是 u_1 或 u_2,均无法确定使用 $A \to \alpha \cdot$ 还是 $B \to \eta \cdot$ 进行归约。

若合并后的 LALR(1) 项目集规范族不存在"归约-归约"冲突,则可按这个项目集规范族构造 LALR(1) 分析表。构造 LALR(1) 分析表的算法如下。

算法 5-7 LALR(1) 分析表的构造

输入：文法 G 的 LALR(1) 项目集规范族和识别可归前缀的 DFA

输出：文法 G 的 LALR(1) 分析表

算法：

设 $C = \{S_0, S_1, \cdots, S_n\}$ 为文法 G 的 LALR(1) 项目集规范族。

(1) 对于 $[A \to \alpha \cdot x\beta ,b] \in S_i$，$GO(S_i,x) = S_j$：若 $x \in V_T$，则置 $action[S_i,x] = S_j$；若 $x \in V_N$，则置 $goto[S_i,x] = j$。

(2) 对于 $[A \to \alpha \cdot ,a] \in S_i$，若 $A \to \alpha$ 是 G 中第 k 个产生式,则置 $action[S_i,a] = r_k$。

(3) 若 $[S' \to S \cdot ,\#] \in S_i$,则置 $action[S_i,\#] = acc$ ($\#$ 表示输入串右界符)。

(4) 其他情况均置错。

在 LALR(1) 项目集规范族基础上,LALR(1) 分析表的构造算法和 LR(1) 分析表的构造完全相同,按上述算法构造的 LALR(1) 分析表若无多重定义,则称文法 G 是 LALR(1) 文法。使用 LALR(1) 分析表的分析器叫 LALR(1) 分析器。

例 5-12 的 LALR(1) 项目集规范族中没有冲突,按上述算法对其构造的 LALR(1) 分析表如表 5-13 所示。如前所述,LALR(1) 分析表中的状态进行了合并,优点是减少了状态和存储空间,缺点是分析不够确定,报错较 LR(1) 慢。

表 5-13 例 5-12 的 LALR(1) 分析表

状态	action			goto	
	c	d	$\#$	S	C
0	S_{36}	S_{47}		1	2
1			acc		
2	S_{36}	S_{47}			5
36	S_{36}	S_{47}			89
47	r_3	r_3	r_3		
5			r_1		
89	r_2	r_2	r_2		

上面介绍的 4 种 LR 分析法对应 4 种 LR 文法和 LR 分析器。那么假定给出任意一个无二义文法 G，如何判断 G 属于哪一类 LR 文法呢？可以通过一个流程图给出判别的过程，如图 5-11 所示。

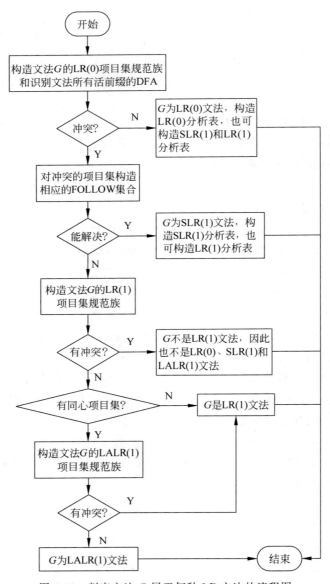

图 5-11　判定文法 G 属于何种 LR 文法的流程图

文法的谱系如图 5-12 所示。下面不加证明地给出不同文法之间的关系。

$LL(k)$ 和 $LR(k)$ $(k \geqslant 0)$ 文法均是无二义文法，$LL(k)$ 文法一定是 $LR(k)$ 文法。一个文法如果是 $LR(0)$ 文法，则一定是 $SLR(1)$、$LALR(1)$、$LR(1)$ 和 $LR(k)$ $(k>1)$ 文法。一个文法如果是 $SLR(1)$ 文法，则一定是 $LALR(1)$、$LR(1)$ 和 $LR(k)$ $(k>1)$ 文法。一个文法如果是 $LALR(1)$ 文法，则一定是 $LR(1)$ 和 $LR(k)$ $(k>1)$ 文法。

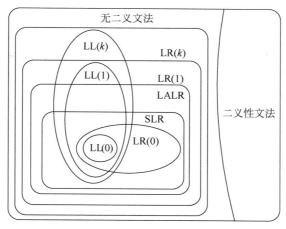

图 5-12　文法的谱系

5.3　语法分析程序自动生成器 YACC

本节介绍一个著名的语法分析器自动生成工具——YACC/Bison。它是以有限自动机理论为基础建立的。

1. YACC 综述与应用

YACC(Yet Another Compiler-Compiler)是一个 LALR(1) 分析器自动生成器。YACC 与 Lex 一样,是贝尔实验室在 UNIX 上首先实现的,而且与 Lex 有直接的接口,是 UNIX 的标准应用程序。GNU 工程推出 Bison,是对 YACC 的扩充,同时也与 YACC 兼容。目前,YACC/Bison 与 Lex/Flex 一样,可以在 UNIX、Linux、MS-DOS 等环境运行,鉴于 YACC/Bison 的兼容,后面讨论中仅针对 YACC 进行介绍。

YACC 的功能是,为上下文无关文法自动生成基于 LALR(1) 的方法的语法语义分析器(简称分析器),该分析器是使用 C 语言实现的。

YACC 自动构造分析器的模式及 YACC 的作用如图 5-13 所示。YACC 编译器接受 YACC 源程序,由 YACC 编译器处理 YACC 源程序,产生一个分析器作为输出。在 UNIX 环境中,YACC 编译器的输出是一个具有标准文件名 y.tab.c 的 C 程序,经过 C 编译器产生 a.out 文件,a.out 是一个实际可以运行的分析器。

图 5-13　YACC 自动构造分析器的模式及作用

使用 YACC 的步骤如图 5-14 所示。

(1) 编辑 YACC 源程序(例如,生成文本格式的关于 PAS 语言语法的 YACC 源程序文件 PAS.y)。

(2) 使用命令 yacc PAS.y 运行 YACC,若正确则输出 y.tab.c。

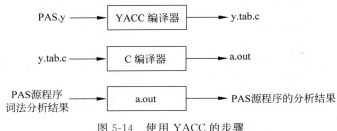

图 5-14 使用 YACC 的步骤

（3）调用 C 编译器编译 y.tab.c，并与其他 C 语言模块连接产生执行文件。调试执行文件，直至获得正确输出。

为了使 LALR(1)分析表少占空间，可以用紧凑技术压缩分析表的大小。即使用命令

```
cc y.tab.c -ly
```

编译 y.tab.c，其中的 ly 表示使用 LR 分析器的库（名字 ly 随系统而定）。

用 BNF 对语言（设语言为 L1）的语法规则进行描述，然而 BNF 实际输入的是用 YACC 语言书写的源程序 L1.y，y 经 YACC 编译器翻译生成识别语言 L1 的语法分析器 y.tab.c，此分析器即能对 L1 源程序实现语法分析。

YACC 体系包括 YACC 语言和 YACC 编译器两部分。

2. YACC 语言

YACC 语言及 YACC 源程序是对语言的语法规则的描述，以解决文法规则的输入。YACC 语言作为分析器自动构造的专用语言。YACC 源程序由 3 部分组成，其结构如下：

```
说明部分
%%
翻译规则
%%
辅助过程
```

其中，说明部分通常包含两部分内容。一部分为通常的 C 语言程序的说明，该部分说明用一对符号%{和%}括起来；另一部分内容为文法符号（一般为终结符号）和文法规则的说明，以及对文法规则说明的一些限定规则和条件的说明。该部分的每一项均以%开头，其形式如下：

```
%说明
```

翻译规则部分是 YACC 源程序的主体部分，它以一对百分号%%标志该部分的开始，其内容是文法的全部规则及与每一文法规则相关的语义动作描述。对文法中某一文法规则：

```
<左部文法符号>→<候选式 1>|<候选式 2>|…|<候选式 n>
```

用 YACC 描述的一般形式为

```
<左部文法符号>: <候选式 1>{语义动作 1}
```

```
        |<候选式 2>{语义动作 2}
            ⋮
        |<候选式 n>{语义动作 n}
        ;
```

其中文法规则描述的候选式中,对文法的终结符号要用单引号括起来,以示与非终结符号的区别。该部分描述的第一个左部文法符号是开始符号。语义动作是完成语义处理的 C 语言程序。语义动作中的符号 $$$ 表示与文法规则的左部非终结符号相关的属性值,而 $i 表示其右部候选式中的第 i 个文法符号的值。在分析过程中,每当选用某个产生式进行规约后,其产生式后的语义动作子程序即被执行,完成相应的语法范畴的翻译。

例如,对简单的表达式文法

$E \rightarrow E + T | T$

其 YACC 源程序的翻译规则描述部分可表示为

```
%%
    E: E ' + ' T { $ $ = $ 1 + $ 3}
    |T
;
```

YACC 程序的第三部分,即辅助过程部分,是若干个 C 语言函数构成的,其中词法分析程序及错误诊断程序都是必不可少的。

【例 5-13】 设文法 $G(A)$:

$A \rightarrow E + E | E * E | \text{NUMBER}$

文法 $G(A)$ 的 YACC 源程序如下:

```
%{
    # include <ctype.h>
    # include <stdio.h>
%}
% token number
%%
lines:lines expr '\n'{printf("%g\n",$2);}
;
expr:expr ' + ' expr { $ $ = $ 1 + $ 3}
    |expr ' * ' expr { $ $ = $ 1 * $ 3}
;
%%
…    /*辅助过程*/
```

程序中省略了 YACC 程序的第三部分。在实际使用 YACC 时,这部分可根据 YACC 的使用说明及对文法翻译的具体要求编写所需要的辅助程序。

对于上述 YACC 说明的文法二义性,LALR(1)算法将产生分析动作的冲突。YACC 会报告产生的分析动作的冲突数目。项目集和分析冲突的描述可以在调用 YACC 时加-v 选择项得到。这个选择产生一个附加的文件 y.output,它包括分析时发现的项目集的心以及对 LALR(1)算法产生的分析动作冲突的描述。

带有冲突的 LR 分析表显然无法正确实施语法分析。考虑 YACC 的适用性,下面讨论

YACC 对二义性文法的处理。

3. YACC 处理二义性文法

YACC 自动生成的分析程序采用的是 LALR(1) 分析法。按照 LR 分析应用于二义性文法的思想,即对二义性文法施加某些限定,YACC 同样可以适用于二义性文法分析器的自动生成。在 YACC 源程序的说明部分对规则进行描述,则 YACC 对二义性文法也可以产生 LR 分析器。

对例 5-13 的台式计算器文法 $G(A)$ 扩大其表达功能,给出如下文法 $G(A)'$:
$$A \to E+E|E-E|E*E|E/E|(E)|-E|\text{NUMBER}$$

该文法是二义性文法,但只要对其中的终结符号+、一、*、/、NUMBER 规定优先级和结合规则,并在 YACC 源程序的说明部分中加以说明,YACC 就能自动生成文法 $G(A)$ 产生 LR 分析器。

$G(A)'$ 的 YACC 源程序如下:

```
%{
    #include <ctype.h>
    #include <stdio.h>
    #define YYSTYPE double
%}
    %token NUMBER
    %LEFT '+' '-'
    %LEFT '*' '/'
    %RIGHT UMINUS
%%
    lines:lines expr '\n' {printf("%g\n",$2);}
        |line '\n'
        |    /*ε*/
        ;
    expr: expr    '+'          {$$ = $1 + $3;}
        |expr    '-' expr      {$$ = $1 - $3;}
        |expr    '*' expr      {$$ = $1 * $3;}
        |expr    '/' expr      {$$ = $1/$3;}
        |'(' expr ')'          {$$ = $2;}
        |'-'expr %&prec UMINUS {$$ = -$2;}
        |NUMBER
;
%%
yylex()
int c;
while((c = getchar()) == ''){
    if((c == '.')||(isdigit(c)) {
        ungetc(c,stdin);
        scanf("%if",&yylval);
        return NUMBER;
    }
    return c;
}
```

该 YACC 程序的声明部分为终结符号规定了优先级和结合性。声明

```
% terminal '+' '-' LEFT
% terminal '*' '/' LEFT
```

使得＋和－有同样的优先级且为左结合。＊和/也是如此。

记号的优先级按它们在声明部分出现的次序确定,先出现的记号的优先级低,同一声明中的记号有相同的优先级,这样,上述 YACC 程序的声明中

```
% RIGHT UMINUS
```

使得 UMINUS 的优先级高于前面 5 个终结符号。

1. 选择题。

(1) 文法识别符号经过任意步推导得到的结果是(   )。

　　A. 句型　　　　B. 句柄　　　　C. 句子　　　　D. 短语

(2) 在自底向上的规范归约中,可归约串用(   )来刻画。

　　A. 直接短语　　B. 句柄　　　　C. 终结符号串　　D. 最左短语

(3) 下面对自底向上分析描述错误的是(   )。

　　A. 自底向上分析过程是对句子实施归约的过程

　　B. 自底向上分析是从给定的输入串♯开始,逐步进行"归约",直至归约到文法的开始符号

　　C. 各种自底向上分析方法的共同点是都采用移进-归约的思想,区别是确定可归约串的方法不同

　　D. 自底向上分析是规范归约的过程

(4) 下面(   )不是自底向上的语法分析文法。

　　① LR(1)　② LALR(1)　③ 递归下降分析法　④ LL(1)　⑤ SLR(1)　⑥ LR(0)

　　A. ①②③④　　B. ③④　　　C. ①②⑤⑥　　D. ③⑤⑥

(5) 若状态 j 含有项目"$X \rightarrow \alpha \cdot$",且仅当输入符号 $b \in$ FOLLOW(X)时,才用规则"$X \rightarrow \alpha$"归约的语法分析方法是(   )。

　　A. LALR 分析法　　　　　　　B. LR(0)分析法

　　C. LR(1)分析法　　　　　　　D. SLR(1)分析法

(6) 若 b 为终结符,则 $X \rightarrow \alpha \cdot b\beta$ 为(   )项目。

　　A. 归约　　　B. 移进　　　C. 接受　　　D. 待约

(7) 若 Y 为非终结符,则 $X \rightarrow \alpha \cdot Y\beta$ 为(   )项目。

　　A. 归约　　　B. 移进　　　C. 接受　　　D. 待约

(8) 同心集合并之后若不是 LALR(1)文法,则会出现的情况是(   )。

　　A. 产生二义性冲突　　　　　　B. 产生移进-移进冲突

　　C. 产生移进-归约冲突　　　　　D. 产生归约-归约冲突

(9) 当分析文法 G 的某一个含有错误的符号串时，LALR(1)分析速度比 LR(1)分析速度要慢，主要原因是（　　）。

    A. 合并同心集后做了不必要的移进动作

    B. 合并同心集后做了不必要的归约动作

    C. 合并同心集后做了不必要的移进与归约动作

    D. 以上都不对

(10) 关于 LR 分析表，说法正确的是（　　）。

    A. LR 分析表中的状态转换表指出了当状态 S_i 面临输入符号 a 时，移进之后转移到的新状态

    B. LR 分析表中分析动作表指出了当状态 S_i 面临文法符号 X 时，应转移到的下一个状态

    C. LR 分析表中的状态转换表指出了当状态 S_i 面临输入符号 a 时，应使用哪个规则进行归约

    D. LR 分析表中分析动作表中符号为 acc 时，表示当前分析栈中只剩下开始符号 S' 和待分析串结束符 #，表明分析成功

(11) 关于 LR 分析器，说法错误的是（　　）。

    A. LR 分析器的每一步动作，都是由栈顶状态和现行输入符号所唯一确定的

    B. LR 分析器的动作包括移进、归约、接受、报错四种动作

    C. 不同的 LR 分析器，其总控程序也不同

    D. LR 分析表包括分析动作表和状态转换表两部分，都是二维数组

(12) 关于文法规范句型的活前缀，说法错误的是（　　）。

    A. 规范句型的活前缀不包含句柄右边的任何符号

    B. LR 分析栈中的符号为规范句型的活前缀

    C. 当 LR 分析栈中的栈顶符号串形成可归前缀，归约之后，栈中剩余符号不再是规范句型的活前缀

    D. 活前缀可以是一个或者是若干个规范句型的前缀

(13) 设一个 LR(0) 项目集 $I=\{A\rightarrow\alpha\cdot b\beta, B\rightarrow\gamma\cdot\}$，该项目集可能含有的冲突项目是（　　）。

    A. 移进-归约冲突　　　　　　　　B. 归约-归约冲突

    C. 移进-接受冲突　　　　　　　　D. 不存在冲突

(14) 设 LR(1) 项目集 $I=\{[A\rightarrow\alpha\cdot b\beta,a],[B\rightarrow\gamma\cdot,a]\}$，说法正确的是（　　）。

    A. 存在移进-归约冲突　　　　　　B. 存在归约-归约冲突

    C. 存在移进-接受冲突　　　　　　D. 不存在冲突

(15) 关于二义性文法与 LR 类文法，说法错误的是（　　）。

    A. 任何一个二义性文法绝不是 LR 类文法

    B. 在 LR 分析表中加入无二义性规则，仍然无法构造出无多重定义的 LR 分析表

    C. 对于二义性的算术表达式文法，在 LR 分析表中加入运算符的优先级及运算符的结合性可构造出无多重定义的 LR 分析表

    D. 可以通过消除二义性文法中的二义性，从而使得文法可以满足 LR 类文法

(16) LR(1)文法都是( )。
  A. 既不存在二义性,也不存在文法左递归
  B. 可以是二义性的,但是没有左递归
  C. 不可以是二义性的,但是可以存在左递归
  D. 可以是二义性的,还可以存在左递归

2. 填空题。

(1) "移进-归约"分析过程主要采取的分析动作包括( )、( )、( )和( )。

(2) LR(k)分析法中,L指( ),R指分析过程是( )的逆过程,其中最简单的是( )分析法。

(3) LR 文法指构造出的分析表( )。

(4) 可归前缀指活前缀中已经包含句柄的( )。

(5) 向前搜索符只对( )项目有意义,对( )项目没有影响。表示( )与向前搜索符相同时,进行( )。

(6) LR 分析表是 LR 分析器的核心部分,包括( )和( )两部分组成,均使用( )表示。

(7) 同心集是指两个 LR(1)项目集的( )相同,当同心集合并后,可能会产生新的( ),而不可能产生新的( )。

(8) 对于文法 $G[E]:E \to T|E+T \quad T \to F|T*F \quad F \to (E)|i$,句型 $E+T*F+T*F+T*i$ 的句柄是( )。

3. 分析应用题。

(1) 文法 $G[E]$ 为:

$E \to T \mid EiT$

$T \to F \mid T+F$

$F \to)E* \mid ($

试给出句型 $Ei)E*i($ 的短语、简单(直接)短语、句柄。

(2) 文法 $G[S]$ 为:

$S \to SdE \mid E$

$E \to E<T \mid T$

$T \to (S) \mid a$

试给出句型 $(SdE)dT<a$ 的短语、简单(直接)短语、句柄。

(3) 已知文法 $G(S)$:

$S \to a|(T)| *$

$T \to T,S|S$

① 给出 $(a,(a,a))$ 和 $(((a,a),(a)),a)*$ 的最左和最右推导。

② 指出 $(((a,a),(a)),a)\wedge$ 的规范归约及每一步的句柄。根据这个规范归约,给出"移进-归约"的过程,并给出它的语法树自底向上的构造过程。

(4) 设有文法 $G[S]$:

$S \to a|(T)| *$

$T \to T,S|S$

① 构造此文法的 LR(0) 项目集规范族,并给出识别活前缀的 DFA。
② 构造其 LR(0) 分析表。

(5) 给定文法 $G[Z]$:
① $Z \to CS$
② $C \to \text{if } E \text{ then}$
③ $S \to A = E$
④ $E \to E \wedge A$
⑤ $E \to A$
⑥ $A \to i$

其中:Z、C、S、A、$E \in V_N$
if、then、$=$、$\wedge$、$i \in V_T$

① 构造此文法的 LR(0) 项目集规范族,并给出识别活前缀的 DFA。
② 构造其 SLR(1) 分析表。

(6) 已知文法
$A \to aAcd \mid aAb \mid \varepsilon$
判断该文法是否是 SLR(1) 文法,若是,构造相应的分析表,并对输入串 $ab\sharp$ 给出分析过程。

(7) 设文法 $G(S)$ 如下:
$E \to E + T \mid T$
$T \to T F \mid F$
$F \to F / \mid a \mid b$

① 构造其 SLR 分析表。
② 构造其 LALR 分析表。
③ 假定输入串为 $a/b+b$,请给出 SLR(1) 分析过程(即按照步骤给出状态、符号、输入串的变化过程)。
④ 假定输入串为 $a/b+b$,请给出 LALR(1) 分析过程(即按照步骤给出状态、符号、输入串的变化过程)。

(8) 若有定义二进制数的文法如下:
$S \to L.L \mid L$
$L \to LB \mid B$
$B \to 0 \mid 1$

① 构造其 SLR 分析表。
② 假定输入串 101.110,请给出 SLR(1) 分析过程(即按照步骤给出状态、符号、输入串的变化过程)。

(9) 给定文法 $G(S)$:
$S \to bAd \mid Aa \mid bc \mid BB$
$A \to a$
$B \to Bb \mid c$

构造其 LALR 分析表。

(10) 设已构造出文法 $G(S)$：

① $S \to AA$

② $A \to aA$

③ $A \to b$

要求：

① 构造 LR(1) 分析表。

② 假定输入串为 $aabab$，请给出 LR(1) 分析过程（即按照步骤给出状态、符号、输入串的变化过程）。

(11) 证明下面的文法是 LL(1) 的，但不是 SLR(1) 的。

$S \to AaAb \mid BbBa$ $\qquad A \to \varepsilon \qquad B \to \varepsilon$

(12) 证明下列文法是 LR(1) 的，但不是 SLR(1) 的。

$S \to Aa \mid bAc \mid Bc \mid bBa$

$A \to d$

$B \to d$

(13) 考虑文法 $S \to AS \mid a \qquad A \to SA \mid b$

① 列出这个文法的所有 LR(0) 项目。

② 构造这个文法的 LR(0) 项目集规范族及识别活前缀的 DFA。

③ 这个文法是 SLR 的吗？若是，构造出它的 SLR 分析表。

④ 这个文法是 LALR 或 LR(1) 的吗？

第6章 语法制导翻译与中间代码生成

编译程序构造的第三阶段是完成语义分析的工作,这是编译程序最具实质性的工作。语义分析对源程序的语义做出解释,类似于英文翻译,对英文句子的语义分析要求翻译前后的语义等价。词法分析和语法分析仅是对源程序从形式上进行处理,语义分析则是对源程序的含义和内容进行分析,并为最终生成等价的目标程序做好准备。

语义分析主要包括两个功能:第一,静态语义分析,审查语法结构的静态语义,即验证语法结构正确的句子含义是否符合逻辑;第二,如果通过了静态语义分析,则进行动态语义分析,即执行真正的翻译,生成相应的中间代码或目标代码。中间代码,也称中间语言,是介于源程序语言和目标机器语言的一种表示形式,采用中间代码的目的是为了编译器的移植和代码的优化。鉴于在多数编译程序的设计中采用了独立于目标的中间代码作为最后生成目标代码的过渡,因此本章在介绍几种流行的中间语言的基础上,进一步讨论如何生成中间代码。

生成中间代码的常用方法是语法制导翻译,即对上下文无关文法制导下的语言进行翻译。其实现思想是把属性赋给代表语言结构的非终结符号,每个产生式对应一个或者一组语义规则,语义规则完成属性值的计算或者中间代码的生成。将语义信息与语言的结构联系起来涉及两个概念,它们是两种主要描述语义的方法,一种称为属性文法,另一种称为翻译模式。属性文法是关于语言翻译的抽象规格说明,其中隐去实现细节,不规定翻译顺序。翻译模式则指明使用语义规则进行计算的顺序。

本章重点引入属性文法和语法制导翻译的基本思想,介绍几种典型的中间代码形式,最后讨论一些常见语法成分的翻译工作。

6.1 两种翻译方法简介

为了对本章的概念有一个总体的认识,首先介绍两种主要的翻译方法,这也是本章的两条主线。

一种方法称为基于属性文法的翻译,其翻译过程如图 6-1 所示。

在这种翻译过程中,首先建立分析树,然后设计属性文法,画出依赖图,根据依赖图给出语义规则计算的顺序,最后按照语义规则计算的先后顺序生成中间代码。具体编程实现时,常采用深度优先、从左到右的遍历方法。如果需要,可使用多次遍历。

另一种方法称为语法制导翻译,其翻译过程如图 6-2 所示。在这种翻译过程中,首先设计属性文法,然后设计翻译模式,根据翻译模式的类型考虑采用自底向上或自顶向下的语法分析方法,在语法分析的同时实现语义处理。这种方法是在语法分析的同时计算属性值,而不是语法分析构造分析树之后进行属性值的计算,通常无须构造实际的分析树。

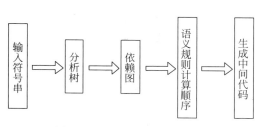

图 6-1 基于属性文法的翻译

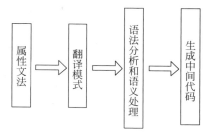

图 6-2 语法制导翻译

本章依据这两条主线进行阐述,重点介绍语法制导翻译方法。

6.2 属性文法

属性文法通常是基于上下文无关文法,其中的每个文法符号都有一个与之相关的属性集合。属性文法最早由克努特(D. E. Knuth)提出,他把属性分为两类,分别为该文法符号的综合属性和继承属性。如果把分析树中表示文法符号的结点看成一个记录,其中包含若干域以存储各种信息,那么属性就相当于记录中域的名称。

一个属性可以表示指定的任何信息,比如一个符号串、一个数、一种类型、一个存储单元或其他信息。语义规则可以建立各属性之间的依赖关系,这种依赖关系可以用一个称为依赖图的有向图表示。根据依赖图可以为语义规则推导出计算顺序。

在属性文法中,每个文法符号具有一组属性,文法的每个产生式 $A \to \alpha$ 都对应一个或者一组语义规则,每条语义规则的形式为

$$b = f(c_1, c_2, \cdots, c_k);$$

其中 f 是一个函数;b 和 c_i 可取如下两种情况之一:

(1) b 是 A 的综合属性且 $c_1, c_2, \cdots, c_k$ 是产生式右部 α 中文法符号的属性。

(2) b 是产生式右部某个文法符号的继承属性且 $c_1, c_2, \cdots, c_k$ 是 A 或产生式右部任何文法符号的属性。

在这种情况下,都说属性 b 依赖于 $c_1, c_2, \cdots, c_k$。每个文法符号的综合属性集和继承属性集的交集为空集。非终结符号既可有综合属性也可有继承属性,但文法开始符号没有继承属性,终结符号只有综合属性,它们由词法分析程序提供。

有时,语法制导定义中的某些语义规则就是为了产生副作用,这样的语义规则一般写成过程调用或者过程段的形式。在这种情况下,可以把语义规则看成是定义相关产生式左部非终结符的虚拟综合属性。

【例 6-1】 一个简单台式计算器的属性文法如表 6-1 所示。其中,val 表示综合属性,它是一个与每个非终结符 E、T、F 相关的整数值。关于 E、T、F 的每个产生式,语义规则根据产生式右部非终结符的 val 值来计算左部非终结符的 val 值。表 6-1 中,符号 digit 的综合属性是 lexval,其值由词法分析器提供。关于开始非终结符 L 的产生式 $L \to E$ 的语义规

则只是一个过程,该过程打印由 E 生成的算术表达式的值,可以把这条规则看成是对非终结符 L 定义一个虚拟综合属性。

表 6-1 简单台式计算器的属性文法

产生式	语 义 规 则	产生式	语 义 规 则
$L \rightarrow E$	$\text{print}(E.\text{val})$	$T \rightarrow F$	$T.\text{val} = F.\text{val}$
$E \rightarrow E_1 + T$	$E.\text{val} = E_1.\text{val} + T.\text{val}$	$F \rightarrow (E)$	$F.\text{val} = E.\text{val}$
$E \rightarrow T$	$E.\text{val} = T.\text{val}$	$F \rightarrow \text{digit}$	$F.\text{val} = \text{digit}.\text{val}$
$T \rightarrow T_1 * F$	$T.\text{val} = T_1.\text{val} \times F.\text{val}$		

在语法制导定义中,一条语义规则完成一个计算器属性值的动作。设终结符号只有综合属性,终结符号的属性值通常由词法分析器提供。因此,不需要求终结符号属性值的语义动作。此外,对文法的开始符号若不特别说明,则认为其没有继承属性。

6.2.1 综合属性

定义 6-1 S-属性文法

将仅使用综合属性的属性文法叫作 S-属性文法。在分析树中,一个结点的综合属性值是从其子结点的属性值计算出来的,即"综合"了其子结点的属性。因此结点属性值的计算正好和自底向上分析建立分析树结点同步进行。

【例 6-2】 例 6-1 的 S-属性文法说明一个简单台式计算器。它打印表达式的值。例如,输入算术表达式 $4*5+5$,图 6-3 是该表达式的注释分析树,树的根结点的输出是根的子结点 E 的值 $E.\text{val}$。

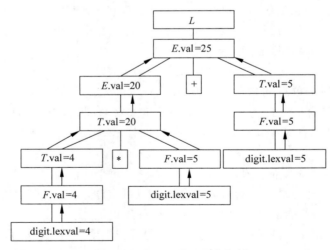

图 6-3 $4*5+5$ 的注释分析树

箭头给出了属性值的计算过程,刚好和自底向上语法分析同步进行。

6.2.2 继承属性

在分析树中,如果一个结点的继承属性值是由该结点的父结点和(或)兄弟结点的属性定义的,使用继承属性更为方便。下面的例 6-3 给出如何通过继承属性在声明语句中把类型信息传递给每一个变量。

【例 6-3】 给出如表 6-2 所示的有继承属性的属性文法。

表 6-2 有继承属性的 $L.\text{in}$ 的属性文法

产生式	语义规则	产生式	语义规则
$D \rightarrow L$	$L.\text{in} = T.\text{type}$	$L \rightarrow L_1, \text{id}$	$L_1.\text{in} = L.\text{in}$
$T \rightarrow \text{int}$	$T.\text{type} = \text{integer}$		$\text{addtype}(\text{id}.\text{entry}, L.\text{in})$
$T \rightarrow \text{real}$	$T.\text{type} = \text{real}$	$L \rightarrow \text{id}$	$\text{addtype}(\text{id}.\text{entry}, L.\text{in})$

其中非终结点符号产生的声明由关键字 int 或 real 及标识符表组成。非终结符 T 有综合属性 type,它的值由声明中的关键字决定。产生式 $D \rightarrow TL$ 的语义规则把声明中的类型(T 的综合属性)作为继承属性传递给 T 的兄弟结点 L。然后继承属性 $L.\text{in}$ 沿分析树继续向下传递类型。L 产生式的规则调用过程 addtype,把各个标识符的类型加到符号表中相应的条目中(由属性 entry 指向)。

图 6-4 给出了句子 real a, b, c 的注释分析树,3 个 L 结点 $L.\text{in}$ 分别指出了标识符 a、b 和 c 的类型。这些值的确定过程是,首先计算根的左子结点属性 $T.\text{type}$ 的值,然后在根的右子树自顶向下计算 3 个 L 结点的 $L.\text{in}$ 的值。在每个 L 结点还调用过程 addtype,在符号表中记下该结点的右子结点上的标识符是实型。

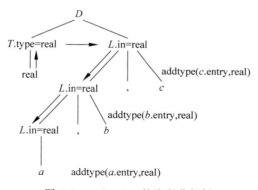

图 6-4 real a, b, c 的注释分析树

不同于综合属性自底向上传递信息,继承属性用于自顶向下传递信息,因此可以和自顶向下的语法分析方法同步。

6.3 依赖图

依赖图是一个有向图,分析树结点的继承属性和综合属性间的相互依赖关系可以用它来描述。

在生成分析树的依赖图之前,对由过程调用组成的语义规则,引入虚拟综合属性 b,使得每条语义规则都能写成 $b = f(c_1, c_2, \cdots, c_k)$ 的形式。分析树的依赖图的构造方法如下。

算法 6-1 分析树依赖图构造算法

输入:分析树的结点

输出：分析树的依赖图

算法：

FOR 分析树的每一个结点 n DO

    FOR 结点 n 的文法符号的每个属性 a DO

        在依赖图中为 a 构造一个结点

    FOR 分析树的每个结点 n DO

        FOR 结点 n 的产生式的每条语义规则 $b=f(c_1,c_2,\cdots,c_k)$ DO

            FOR $i=1$ TO k DO

        从 c_i 的结点到 b 的结点构造一条边

例如，如果产生式 $A \rightarrow XY$ 有语义规则 $X.x=f(A.a,Y.y)$，即 $X.x$ 依赖于 A 和 Y 的属性，那么就在依赖图中构造从 $A.a$ 到 $X.x$ 和从 $Y.y$ 到 $X.x$ 的边。

【例 6-4】 图 6-5 给出了图 6-4 所示的分析树的依赖图。

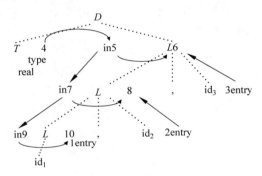

图 6-5　图 6-4 分析树的依赖图

依赖图上的结点由数标记，这些数将在后面说明。从结点 4 到结点 5 有一条边，因为根据产生式 $D \rightarrow TL$ 的语义规则 $L.in=T.type$，继承属性 $L.in$ 依赖于属性 $T.type$。这两条到达结点 7 和结点 9 的向下的边的存在是因为产生式 $L \rightarrow L1,id$ 的语义规则导致。L 产生式的语义规则 $addtype(id.entry,L.in)$ 导致虚拟属性的建立，结点 6、8 和 10 为具有这样的虚拟属性的结点。

若依赖图中无环，则存在一个拓扑排序，它就是属性值的计算顺序。例如，存在拓扑排序 1,2,3,4,5,6,7,8,9,10，则属性值的计算顺序如下：

1. $a.entry$
2. $b.entry$
3. $c.entry$
4. $T.type=real$；
5. $L.in=T.type$；
6. $addtype(c.entry,L.in)$；
7. $L.in=L.in$；
8. $addtype(b.entry,L.in)$；
9. $L.in=L.in$；
10. $addtype(a.entry,L.in)$；

6.4 语法制导翻译

语法制导翻译方法是比较接近形式化的一种语义描述和分析方法,也是目前大多数编译程序实现语义分析普遍采用的一种方法。在语法分析过程中,随着分析的一步步进展,根据每个产生式所对应的语义规则描述的语义动作(或语义子程序)进行翻译的办法称作语法制导翻译。其实质是在语法分析过程中同时进行语义处理的一种翻译技术。

为一个一般的属性文法建立与语法分析同步的翻译器可能是很困难的,然而有一大类属性文法的翻译器是很容易建立的,即 S-属性文法。

6.4.1 S-属性文法与自底向上翻译

S-属性文法只包含综合属性,基于 S-属性文法设计翻译器是比较容易的。在自底向上的语法分析过程中,随着对输入源程序串的语法分析,可以实现综合属性计算。

S-属性文法的翻译器通常可借助 LR 分析器实现。在 S-属性文法的基础上,LR 分析器可以改造为一个翻译器,在对输入串进行语法分析的同时对属性进行计算。在语法分析时,可以增加一个栈,栈中存放和文法符号相关的综合属性值,该栈称为语义栈或属性值栈。当形成句柄进行归约时,根据归约产生式对应的语义规则来计算新的综合属性的值,如图 6-6 所示。

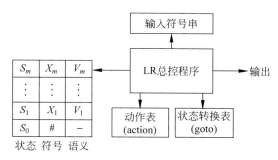

图 6-6 LR 语法制导翻译模型

图 6-7 给出了产生式 $A \rightarrow XYZ$ 归约时的处理过程,假设产生式对应的翻译是 val[ntop]=f(val[top-2], val[top-1], val[top])(具体可执行代码)。其中, ntop=top-r+1,r 是句柄的长度。

【例 6-5】 以表 6-1 给出的简单台式计算器的 S-属性文法为例。如图 6-3 所示的分析树中的综合属性可以利用 LR 分析器在对输入串 4*5+5 进行自底向上语法分析过程中同步计算出来。

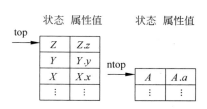

图 6-7 带有综合属性值的分析栈

为了计算属性值,可以对分析器进行修改,即在每次归约之前执行如表 6-3 所示的语义动作。计算出的属性值保存在语义栈中。当归约产生式的长度为 r 时,新的栈顶变量 ntop 的值置成 top-r+1。当每个操作都执行完之后,变量 top 的值置成 ntop。

表 6-3 LR 分析器实现简单台式计算器

产生式	语义动作	注释
$L \to E$	print(val[top])	
$E \to E_1 + T$	val[ntop]=val[top-2]+val[top]	此时 val[top-1]为'+'
$E \to T$		
$T \to T_1 * F$	val[ntop]=val[top-2]*val[top]	此时 val[top-1]为'*'
$T \to F$		
$F \to (E)$	val[ntop]=val[top-1]	此时 val[top]为')',val[top-2]为'('
$F \to$ digit		

表 6-4 给出了该 S-属性文法的属性值计算与 LR 分析器同步的过程,翻译时只需要在归约时增加相应代码即可实现自底向上的 LR 翻译器。如果把语法制导翻译比作一座建筑,那么语法分析是构建框架,语义处理可看作装修。每盖一层就马上装修一层。这样,随着语法分析的进行,归约前调用相应的语义子程序,就完成了翻译的任务。

表 6-4 翻译输入串 4*5+5 时分析栈的变化

输入	状态	属性值	使用的产生式
4*5+5	-	-	
*5+5	4	4	
*5+5	F	4	$F \to$ digit
*5+5	T	4	$T \to F$
5+5	$T*$	4-	
+5	$T*5$	4-5	
+5	$T*F$	4-5	$F \to$ digit
+5	T	20	$T \to T*F$
+5	E	20	$E \to T$
5	$E+$	20-	
	$E+4$	20-5	
	$E+F$	20-5	$F \to$ digit
	$E+T$	20-5	$T \to F$
	E	25	$E \to E+T$

6.4.2 L-属性文法与自顶向下翻译

定义 6-2 L-属性文法

一个属性文法是 L-属性文法,如果 $\forall A \to X_1 X_2 \cdots X_n \in P$,其每一个语义规则中的每一个属性都是一个综合属性,或 $X_j (1 \leqslant j \leqslant n)$ 的一个继承属性仅依赖于

(1) 产生式中 X_j 的左边符号 $X_1, X_2, \cdots, X_{j-1}$ 的属性。

(2) A 的继承属性。

由以上定义可知,每个 S-属性文法都是 L-属性文法。

【例 6-6】 表 6-5 的属性文法不是 L-属性文法,因为文法符号 Q 的继承属性 $Q.i$ 依赖于它右边的文法符号 R 的属性 $R.s$。

表 6-5　非 L-属性的语法制导定义

产生式	语义规则	产生式	语义规则
$A \rightarrow LM$	$L.i = l(A.i)$ $M.i = m(L.s)$ $A.s = f(M.s)$	$A \rightarrow QR$	$R.i = r(A.i)$ $Q.i = q(R.s)$ $A.s = f(Q.s)$

L-属性文法的属性总可以按深度优先顺序来计算。这里的 L 表示左(left)，因为属性信息出现的顺序是从左至右。这种遍历顺序既可以计算综合属性的值，也可以计算继承属性的值。如下过程 Deepvisit 给出了从分析树的根结点开始遍历的顺序。

```
Procedure Deepvisit(n:node);
BEGIN
    FOR n 从左至右的每个子结点 m DO
        BEGIN
            计算 m 的继承属性;
            Deepvisit(m)
        END;
    计算 n 的综合属性
END;
```

Deepvisit 过程中既需要计算综合属性，又需要计算继承属性，实现这一算法可以参考预先设计的 L-属性文法。然而，根据 L-属性文法，必须先判断哪些属性是综合属性，哪些属性是继承属性，在编程计算属性时容易混淆或者出错。因此，有必要针对综合属性和继承属性设计一种表示方法，使得我们在编程时可以直观地确定什么时候该计算哪种属性。这种表示方法就是翻译模式，它可以看成是对属性文法的再加工。

6.4.3　翻译模式

定义 6-3　翻译模式

翻译模式(translation schemes)是适合语法制导翻译的另一种语义描述形式。翻译模式给出了使用语义规则进行计算的顺序，可以把实现细节表示出来，是属性文法的一种便于翻译的表示形式。其中语义规则或语义动作用大括号{ }括起来，可被插入到产生式右部的任何合适的位置上。

翻译模式给出了使用语义规则进行计算的顺序。可比喻成英文翻译过程中的翻译的注释。在给出 L-属性文法的基础上，设计翻译模式的方法如下：

(1) 对于只有综合属性的属性文法，为每一个语义规则建立一个包含赋值的动作，并把这个动作放在相应的产生式右边的末尾。例如：

$T \rightarrow T_1 * F$

$T.val = T_1.val * F.val$

可以方便地把 S-属性文法转换成如下翻译模式：

$T \rightarrow T_1 * F \ \{T.val = T_1.val * F.val\}$

在归约的同时计算大括号中的语义动作。

(2) 对于既有综合属性又有继承属性的属性文法：

- 产生式右边的符号的继承属性必须在这个符号以前的动作中计算出来。

- 一个动作不能引用这个动作右边符号的综合属性。
- 产生式左边非终结符号的综合属性只有在它所引用的所有属性都计算出来以后才能计算。计算这种属性的动作通常可放在产生式右边的末尾。

这两种情况下翻译模式的设计均遵从一个原则：保证语义动作不会引用还没有计算的属性值。

【例 6-7】 一个简单的把中缀表达式翻译成后缀表达式的翻译模式如下：

$E \rightarrow TR$
$R \rightarrow +T \{print('+')\}R \mid -T \{print('-')\}R \mid \varepsilon$
$T \rightarrow num\{print(num.val)\}$

利用该翻译模式进行翻译有两种方法。第一种方法可以转换为如下等价的翻译模式：

$E \rightarrow TR$
$R \rightarrow +TMR$
$R \rightarrow -TNR$
$R \rightarrow \varepsilon$
$T \rightarrow num\{print(num.val)\}$
$M \rightarrow \varepsilon\{print('+')\}$
$N \rightarrow \varepsilon\{print('-')\}$

转换后的翻译模式中大括号均出现在产生式右部，因此很自然地可以和自底向上语法分析同步。

第二种方法是直接采用深度优先自顶向下的语法制导翻译，以输入串 9-5+2 的分析为例，把语义动作看作一个结点，如图 6-8 所示。通过深度遍历，即可输出 9-5+2 的后缀式形式：95-2+。

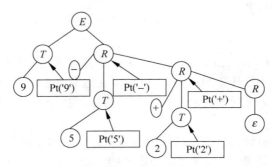

图 6-8 输入 9-5+2 的带有语义动作的分析树

【例 6-8】 左递归属性文法的翻译模式如下：

$E \rightarrow E_1+T \quad \{E.val=E_1.val+T.val\}$
$E \rightarrow E_1-T \quad \{E.val=E_1.val-T.val\}$
$E \rightarrow T \quad \{E.val=T.val\}$
$T \rightarrow (E) \quad \{T.val=E.val\}$
$T \rightarrow num \quad \{T.val=num.val\}$

通过分析不难发现，这是一个 S-属性文法，因此最简单的方法就是和自底向上语法分析同步。现在讨论如何和自顶向下语法分析同步的问题。

该翻译模式中出现了左递归,因此需要消除左递归,然后设计新文法的属性文法:

$E \to TR$ $R.i = T.\text{val}$

             $E.\text{val} = R.s$

$R \to +TR_1$ $R_1.i = R.i + T.\text{val}$

             $R.s = R_1.s$

$R \to -TR_1$ $R_1.i = R.i - T.\text{val}$

             $R.s = R_1.s$

$R \to \varepsilon$ $R.s = R.i$

$T \to (E)$ $T.\text{val} = E.\text{val}$

$T \to \text{num}$ $T.\text{val} = \text{num.val}$

把该属性文法的语义规则加入到产生式中,即转换成不含左递归的翻译模式:

$E \to T$ $\{R.i = T.\text{val}\}\ R\ \{E.\text{val} = R.s\}$

$R \to +T$ $\{R_1.i = R.i + T.\text{val}\}\ R_1\ \{R.s = R_1.s\}$

$R \to -T$ $\{R_1.i = R.i - T.\text{val}\}\ R_1\ \{R.s = R_1.s\}$

$R \to \varepsilon$ $\{R.s = R.i\}$

$T \to (E)$ $\{T.\text{val} = E.\text{val}\}$

$T \to \text{num}$ $\{T.\text{val} = \text{num.val}\}$

利用转换后的翻译模式,以 $9-5+2$ 为例,图 6-9 给出了自顶向下的翻译过程。

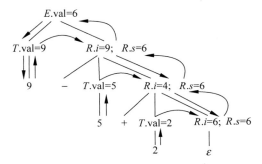

图 6-9 输入串 $9-5+2$ 的翻译过程

从例 6-8 中可以看出属性文法和翻译模式的区别,下面把例 6-8 的方法一般化。

假设已知左递归翻译模式

$$A \to A_1 Y \{A.a = g(A_1.a, Y.y)\}$$
$$A \to X \{A.a = f(X.x)\}$$
(6-1)

该翻译模式中,每一个文法符号都有一个综合属性,用相应的小写字母表示,g 和 f 是任意函数。消除左递归,文法转换成

$$A \to XR$$
$$R \to YR\ |\ \varepsilon$$
(6-2)

再考虑语义动作,翻译模式转换为:

$$A \to X \quad \{R.i = f(X.x)\}R \quad \{A.a = R.s\}$$
$$R \to Y \quad \{R_1.i = g(R.i, Y.y)\}R_1 \quad \{R.s = R_1.s\} \quad (6\text{-}3)$$
$$R \to \varepsilon \quad \{R.s = R.i\}$$

经过转换的翻译模式引入了 R 的继承属性 i 和综合属性 s。

以上转换是等价的,因为左递归翻译模式(6-1)中仅含综合属性,可以按照图 6-10(a)自底向上进行计算。图 6-10(b)是利用翻译模式(6-3)自顶向下计算的过程。两种方法最终计算的 A 的综合属性是相同的,说明两种翻译模式等价。

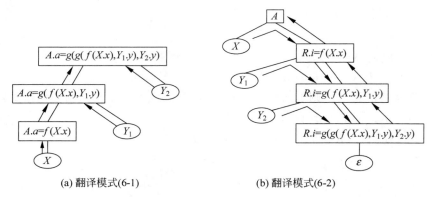

图 6-10　两种翻译模式的翻译过程对比

语法制导翻译的过程总结如下:
(1) 根据上下文无关文法设计属性文法。
(2) 设计出的属性文法一般为 L-属性文法,将其进一步改写为翻译模式。
(3) 若翻译模式只有综合属性,则翻译与自底向上语法分析方法同步;若翻译模式既有综合属性又有继承属性,则翻译与自顶向下语法分析方法同步。

6.5　中间代码的形式

中间代码(中间语言)是一种易于翻译成目标程序的源程序的等效内部表示代码。生成中间代码时可以不考虑具体目标机的特性,因此使得产生中间代码的编译程序实现更容易。而且,中间代码形式与具体目标机无关,编译程序便于移植到其他机器上。此外,便于在中间代码上做初步的优化处理。

编译程序所使用的中间代码有多种形式,本节讨论几种常见的中间代码形式,它们是逆波兰式、三元式、四元式和图表示。

6.5.1　逆波兰表示法

逆波兰表示法是由波兰逻辑学家 J. Lukasiewicz(卢卡西维奇)首先提出来的一种表示表达式的方法。逆波兰表示或后缀表示是较早开发且现在仍然流行的一种中间代码表示形式。这种表示法中,把运算对象写在前面,运算符(或操作符)直接跟在其操作数(运算对象)后面,比如把 $a+b$ 写成 $ab+$,用这种表示法表示的表达式也称作后缀式。表 6-6 给出中缀表达式对应的逆波兰式。

表 6-6 中缀表达式对应的逆波兰式

中缀表达式	逆波兰式	中缀表达式	逆波兰式
$a*b$	$ab*$	$(a+b)*(c+d)$	$ab+cd+*$
$-a$	$a@$（@表示单目－）	$a+b*(c+d)*(e+f)$	$abcd+*ef+*+$
$a+b*c$	$abc*+$		

与传统的中缀表示法相比,逆波兰表示法有两个明显的优点:第一,表达式中不再带有符号,仍然可以确切地表示运算符的计算顺序。第二,运算处理方便。对于源程序中的各类表达式,将其翻译成逆波兰式,利用一个栈,自左至右扫描逆波兰式就可以很容易实现表达式的求值。具体的实现过程是,遇到操作数就把它推进栈,若遇到二目运算的运算符即从栈顶弹出两个操作数进行运算,并将结果推进栈。若遇到一目运算符,则直接对栈顶元素运算,并以运算结果代替该栈顶元素。

6.5.2 三元式表示法

另一种中间代码形式是三元式,三元式由 3 部分组成:操作符 OP,第一操作数 ARG_1 和第二操作数 ARG_2。ARG_1 和 ARG_2 也可以是前面某一个三元式的编号,一般形式如下:

NO.	OP	ARG_1	ARG_2

其中,NO. 为产生的三元式的顺序编号。例如,赋值语句 $a=a+b*c$ 的三元式表示为

NO.	OP	ARG_1	ARG_2
(1)	*	b	c
(2)	+	a	(1)
(3)	=	(2)	a

作为对三元式缺陷(由于三元式的序号表示了三元式的值,对于该形式的中间代码优化时可能会涉及改变三元式的顺序,这就需要修改三元式表)的变通,可以用间接三元式来代替三元式。具体使用一张间接码表来单独给出三元式的执行顺序。当三元式序列发生变化时,只需要改变该表中三元式的编号,原三元式序列不变。例如,有下列语句:

$$a=a+c*d/b;$$
$$f=c*d;$$

若产生三元式可以表示为

NO.	OP	ARG_1	ARG_2
(1)	*	c	d
(2)	/	(1)	b
(3)	+	a	(2)
(4)	=	(3)	a
(5)	*	c	d
(6)	=	(1)	f

若用间接三元式则可以表示为

间接码表	NO.	OP	ARG$_1$	ARG$_2$
(1)	(1)	*	c	d
(2)	(2)	/	(1)	b
(3)	(3)	+	a	(2)
(4)	(4)	−	(3)	a
(1)	(5)	=	(1)	f
(5)				

6.5.3 四元式表示法

四元式是一种比较常用的中间代码形式。四元式的 4 个组成部分是操作符、第一和第二操作数以及运算结果。四元式的每个指令有 4 个域，一般形式如下：

OP	ARG$_1$	ARG$_2$	RESULT

其中，OP 是操作符；ARG$_1$ 和 ARG$_2$ 分别是第一操作数和第二操作数；RESULT 为计算结果，通常是一个内存地址或寄存器，用一个临时变量表示。

例如，语句 $a=(a+b)*(c/d)$ 的四元式可表示为

NO.	OP	ARG$_1$	ARG$_2$	RESULT
(1)	+	a	b	T_1
(2)	/	c	d	T_2
(3)	*	T_1	T_2	T_3
(4)	=	T_3		a

四元式和三元式的主要不同在于，四元式需要对中间结果引入临时中间变量，而三元式通过三元式编号引用中间结果。

四元式表示很类似于三地址指令，在不混淆的情况下，有时这种中间代码表示也称为三地址代码，因为这种表示是一种通用虚拟三地址机器的汇编码，即这种虚拟机的每条指令包含一个操作符和三个地址，前两个地址保存操作数，最后一个地址保存运算结果。因此使用四元式表示中间代码对代码优化很方便，在生成目标代码时可以使用引入的临时变量，从而使生成目标代码变得比较简单。

6.5.4 图表示法

图(或语法树)是一种常见的中间代码形式，一棵语法树对应一棵二叉树，叶子结点代表操作数，非叶子结点代表操作符。树的表示形式与前面介绍的逆波兰式和三元式、四元式表示有着密切的关系，相互间的转换很容易。三元式和逆波兰式都是树的直接线性表示，树的后续遍历可以产生逆波兰式，一个三元式对应一棵二叉子树。

例如，对语句 $a=b*-c+b*-c$ 的语法树表示如图 6-11 所示。

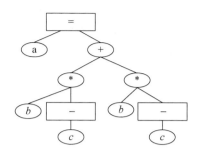

图 6-11　$a=b*-c+b*-c$ 的语法树

6.6　中间代码生成

本节以 C 语言为例，结合程序设计语言中的一些典型语句，讨论中间代码生成的基本方法。

6.6.1　说明语句的翻译

程序设计语言中，说明类的语句较多，如常量说明、变量说明、对象说明、类型说明、标号说明及函数说明等。对源程序函数中说明部分的语义处理，主要是为了对局部过程中标识符表示的各种对象进行存储分配，多数说明语句并不产生中间代码（或目标代码）。因此说明语句翻译的语义子程序的功能一般是将语句中对象的有关属性，诸如名字、类型等填入符号表，为对象分配存储空间并将为其分配的空间的相对地址（或称数据区相对地址）信息也填入符号表。

1. 常量定义语句的翻译

C 语言中可以使用 ♯define 定义常量。例如，♯define PRICE 32；一般对常量定义的语义处理比较简单，应包括的工作为：如果语句中等号右边的常量是第一次出现，则将其填入常量表且返回常量表序号，然后将等号左边作为常量名的标识符在符号表中登记新的记录，该记录的信息包括名字、常量标志、类型、对应的常量表序号等。

以 C 语言为例，常量定义的翻译方案和非形式化描述的语义子程序如下：

CONST_DEF→♯define id num{num.ord = look_con_table(num.lexval);
id.ord = num.ord;
id.type = int; id.flag = constant;
add(id.entry, id.ord, id.type, id.flag)}

其中，辅助函数 look_con_table(c) 的功能是在常量表中查找常量 c。查找不到则将 c 填入常量表，函数返回值为常量表序号。辅助函数 add 将 c 的类型、常量标志和序号信息填入符号表。

2. 简单说明语句的翻译

程序设计语言中简单的变量说明语句往往是用一个类型关键字来定义一串变量名字的类型。如C语言简单数据类型变量说明语句子集的语法可描述如下：

$S \rightarrow S$, id；|int id；|float id；

根据该变量说明的简单语法规则，给出其翻译模式如下：

$S \rightarrow$ int id； {addtype(id.entry,int)；S.type=int}
$S \rightarrow$ float id； {addtype(id.entry,float)；S.type=float}
$S \rightarrow S_1$,id； {addtype(id.entry,S_1.type)；S.type=S_1.type}

其中，S.type 为非终结符 S 的综合属性，它存放说明语句定义的变量类型。辅助函数 addtype(X,Y) 的作用是把类型 Y 填入 X 所指向的符号表的相应数据项中。id.entry 表示变量 id 在符号表中的入口。

3. 函数中说明语句的翻译

对函数中定义的每个局部名字，在符号表中建立相应的表项，填写有关的信息，如类型、嵌套深度、相对地址等。函数中变量的相对地址指相对静态数据区基址或活动记录中局部数据区基址的一个偏移量。一个函数中的所有说明语句作为一组来处理。用一个全程变量 offset 来记录下一个数据在活动记录中的位置。如C语言函数中说明语句子集的翻译模式可描述如下：

$P \rightarrow S$；   {offset=0}
$S \rightarrow S$；S
$S \rightarrow T$ id {enter(id.name,T.type,offset)；offset=offset+T.width}
$T \rightarrow$ int   {T.type=integer；T.width=4}
$T \rightarrow$ float {T.type=real；T.width=8}
$T \rightarrow T_1^*$ {T.type=pointer(T_1.type)；T.width=4}

其中，T.type 为非终结符 T 的综合属性，它存放说明语句定义的变量类型。辅助函数 enter 的作用是把类型和偏移量等信息填入 X 所指向的符号表的相应数据项中。id.entry 表示变量 id 在符号表中的入口。偏移量 offset 初始值为 0，语法制导翻译过程中，每识别出一个类型的变量，则进行 offset+T.width 运算，计算出下一个变量的偏移量，最终把每个变量对应的偏移量和类型等信息填入符号表。

6.6.2 赋值语句的翻译

几乎每个程序设计语言都提供赋值语句。本节忽略赋值语句及表达式中复杂的数据类型的讨论，重点研究赋值语句的语义处理。

可用下面的文法描述一般的赋值语句：

$S \rightarrow$ id=E

其中，$S(S \in V_N)$ 代表赋值语句；id 为赋值语句的左部变量；E 为算术表达式、布尔表达式或其他类型的表达式。

赋值语句翻译前要检查赋值号两边类型的一致性，若类型不一致，则报告类型错误或以赋值语句左部变量类型为准对右部进行类型转换。假设在类型一致前提下，简单赋值语句的翻译模式可设计如下：

$S \rightarrow \text{id} = E$ {p = lookup(id. name);

       if p != null then   emit(p '=' E. place)

       else error }

$E \rightarrow E_1 + E_2$ {E. place = newtemp;

       emit(E. place '=' E_1. place '+' E_2. place)}

$E \rightarrow E_1 * E_2$ {E. place = newtemp;

       emit(E. place '=' E_1. place '*' E_2. place)}

$E \rightarrow - E_1$ { E. place = newtemp;

       emit(E. place '=' '−' E_1. place)}

$E \rightarrow \text{id}$ {p = lookup(id. name);

       if p != null then E. place = p

       else error }

其中，函数 emit 是把四元式输出到内存中的四元式表或者输出到临时文件中保存。函数 lookup(id. name) 检查是否在符号表中存在对应此名字的表项，返回值为空或标识符在符号表的入口。E. place 表示一个指针，用来存放 E 值的变量名在符号表的入口地址，为便于理解，这里使用变量名称表示变量名在符号表的入口地址（实际是通过入口地址找到变量信息）。newtemp 返回一个代表新临时变量 T_i 的整数码 i，这里仍使用临时变量的名字代替。

【例 6-9】 利用上述赋值语句翻译模式，把 $a = b + c * -d$ 翻译为三地址代码。

按照自底向上归约语法制导翻译的方法，在每一步归约句柄的同时执行语义动作，最终生成如下三地址代码和四元式：

$T_1 = -d$ (−, d, −, T_1)

$T_2 = c * T_1$ (*, c, T_1, T_2)

$T_3 = b + T_2$ (+, b, T_2, T_3)

$a = T_3$ (=, T_3, −, a)

说明：单目运算"−"优先级最高，先把 −E 归约为 E，执行对应的语义动作，生成 $T_1 = -d$；然后双目运算"*"的优先级高于"+"，把 E*E 归约为 E，生成 $T_2 = c * T_1$；而双目运算"+"的优先级高于"="，E+E 归约为 E，生成 $T_3 = b + T_2$，最后 id=E 归约为 S，生成 $a = T_3$。

6.6.3 赋值语句中的布尔表达式的翻译

程序设计语言中的布尔表达式有两个基本作用：一是用于在逻辑演算中计算逻辑值，例如 $a = b \&\& c$，需要计算出 $b \&\& c$ 的逻辑值，然后赋值给 a；二是用于控制流语句如 if-then、if-then-else 和 while-do 等之中的条件表达式。布尔表达式的文法可描述如下：

$E \rightarrow E_1 \text{ or } E_2 | E_1 \text{ and } E_2 | \text{not } E_1 | (E_1) | \text{id}_1 \text{ relop id}_2 | \text{true} | \text{false}$

其中，relop 表示关系运算 <、≤、>、≥、=、≠，这里使用 and、or 和 not 对应 C 语言中的逻辑运算符 &&、|| 和 !。作为用于逻辑演算的布尔表达式，可以用数值表示真和假，从而对布尔表达式的求值可以像算术表达式的求值那样一步一步地来计算。控制流语句中的布尔表达式的翻译方法是利用程序中控制转移到达的位置来表示布尔表达式的值（不用求值计算）。本节主要讨论计算布尔表达式的逻辑值的翻译方法，控制流语句中的布尔表达式的翻译在 6.6.4 节介绍。

通常，使用 1 表示真、0 表示假来实现布尔表达式的翻译，即计算出逻辑量的逻辑值，并保存在临时变量中。例如有如下布尔表达式：

a or b and not c

可以翻译成三地址代码序列：

100：$T1 =$ not c
101：$T2 = b$ and $T1$
102：$T3 = a$ or $T2$

特别地，关系表达式 $a < b$ 等价于 if $a < b$ then 1 else 0，翻译成三地址代码序列：

100：if $a < b$ goto 103
101：$T = 0$
102：goto 104
103：$T = 1$
104：

根据以上讨论，可以设计用于计算布尔表达式逻辑值的翻译模式如下：

(1) $E \rightarrow E_1$ or E_2 {E.place = newtemp;
                                        emit(E.place'='E_1.place'or'E_2.place)}

(2) $E \rightarrow E_1$ and E_2 {E.place = newtemp;
                                        emit(E.place'='E_1.place'and'E_2.place)}

(3) $E \rightarrow$ not E_1 {E.place = newtemp;
                                        emit(E.place'=''not'E_1.place)}

(4) $E \rightarrow (E_1)$ {emit(E.place'='E_1.place)}

(5) $E \rightarrow i_1$ relop i_2 {E.place = newtemp;
                                        emit('if 'id1.place relop.op id2.place'goto'nextstat+3);
                                        emit(E.place'=''0');
                                        emit('goto'nextstat+2);
                                        emit(E.place'=''1')}

(6) $E \rightarrow$ true   {E.place = newtemp;
                                        emit(E.place'=''1')}

(7) $E \rightarrow$ false   {E.place = newtemp;
                                        emit(E.place'=''0')}

其中，nextstat 表示当前生成的中间代码编号。E.place 表示 E 对应的变量名称。对用于条件判断的布尔表达式的具体翻译将在 6.6.4 节讨论。

【例 6-10】 利用上述翻译模式，把 $a < b$ or $c < d$ 翻译为三地址代码（假设中间代码编

号从 100 开始）。

  100：if $a<b$ goto 103
  101：$T1=0$
  102：goto 104
  103：$T1=1$
  104：if $c<d$ goto 107
  105：$T2=0$
  106：goto 108
  107：$T2=1$

【例 6-11】 利用上述翻译模式，把 $a<b$ or $c<d$ and $e<f$ 翻译为三地址代码（假设中间代码编号从 100 开始）。

  100：if $a<b$ goto 103 107：$T2=1$
  101：$T1=0$ 108：if $e<f$ goto 111
  102：goto 104   109：$T3=0$
  103：$T1=1$ 110：goto 112
  104：if $c<d$ goto 107 111：$T3=1$
  105：$T2=0$ 112：$T4=T2$ and $T3$
  106：goto 108   113：$T5=T1$ or $T4$

说明，按照归约的先后顺序，先把 $a<b$、$c<d$ 和 $e<f$ 分别归约为 E，然后按照优先级顺序把 E and E 归约为 E，最后把 E or E 归约为 E。

6.6.4 控制流语句中的布尔表达式的翻译

控制流语句中的布尔表达式的翻译方法是根据布尔表达式的逻辑含义控制转移到达的位置，因此没有必要计算出布尔表达式的逻辑值。

假定 E 形如 $a<b$，则将生成如下的 E 的代码：

100：if $a<b$ goto
101：goto

假定 E 形如 $a<b$ or $c>d$，则将生成如下 E 的代码：

100：if $a<b$ goto
101：goto 102
102：if $c>d$ goto
103：goto

把表达式为真时转出语句对应的编号称为真出口，为假对应的编号称为假出口，例如上面的 100 和 102 为真出口，103 为假出口。

假定 E 形如 $a<b$ and $c>d$，则将生成如下 E 的代码：

100：if $a<b$ goto 102
101：goto
102：if $c>d$ goto
103：goto

其中，102 为真出口，101 和 103 为假出口。

假定 E 形如 not $a<b$ and $c>d$，则将生成如下 E 的代码：

100：if $a<b$ goto
101：goto 102
102：if $c>d$ goto
103：goto

其中，100 和 103 为假出口，102 为真出口。

根据上述讨论，可以设计控制流语句中的布尔表达式的翻译模式，为实现一遍扫描，采用回填技术，其主要思想是：先产生暂时没有填写目标标号的转移指令，对于每一条这样的指令作适当的记录，一旦目标标号被确定下来，再将它"回填"到相应的指令中。采用回填技术的布尔表达式文法如下：

(1) $E \rightarrow E_1$ or M E_2
(2) $| E_1$ and M E_2
(3) $|$ not E_1
(4) $| (E_1)$
(5) $|$ id_1 relop id_2
(6) $|$ true
(7) $|$ false
(8) $M \rightarrow \varepsilon$

插入非终结符号 M 是为了引入一个语义动作，以便在适当的时候获得即将产生的下一个四元式的标号。

使用一遍扫描的布尔表达式的翻译模式如下：

$E \rightarrow E_1$ OR M E_2 { backpatch(E_1.falselist, M.quad);
                                 E.truelist=merge(E_1.truelist, E_2.truelist);
                                 E.falselist=E_2.falselist}

$E \rightarrow E_1$ AND M E_2 { backpatch(E_1.truelist, M.quad);
                                 E.truelist=E_2.truelist;
                                 E.falselist=merge(E_1.falselist, E_2.falselist);}

$E \rightarrow$ not E_1 { E.truelist=E_1.falselist;
                               E.falselist=E_1.truelist}

$E \rightarrow (E)$ { E.truelist= E_1.truelist;
                               E.falselist=E_1.falselist}

$E \rightarrow id_1$ relop id_2 { E.truelist= makelist(nextquad);
                               E.falselist= makelist(nextquad+1);
                               emit('if'id_1.place relop.op id_2.place'goto—');
                               emit('goto—'); }

$E \rightarrow$ true   { E.truelist= makelist(nextquad);
                               emit('goto—'); }

$E \rightarrow$ false   { E.falselist= makelist(nextquad);

emit('goto—'); }

$M \rightarrow \varepsilon$ { $M.\text{quad} = \text{nextquad}$ }

其中，$E.\text{truelist}$ 表示 E 的所有真出口的标号组成的链表，$E.\text{falselist}$ 表示 E 的所有假出口的标号组成的链表。翻译模式用到了 3 个函数：

(1) $\text{makelist}(i)$：创建一个仅包含 i 的新表，i 是四元式代码序列的一个标号。

(2) $\text{merge}(p_1, p_2)$：连接由指针 p_1 和 p_2 指向的两个表并且返回一个指向连接后的表的指针。

(3) $\text{backpatch}(p, i)$：把 i 作为目标标号回填到 p 所指向的表中的每一个转移指令中去。

【例 6-12】 把语句 if $(a<b$ or $c<d$ and $e<f)a=1$ 中的布尔表达式 $a<b$ or $c<d$ and $e<f$ 翻译成中间代码（假设中间代码编号从 100 开始）。

布尔表达式 $a<b$ or $c<d$ and $e<f$ 的一棵做了注释的分析树如图 6-12 所示。

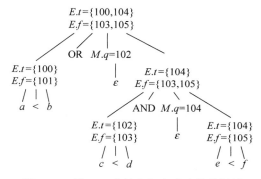

图 6-12 例 6-12 中的布尔表达式的分析树

按照归约顺序裁剪分析树句柄，依据翻译模式中句柄对应的语义动作生成的中间代码如下：

100：if $a<b$ goto

101：goto

102：if $c<d$ goto

103：goto

104：if $e<f$ goto

105：goto

经过回填得到：

100：if $a<b$ goto

101：goto 102

102：if $c<d$ goto 104

103：goto

104：if $e<f$ goto

105：goto

从中可以看出 100、103、104 和 105 对应的中间代码还没有填写跳转的目标编号，这些编号需要结合后面的控制流语句的翻译,在产生控制流语句对应的中间代码后回填。

6.6.5 控制流语句的翻译

高级程序语言中的控制流语句的翻译通常根据条件表达式的真假选择后续执行顺序,即跳转到相应中间代码,其转移的功能往往通过关键语句标号和跳转语句配合实现。

1. 条件语句和 while 循环的翻译

条件语句的一般形式可用下述文法描述:
$S \rightarrow \text{if} (E) S_1 \mid \text{if} (E) S_1 \text{ else } S_2$
其中,E 为布尔表达式,S_1 或 S_2 为一条语句。其生成的中间代码结构如图 6-13 所示。

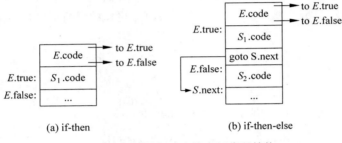

(a) if-then   (b) if-then-else

图 6-13 条件语句对应的中间代码结构

while 循环对应的文法如下:
$S \rightarrow \text{while} (E) S$

其生成的中间代码结构如图 6-14 所示:

条件语句和 while 循环文法合并为

(1) $S \rightarrow \text{if} (E) S_1$

(2) $\mid \text{if} (E) S_1 \text{ else } S_2$

(3) $\mid \text{while} (E) S$

(4) $\mid A$

(5) $L \rightarrow L ; S$

(6) $\mid S$

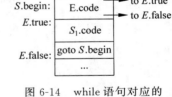

图 6-14 while 语句对应的中间代码结构

其中,S 表示语句,L 表示语句序列,A 为赋值语句,E 为一个布尔表达式。为实现一遍扫描生成中间代码,在文法中引入新的非终结符 M 和 N,用于标记位置回填或者跳出结构。修改后的文法如下:

$S \rightarrow \text{if}(E) M\ S_1$

$S \rightarrow \text{if} (E) M_1\ S_1\ N \text{ else } M_2\ S_2$

$S \rightarrow \text{while } M_1 (E) M_2\ S_1$

$L \rightarrow L_1 ; M\ S$

$L \rightarrow S$

$S \rightarrow A$

$M \rightarrow \varepsilon$

$N \rightarrow \varepsilon$

进一步设计其对应的翻译模式,其基本思想是:先记录要回填的转移指令标号,在适当的时候进行回填,以便赋值和布尔表达式的求值得到合适的连接,以完成程序的控制流程。如下所示:

$S \rightarrow$ if $(E) M_1 S_1 N$ else $M_2 S_2$ {backpatch(E.truelist, M_1.quad);
                                      backpatch(E.falselist, M_2.quad);
                                      S.nextlist = merge(merge(S_1.nextlist, N.nextlist), S_2.nextlist) }

$M \rightarrow \varepsilon$ {M.quad = nextquad};

$N \rightarrow \varepsilon$ {N.nextlist = makelist(nextquad);
                 emit('goto—')}

说明: S.nextlist 表示 S 对应的四元式中转出指令的标号组成的链表,习惯上称其为 if 语句的出口。M_1.quad 用于回填条件表达式 E 的真出口 E.truelist, M_2.quad 回填 E 的假出口 E.falselist, N 负责生成跳出语句 goto —,跳到整个 if 语句的下一条语句处。整个 if-else 语句的出口是 S_1 的出口 S_1.nextlist, N 产生的 goto 语句对应的编号 N.nextlist 以及 S_2 的出口 S_2.nextlist 组成的集合。

$S \rightarrow$ if$(E) M S_1$ {backpatch(E.truelist, M.quad);
                      S.nextlist = merge(E.falselist, S_1.nextlist) }

$S \rightarrow$ while $M_1 (E) M_2 S_1$ {backpatch(S_1.nextlist, M_1.quad);
                                backpatch(E.truelist, M_2.quad);
                                S.nextlist = E.falselist;
                                emit('goto'M_1.quad) }

说明: M_1 处生成标号 S.begin,反填 S_1.nextlist。M_2 处反填 E.truelist。E 的假出口 E.falselist 是整个 while 循环的出口 S.nextlist。

$S \rightarrow A$ {S.nextlist = makelist( )}

$L \rightarrow L_1 ; M S$ {backpatch(L_1.nextlist, M.quad);
                      L.nextlist = S.nextlist }

$L \rightarrow S$ {L.nextlist = S.nextlist}

【例 6-13】 使用自底向上的语法制导翻译方法生成如下 if 语句对应的四元式目标代码(假设中间代码编号从 100 开始)。

if($a<b$ or $c<d$ and $e<f$)$X=Y$;

四元式代码如下:

100: if $a<b$ goto 106
101: goto 102
102: if $c<d$ goto 104
103: goto 107
104: if $e<f$ goto 106
105: goto 107
106: $X=Y$

【例 6-14】 使用自底向上的语法制导翻译方法生成如下 if-else 语句对应的四元式目标代码(假设中间代码编号从 100 开始)。

if($a<b$ or $c<d$ and $e<f$)$X=Y$ else $Y=X$;

四元式代码如下：

100：if $a<b$ goto 106

101：goto 102

102：if $c<d$ goto 104

103：goto 108

104：if $e<f$ goto 106

105：goto 108

106：$X=Y$

107：goto 109

108：$Y=X$

【例 6-15】 使用自底向上的语法制导翻译方法生成如下 while 语句对应的四元式目标代码(假设中间代码编号从 100 开始)。

while($a<b$ or $c<d$ and $e<f$) $a=a+1$;

四元式代码如下：

100：if $a<b$ goto 106

101：goto 102

102：if $c<d$ goto 104

103：goto 109

104：if $e<f$ goto 106

105：goto 109

106：$T1=a+1$

107：$a=T1$

108：goto 100

【例 6-16】 使用自底向上的语法制导翻译方法生成如下 while 语句对应的四元式目标代码(假设中间代码编号从 100 开始)。

while $a<b$ do if $c<d$ then $x=y+z$;

四元式代码如下：

100：if $a<b$ goto 102

101：goto 107

102：if $c<d$ goto 104

103：goto 100

104：$T1=y+z$

105：$x=T1$

106：goto 100

107：

2. for 循环语句的翻译

高级程序设计语言中的 for 循环语句可以表示为如下文法：
$S \rightarrow \text{for}(e_1;e_2;e_3)S$

其中 e_1、e_2 和 e_3 是循环参数，分别表示循环的初值表达式、终结表达式和步长值表达式；S 为循环体的语句序列。其翻译后的中间代码结构如图 6-15 所示。

VC++ 6.0 编译器生成的 for 循环语句目标代码结构如图 6-16 所示，其基本思想是：表达式 e_3 对应代码放在 e_2 对应代码之上，这样 e_2 执行完之后可以马上接着执行循环体 S 对应的代码，从而每次循环不需要先跳到 e_3，然后再跳到 e_2 判断，从而节省一条 jmp 指令的执行。

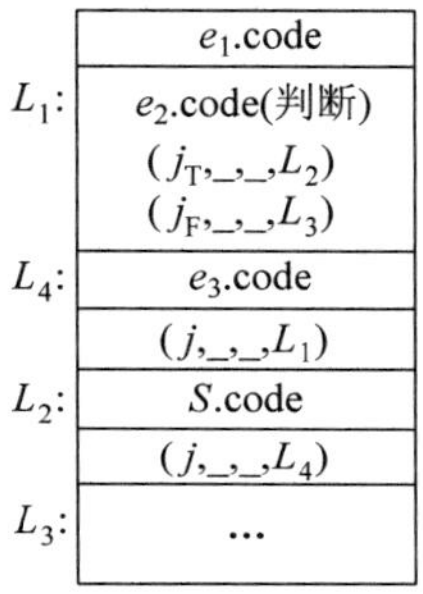

```
        e₁.code                      e₁.code
L₁:   e₂.code(判断)               (j,_,_,L₂)
      (jT,_,_,L₂)            L₁:   e₃.code
      (jF,_,_,L₃)            L₂:   e₂.code(判断)
L₄:   e₃.code                      (jF,_,_,L₃)
      (j,_,_,L₁)             L₂:   S.code
L₂:   S.code                       (j,_,_,L₁)
      (j,_,_,L₄)             L₃:   ...
L₃:   ...
```

图 6-15　for 循环语句的中间代码结构 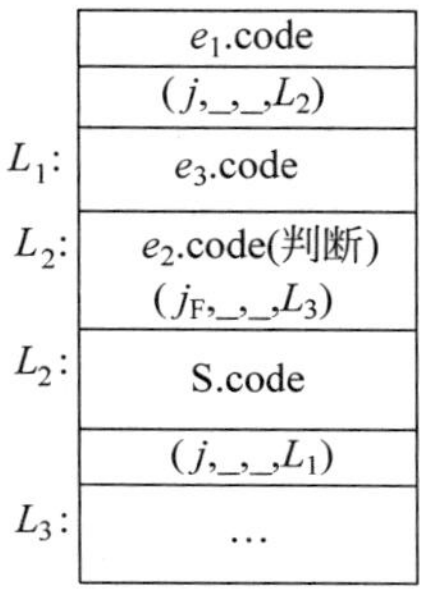　　　图 6-16　VC++ 6.0 编译器生成的 for 循环语句目标代码结构

根据代码结构可以设计如下 for 循环语句语法制导定义：

$S \rightarrow \text{for}(e_1;e_2;e_3) S$ ｛$L_1 =$ newlabel；$L_2 =$ newlabel；
　　　　　　　　　　　　　$L_3 =$ newlabel；$L_4 =$ newlabel；
　　　　　　　　　　　　　$S.\text{code} = e_1.\text{code}$ ｜
　　　　　　　　　　　　　GEN (L_1':') ｜ $e_2.\text{code}$ ｜
　　　　　　　　　　　　　GEN ($j_T,\_,\_,L_2$) ｜
　　　　　　　　　　　　　GEN ($j_F,\_,\_,L_3$) ｜
　　　　　　　　　　　　　GEN (L_4':') ｜$e_3.\text{code}$ ｜
　　　　　　　　　　　　　GEN ($j,\_,\_,L_1$) ｜
　　　　　　　　　　　　　GEN (L_2':') ｜$S.\text{code}$ ｜
　　　　　　　　　　　　　GEN ($j,\_,\_,L_4$) ｜
　　　　　　　　　　　　　GEN (L_3':')｝

结合回填思想，读者根据语法制导定义可进一步设计 for 语句的自底向上的语法制导翻译模式。

【例 6-17】　分析如下包含 if 语句和 for 循环语句的 C++ 程序对应的中间代码（汇编语言表示）。

```
#include <iostream.h>
void main()
```

```
{
    int i,sum = 0;
    for(i = 0;i < 5;i++)
        sum = sum + i;
    if (sum > = 0) i = 1;
    else i = 0;
}
00401010    PUSH    EBP
00401011    MOV     EBP,ESP
00401013    SUB     ESP,48
00401028    MOV     SS:[EBP-8],0
0040102F    MOV     SS:[EBP-4],0
00401036    JMP     00401041
00401038    MOV     EAX,SS:[EBP-4]
0040103B    ADD     EAX,1
0040103E    MOV     SS:[EBP-4],EAX
00401041    CMP     SS:[EBP-4],5
00401045    JGE     00401052        //大于或等于跳转指令
00401047    MOV     ECX,SS:[EBP-8]
0040104A    ADD     ECX,SS:[EBP-4]
0040104D    MOV     SS:[EBP-8],ECX
00401050    JMP     00401038
00401052    CMP     SS:[EBP-8],0
00401056    JL      00401061        //小于跳转指令
00401058    MOV     SS:[EBP-4],1
0040105F    JMP     00401068
00401061    MOV     SS:[EBP-4],0
00401068    MOV     ESP,EBP
0040106D    POP     EBP
0040106E    RETN
```

3. switch 语句的翻译

以 C 语言的 switch 语句为例，讨论多分支语句的翻译。switch 语句的文法可以描述如下：

$S \rightarrow$ switch(X)
  { case c_1:S_1 break;
    case c_2:S_2 break;
    $\vdots$
    case c_n:S_n break;
    default:S_{n+2}
  }

其中，X 为选择表达式，c 为常量，S 为语句。根据 switch 语句的语义可以很方便地给出代码的目标代码结构，如图 6-17 所示。考虑最终目标代码生成的高效率和高质量，switch 语句的判断部分可以合并后统一提到代码的最后，这种中间代码结构与 switch 语句的语义完全等价。实现 switch 语句的代码结构的翻译模式请读者自己给出。

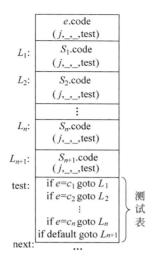

图 6-17 switch 语句的代码结构

4．语句标号的翻译

C 程序语言中的语句标号定义形式为

$L：S$；

其中，L 表示语句标号，它标识了 S 语句序列的第一行语句。标号通常出现在 goto 语句中，其形式为

goto L；

编译程序一旦扫描到标号(包括定义时和出现在 goto 语句)都要填标号表(可作为符号表的一部分)，每个标号对应标号表的一个记录，表示如下：

L	D	add
标号名	是否定义	地址

其中，标号名通常表示为内码。是否定义表示扫描到的标号是第一次定义(置为 1)或未定义(置为 0)。当 $D=1$ 时，add 为标号 L 所标识的语句对应的第一条四元式编号；当 $D=0$ 时，即标号 L 未定义时，转移语句 goto L 产生暂缺转移地址的四元式 $(j,\_,\_,\_)$，等到 L 确定后再回填。这种情况下，必须把所有以 L 为转移目标的四元式的地址全部记录下来。例如，有如下程序：

…
100：goto L_1
…
120：goto L_1
…
130：goto L_1
…
140：L_1：…

该程序在语法制导翻译中,当扫描到编号为 100 的语句时,标号 L_1 还没有定义,则填入标号表使 $L=L_1$,$D=0$,add $=100$。当继续扫描 120 语句时,查标号表知 L_1 仍然没有定义,则将 add$=100$ 填入 120 语句生成的 goto 语句中,即 $(j,\_,\_,100)$,使用该四元式的地址 120 更新 L_1 的 add,即 add $=120$。对 130 号语句处理类似。最终,标号表中 L_1 生成的记录及程序产生的四元式序列如图 6-18 所示。

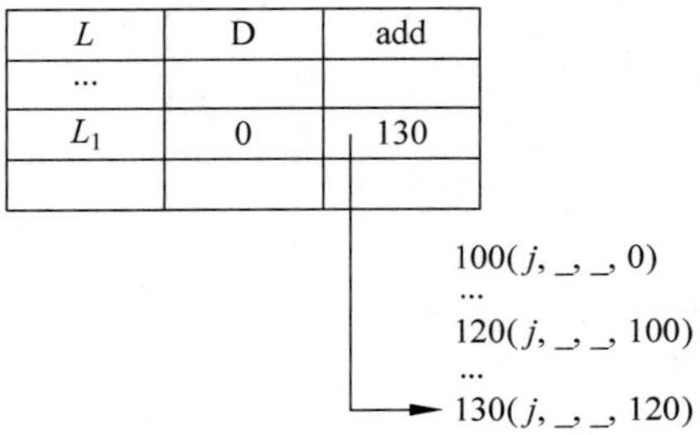

L	D	add
...		
L_1	0	130

100$(j,\_,\_,0)$
...
120$(j,\_,\_,100)$
...
130$(j,\_,\_,120)$

图 6-18 对标号为 L_1 的 goto 语句拉链回填

图 6-18 中的箭头可以形象地看成用拉链的方法实现未定义标号的"记录"。标号表中 L_1 的 add 中的编号 130 指向链头,地址为 100 的四元式为该链链尾。当扫描到标号定义语句 140 时,置 $D=1$,并将 140 填入标号表中 L_1 的 add,并顺着 130→120→100→0 将转移目标地址 140 回填到形成拉链的各四元式中,因此,上述的记录及回填工作形象地被称为拉链回填技术。

6.6.6 数组元素的翻译

数组的使用通常以数组元素(亦称下标变量)引用的形式出现。因为通常用变量表示数组元素引用的下标,所以在源程序的编译时,常常无法计算出数组元素的具体地址,只有等到目标程序运行时才能确定。因此,编译程序通常把数组元素的引用生成计算其地址的中间代码目标指令。

大多数高级程序语言,如 BASIC、Pascal、C 等,其中定义的数组采用逐行在内存中存放的方式,这种存放方式决定了数组元素地址的计算方法,因此通过数组元素的地址计算公式,可以给出中间代码的生成方法。本节重点介绍按行排序的数组元素地址的计算公式。例如有如下一维数组定义:

int $a[20]$;

$a[i]$ 的地址为

$$\text{base}+(i-\text{low})\times w=\text{base}-\text{low}\times w+i\times w$$

其中,base 是分配给数组的相对地址,low 为数组下标的下界,常量部分 base$-$low$\times w$ 可在编译时计算出来。

对于一个二维数组,若按行存放,则可用如下公式计算 $A[i_1,i_2]$ 的相对地址:

$$\text{base}+((i_1-\text{low}_1)\times n_2+i_2-\text{low}_2)\times w$$
$$=\text{base}-((\text{low}_1*n_2)+\text{low}_2)\times w+((i_1*n_2)+i_2)\times w$$

令 $C=((\text{low}_1\times n_2)+\text{low}_2)\times w$,则常量部分可以表示为 base$-C$。

计算元素 $A[i_1,i_2,\cdots,i_k]$ 相对地址的推广公式如下:

$$((\cdots((i_1\times n_2+i_2)\times n_3+i_3\cdots)\times n_k+i_k)\times w+\text{base}-$$
$$((\cdots((\text{low}_1\times n_2+\text{low}_2)\times n_3+\text{low}_3\cdots)\times n_k+\text{low}_k)\times w$$
$$C=((\cdots((\text{low}_1\times n_2+\text{low}_2)\times n_3+\text{low}_3)\cdots)\times n_k+\text{low}_k)\times w$$

因此,$a[i_1,i_2,\cdots,i_n]$ 的地址 $=$ base$-C+$变量部分

下面以二维数组为例,介绍数组元素引用的翻译模式。

令 $x=a[i_1,i_2]$,则其三地址代码结构为

$T_1=$ 变量部分

$T_2=$ base$-C$

$T_3=T_2[T_1]$

$x=T_3$

数组元素引用的文法表示为

$L \to$ id[Elist] | id

Elist$\to$Elist,$E | E$

为获得有关数组各维长度 n_j 的信息,将以上文法改写为

$L\to$Elist] | id

Elist$\to$Elist,E|id[E

结合表达式赋值语句,使用如下文法:

(1) $S\to L=E$

(2) $E\to E+E$

(3) $E\to(E)$

(4) $E\to L$

(5) $L\to$Elist]

(6) $L\to$id

(7) Elist$\to$Elist,E

(8) Elist$\to$id[E

翻译模式设计如下:

1. $S\to L=E$ {if L.offset$=$null

then emit(L.place'$=$'E.place)else

emit(L.place'['L.offset']'$=$'E.Place)}

2. $E\to E_1+E_2$ {E.place$=$newtemp;

emit(E.place'$=$'E_1.place'$+$'E_2.place)}

3. $E\to(E_1)$ {E.place$=E_1$.place}

4. $E\to L$ {if L.offset$=$null

then E.place$=L$.place /* L is a simple id */

else begin

E.place$=$newtemp;

emit(E.place'$=$'L.place'['L.offset']')

end}

5. $L\to$Elist] {L.place$=$newtemp;

emit(L.place'$=$'Elist.array'$-$'C)

L.offset$=$newtemp;

emit(L.offset '$=$ 'w' * 'Elist.place)}

6. $L\to$id {L.place$=$id.place;L.offset$=$null}

7. Elist→Elist1, E {t = newtemp;
　　　　　　　　　m = Elist1.ndim + 1;
　　　　　　　　　emit(t '=' 'Elist1.place' '*'
　　　　　　　　　limit(Elist1.array, m));
　　　　　　　　　emit(t '=' t '+' E.place);
　　　　　　　　　Elist.array = Elist1.array;
　　　　　　　　　Elist.place = t;
　　　　　　　　　Elist.ndim = m}　　//应用递归公式扫描下一个下标表达式
8. Elist→id[E {Elist.place = E.place;
　　　　　　　　Elist.ndim = 1;
　　　　　　　　Elist.array = id.place}

有关变量与函数的说明如下：

Elist.ndim：记录 Elist 中的下标表达式的个数，即维数。

函数 limit(array, j)：返回 n_j，即由 array 所指示的数组的第 j 维长度：
n_j = high$_j$ − low$_j$ + 1

Elist.place：临时变量，用来临时存放由 Elist 中的下标表达式计算出来的值。

变量部分为$((i_1 \times n_2 + i_2) \times n_3 + i_3) \times n_4 + \cdots$，递推公式为

$$e_1 = i_1$$
$$e_m = e_{m-1} \times n_m + i_m$$

Elist 引进综合属性 array，指向数组的符号表地址。

若 L 是一个简单的名字，将生成一般的赋值；若 L 为数组元素引用，则生成对 L 所指示地址的索引赋值。

【例 6-18】 设 A 为一个 10×20 的数组，每个元素占 4 字节，使用自底向上的语法制导翻译方法生成 $x = A[y, z]$ 语句对应的四元式目标代码（假设中间代码编号从 100 开始）。

已知 A 为一个 10×20 的数组，即 $n_1 = 10$，$n_2 = 20$，$w = 4$，数组第一个元素为 $A[1, 1]$。则有 $((\text{low}_1 \times n_2) + \text{low}_2) \times w = (1 \times 20 + 1) \times 4 = 84$。对赋值语句 $x = A[y, z]$ 的带注释的分析树如图 6-19 所示。

该赋值语句在由底向上的分析中被翻译成如下三地址语句序列：

$T_1 = y \times 20$
$T_1 = T_1 + z$
$T_2 = A - 84$
$T_3 = 4 \times T_1$

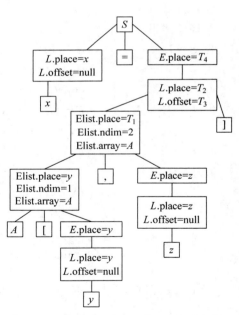

图 6-19 赋值语句 $x = A[y, z]$ 的分析树

$$T_4 = T_2[T_3]$$
$$x = T_4$$

其中,20、84、4 都是编译过程中引入的常量。

【例 6-19】 分析如下包含数组元素引用的 C++ 程序对应的中间代码(汇编语言表示)。

```
#include<iostream.h>
int a[5] = {0,1,2,3,4};
void main()
{
    int i,sum = 0;
    for(i = 0;i < 5;i++)
        sum = sum + a[i];
    if (sum >= 0) i = 1;
    else i = 0;
}
```

```
00401010    PUSH    EBP
00401011    MOV     EBP,ESP
00401013    SUB     ESP,48
00401028    MOV     SS:[EBP-8],0
0040102F    MOV     SS:[EBP-4],0
00401036    JMP     00401041
00401038    MOV     EAX,SS:[EBP-4]
0040103B    ADD     EAX,1
0040103E    MOV     SS:[EBP-4],EAX
00401041    CMP     SS:[EBP-4],5
00401045    JGE     00401059            //大于或等于跳转指令
00401047    MOV     ECX,SS:[EBP-4]
0040104A    MOV     EDX,SS:[EBP-8]
0040104D    ADD     EDX,DS:[ECX*4+421A30]
00401054    MOV     SS:[EBP-8],EDX
00401057    JMP     00401038
00401059    CMP     SS:[EBP-8],0
0040105D    JL      00401068            //小于跳转指令
0040105F    MOV     SS:[EBP-4],1
00401066    JMP     00401072
00401068    MOV     SS:[EBP-4],0
00401072    MOV     ESP,EBP
00401074    POP     EBP
00401075    RETN
```

6.6.7 函数调用的翻译

函数是程序设计语言中重要的组成单元,在编译程序中要对函数的调用与返回生成对应的中间代码。对函数调用的语义处理过程如下:

(1) 检查所调用的函数是否定义。若已经定义,则检查函数调用中实参与形参的数量与类型是否一致。

(2) 计算并加载实参,实现参数传递。

(3) 分配所调用的函数对应的存储空间。
(4) 将调用结果传送给 CPU 寄存器,释放分配的存储空间。
(5) 执行返回指令,恢复现场,从被调用处继续执行。

考虑较简单的函数调用,其语法规则为:

S→call id(Elist)
Elist→Elist,E | E

其中,E 代表表达式。

例如,若给定过程调用 call $p(a_1,a_2,\cdots,a_n)$,则其代码结构大致如图 6-20 所示。call 后面的四元式地址就是函数调用的返回地址,当执行 RET 返回指令时,自动恢复 CPU 程序计数器指向的位置。根据函数调用时堆栈段的栈底指针可以直接找到函数的各实参的排列顺序,依次访问每个实参。每个实参对应一个 param 语句,表示取出实参进行参数传递。

图 6-20 函数调用 call $p(a_1,a_2,\cdots,a_n)$ 的代码结构

函数调用的语法制导翻译如下:

1. S→call id(Elist)　　{对队列中的每个 p 执行
　　　　　　　　　　　　emit('param' p);
　　　　　　　　　　　　emit('call' id. place)}

S 的代码:首先是 Elist 的代码(即对各参数表达式求值),其次是按顺序为每一个参数构造一条 param 语句,最后是一个 call 语句。

2. Elist→Elist,E　　{将 E. place 加入到队列的队尾}
3. Elist→E　　{初始化队列,使其仅包含 E. place}

【例 6-20】 分析如下包含函数调用的 C++ 程序对应的中间代码(汇编语言表示)。

```
#include<iostream.h>
int a=1,b=2;
int add(int a,int b)
{
    int x;
    x=a+b;
    return x;
}
void main()
{
    int c;
    c=add(a,b);
}
00401020    PUSH    EBP
00401021    MOV     EBP,ESP
00401023    SUB     ESP,44
00401038    MOV     EAX, SS:[EBP+8]
0040103B    ADD     EAX, SS:[EBP+C]
0040103E    MOV     SS:[EBP-4],EAX
00401041    MOV     EAX, SS:[EBP-4]
```

```
00401047    MOV     ESP,EBP
00401049    POP     EBP
0040104A    RETN
─────────────────────────────
00401060    PUSH    EBP
00401061    MOV     EBP,ESP
00401063    SUB     ESP,44
00401078    MOV     EAX, DS:[427D54]
0040107D    PUSH    EAX
0040107E    MOV     ECX, DS:[427D50]
00401084    PUSH    ECX
00401085    CALL    00401020  //保存 IP 现场
0040108A    ADD     ESP,8
0040108D    MOV     SS:[EBP－4],EAX
004010A2    ADD     ESP,44
004010AC    MOV     ESP,EBP
004010AE    POP     EBP
004010AF    RETN
```

习题

1. 选择题。

(1) 下列说法错误的是(　　)。
   A. 综合属性值的计算依赖于分析树中它的子结点的属性值
   B. 综合属性值的计算依赖于分析树中它的兄弟结点和父结点的属性值
   C. 继承属性值的计算可依赖于分析树中它的兄弟结点的属性值
   D. 继承属性值的计算可依赖于分析树中它的父结点的属性值

(2) 下列关于 L 属性定义的说法正确的是(　　)。
   A. S 属性文法肯定都属于 L 属性文法
   B. L 属性文法中的继承属性的值可以依赖于产生式左部符号的综合属性值
   C. L 属性文法中只能包含综合属性,不能有继承属性
   D. L 属性定义中只包含继承属性

(3) 在 L 属性定义中,如果产生式 $A \rightarrow X_1, X_2, \cdots, X_n$ 的每条语义规则计算的是 $X_j(1<=j<=n)$ 的继承属性,则它依赖于(　　)。
   A. A 的继承属性及/或产生式中 X_j 左部符号 $X_1, X_2, \cdots, X_{j-1}$
   B. A 的综合属性及/或产生式中 X_j 右部符号 $X_{j+1}, X_{j+2}, \cdots, X_n$
   C. A 的综合属性及/或产生式中 X_j 左部符号 $X_1, X_2, \cdots, X_{j-1}$
   D. A 的继承属性及/或产生式中 X_j 右部符号 $X_{j+1}, X_{j+2}, \cdots, X_n$

(4) L 属性定义的自底向上计算中的标记非终结符说法正确的是(　　)。
   A. 删除翻译方案中嵌入的动作
   B. 使 L 属性定义的继承属性计算只出现在产生式左端
   C. 使 L 属性定义的综合属性计算只出现在产生式右端
   D. 模拟综合属性的计算

(5) 四元式之间的联系是通过(　　)实现的。
　　A. 四元式编号　　B. 临时变量　　C. 符号表　　D. 间接码表
(6) 赋值语句 $i=-(x+y)/(z-j)-(x+y*z)$ 的逆波兰表示为(　　)。(注：@为单目减运算符)
　　A. $ixy+zj-/@yz*x+-=$　　B. $ixy+/zj@yz*x+--=$
　　C. $ixy+@zj-/xyz*+-=$　　D. $ixy+zj@/xyz*+-=$
(7) 假设/的优先级高于-,则采用右结合规则时,$a-b/c-d$ 的后缀式为(　　)。
　　A. $abc/-d-$　　B. $abc/d--$　　C. $ad-bc/-$　　D. $bc/a-d-$
(8) 表达式 $(A \lor \neg B) \land (C \lor D)$ 的逆波兰表示为(　　)。
　　A. $A \neg B \lor \land CD \lor$　　B. $AB \neg \lor CD \lor \land$
　　C. $AB \lor \neg CD \lor \land$　　D. $AB \neg \lor \land CD \lor$
(9) 与逆波兰式(后缀表达式) $ab+cd+*$ 对应的中缀表达式是(　　)。
　　A. $a+b+c*d$　　B. $(a+b)*c+d$
　　C. $(a+b)*(c+d)$　　D. $a+b*c+d$
(10) 用(　　)可以把 $x=y*z*z+x*x-2$ 翻译成四元式序列。
　　A. 上下文无关文法　　B. 正规文法
　　C. 语义规则　　D. 等价变换规则
(11) 设有如下翻译模式
$E \to aA$ {print "a"}
$A \to bA$ {print "b"}
$A \to c$ {print "c"}
若输入序列为 abbbbc,且采用自底向上的分析方法,则输出序列为(　　)。
　　A. abbbbc　　B. cbbbba　　C. cbbabb　　D. abbcbb
(12) 有文法 $G：E \to E * T | T, T \to T + i | i$
句子 $2*3+4*5$ 按该文法 G 归约,其值为(　　)。
　　A. 26　　B. 46　　C. 70　　D. 50
(13) 有文法 G 及其语法制导翻译如下所示(语义规则中的 * 和 + 分别是常规意义下的算术运算符)：
$E \to E_1 \land T$　{E.val = E_1.val * T.val}
$E \to T$　{E.val = T.val}
$T \to T_1 \lor F$　{T.val = T_1.val + F.val}
$T \to F$　{T.val = F.val}
$F \to id$　{F.val = id}
则分析句子 $3 \land 3 \lor 5$ 其值为(　　)。
　　A. 14　　B. 30　　C. 24　　D. 45
(14) 下面中间代码形式中,能正确表示算术表达式 $a*b+c$ 的是(　　)。
　　A. $+c*ab$　　B. $abc+*$　　C. $*+abc$　　D. $ab*c+$

2. 填空题。
(1) 在属性文法中,文法符号可具有(　　)和(　　),其中(　　)值仅依赖于该文法符号的子结点的文法符号属性值计算而来。

(2) 仅含有综合属性的文法称为( ),属性值的计算恰好可以和( )的语法分析同步进行。

(3) 使用依赖图计算属性值时,要求依赖图( ),计算顺序可根据依赖图的( )进行,计算顺序可能( )。

(4) 翻译模式既适用于( )文法,又适用于( ),均需要遵循语义动作( )的原则。

(5) 常见的中间语言的形式有( )、( )、( )和( )表示法。

(6) 表达式 $a+b*(b-c)/d-(f+e)$ 的逆波兰式表示是( )。

(7) 所谓语法制导翻译方法是( )。

(8) 说明语句的翻译的任务是( )和( )。

3. 分析计算题。

(1) 考虑下面的属性文法:

产生式	语义规则
$S \to ABC$	$B.u = S.u$
	$A.u = B.v + C.v$
	$S.v = A.v$
$A \to a$	$A.v = 3 * A.u$
$B \to b$	$B.v = B.u$
$C \to c$	$C.v = 1$

① 画出字符串 abc 的语法树。

② 对于该语法树,假设 $S.u$ 的初始值为 5,属性计算完成后,$S.v$ 的值为多少?

(2) 写出表达式 $a+b*(c-d)$ 对应的逆波兰式、三元式序列和抽象语法树。

(3) 设某语言的 do-while 语句的语法形式为

$S \to do\ S^{(1)}\ while\ E$

其语义解释如下:

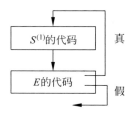

针对自顶向下的语法分析器,按如下要求构造该语句的翻译模式,将该语句翻译成四元式:

① 写出适合语法制导翻译的产生式。

② 写出每个产生式对应的语义动作。

(4) 写出布尔式 $A\ or(B\ and\ not(C\ or\ D))$ 的四元式序列。

(5) 将下面的语句翻译成四元式。

while (C > 0) do if (A && B == 0) then C = C + D else C = C * D;

（6）按照3种基本控制结构文法将下面的语句翻译成四元式序列：

```
while (A < C && B < D)
{
    if (A >= 1) C = C + 1;
    else while (A <= D)
        A = A + 2;
};
```

（7）定义二进制整数的文法如下：

$L \rightarrow LB \mid B$

$B \rightarrow 0 \mid 1$

构造一个翻译模式，计算该二进制数的值（十进制的值）。

（8）下面的文法产生式代表正二进制数的0和1的串集：

$B \rightarrow B_0 \mid B_1 \mid 1$

下面的翻译方案计算这种正二进制数的十进制值：

$B \rightarrow B_1\ 0 \{B.\text{val} = B_1.\text{val} \times 2\}$

$\mid B_1\ 1 \{B.\text{val} = B_1.\text{val} \times 2 + 1\}$

$\mid 1 \{B.\text{val} = 1\}$

请消除该基础文法的左递归，再重写一个翻译方案，仍然计算这种正二进制数的十进制值。

（9）为下列简化的程序文法设计一个翻译方案，打印该程序中每个标识符 id 的嵌套深度。

$P \rightarrow D$

$D \rightarrow D;D \mid \text{id}:T \mid proc\ \text{id};D;S$

（10）已知文法 $G(S)$：

$S \rightarrow P \uparrow S \mid P$

$P \rightarrow P * F \mid F$

$F \rightarrow F + T \mid T$

$T \rightarrow (S) \mid a$

$a \rightarrow 整常数$

说明：这里的↑表示乘幂运算，例如 2↑3＝8。

试给出下列表达式的计算结果（语法制导）。

5＋2＊3↑2＊2＋3

3＋(3↑3↑2)＊2＋3

第 7 章 运行时的存储组织与分配

7.1 概述

7.1.1 关于存储组织

通常情况下,编译程序把高级语言程序生成的目标指令和数据在内存中分开存放。高级语言通常支持静态定义数据和动态定义数据。其中,静态定义的数据存放相对简单,通常放在内存的静态存储区。而动态定义的数据组织相对复杂,需要考虑静态的源程序如何与其目标程序运行时的动态活动相对应。数据空间应该容纳用户定义的静态和动态数据对象,例如全局变量、函数内部的局部变量、函数实参和形参等。

高级语言由标识符(名字)来表示内存存储单元,而无须指定具体存放在内存的哪个物理单元。因此,编译程序涉及如何分配目标程序运行时的数据空间。标识符对应的存储地址,根据静态或者动态定义,由编译程序在编译时或在生成的目标程序运行时进行分配。程序运行时存储空间的分配本质上是将高级语言源程序中变量名与实际的内存存储位置进行关联,通俗地讲,就是为变量找个位置存放。进一步,该位置存放的是某一时刻变量的数值。即通过一个变量名到存储位置的映射函数(也称为 environment 函数)表示变量与存储位置的对应关系,通过存储位置到变量值的映射(也称为 state 函数)表示对应存储位置到值的映射关系。名字、存储和值的关系如图 7-1 所示。

变量名 —environment函数→ 内存存储单元 —state函数→ 变量值

图 7-1 名字到存储、存储到值的映射

通常情况下,从操作系统获得一块内存存储区之后,为保证目标程序的正确运行,编译程序需要为目标代码、用户定义的数据对象和记录函数或过程活动的控制栈分配存储空间,即运行时的存储区通常分为目标代码区、静态数据区和堆栈区。在编译时,编译器生成的目标代码所占实际空间的大小是确定的,因此编译器通常把目标代码存放在内存中的代码段。用户定义的静态数据,例如全局变量,所占用的实际内存空间也可以在编译时确定,通常编译器把它们放在内存静态存储区中,例如内存数据段。由于静态数据对象的相对地址可以直接编译到目标代码中,因此运行时存储组织的原则是尽可能对数据对象进行静态分配。例如,早期的 FORTRAN 语言定义的所有数据对象都可以进行静态分配。

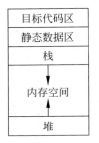

图 7-2 常见的运行时存储
组织示意图

图 7-2 给出了一个通常情况下编译器对于存储对象的存储组织示意图,图中的目标代码区和静态数据区为静态分配区域。对于函数中定义的动态数据,例如局部变量,C 和 C++ 均使用控制栈来管理函数的活动。当目标程序需要调用另一个函数时,正在执行的函数活动暂时中断,CPU 中机器状态的信息,如程序计数器和 CPU 寄存器的值,作为现场被保存到控制栈。当被调用函数执行结束,通过 RET 返回指令返回时,对保存的现场进行恢复,同时程序计数器更新到调用时函数对应的 call 指令的下一条指令,从而被中断的活动继续进行。函数的生命期包含的数据对象,例如局部变量和形式参数等,通常分配在这个栈中(静态局部变量除外)。

图中最下方的单独区域叫作堆,是运行时内存保存其他信息的区域。C 和 C++ 语言均支持定义动态分配数据,这种数据通常在堆区保存。堆和栈有不同的数据的分配和释放方式,数据存储在栈上比放在堆上开销要小。程序执行时,栈的长度和堆的长度都会改变。C 和 C++ 语言运行时都使用了栈和堆两种存储区域,但不是所有的语言都同时提供栈和堆。

7.1.2 函数(或过程)的活动记录

上文已经提到,调用函数(或过程)时需要保存现场,为局部变量分配空间,若在被调用函数(或过程)中又调用了其他函数(或过程),则重复同样的过程,因此把函数(或过程)的活动记录(Activation Record,AR)作为存储分配的基本单元是必要和自然的。活动记录实际是内存控制栈的一块连续存储区,其中存放函数(或过程)调用过程中所需动态存放的信息。函数(或过程)的活动记录通常包含如图 7-3 所示的存储内容。

需要说明的是,图 7-3 给出的只是编译程序中设计活动记录的一种方案,实际使用的高级程序语言(例如 C 和 C++)的函数活动记录并没有包含图 7-3 给出的全部信息。它们的做法非常简单,在函数调用时把函数对应的活动记录压入运行栈,而在控制返回到调用处时,把调用完成的函数对应的活动记录从栈中弹出。

| 实参区域 |
| 局部变量区域 |
| 局部临时变量单元 |
| 机器状态信息 |
| 返回地址 |
| 存取链 (可选项) |
| 控制链 (可选项) |

图 7-3 函数(或过程)的活动记录

图 7-3 中函数(或过程)活动记录的各个组成部分描述如下:

(1) 实参区域。调用函数(或过程)向被调用函数(或过程)传递的实参的值(或地址)通常存放在这个区域。

(2) 局部变量区域。保存函数(或过程)的局部变量。

(3) 局部临时变量单元。保存编译程序中设置的临时变量,这些临时变量存放表达式计算过程中的中间结果。

(4) 机器状态信息。保存函数(或过程)调用前的机器状态信息,包括 CPU 中的程序计数器的值以及函数(或过程)返回时需恢复的 CPU 寄存器的值。

(5) 返回地址。用于存放函数(或过程)调用结束后返回到的指令的相对地址。

(6) 存取链(可选项)。一些语言(例如 Pascal)用它来存取非局部变量,这些变量存放于其他活动记录中。有些语言(例如 C 语言)并不需要存取链。

(7) 控制链(可选项)。指向调用该函数(或过程)的那个函数(或过程)的活动记录。

7.1.3 存储分配策略

高级语言对应的程序结构特点、数据类型以及作用域等因素决定了运行时存储空间的分配策略,对存储空间组织的复杂程度产生影响。实现过程中,绝大多数高级程序语言采用如下 3 种分配策略之一或其混合形式。

1. 静态存储分配策略

静态存储分配策略是指存储分配不用等到目标程序运行时,在编译过程中就能进行。静态存储分配把数据对象放入静态存储区。有些语言不允许递归调用,不允许可变体积的数据结构,这种语言都可以采用这种分配策略。其特点在于源程序在编译时就能确定目标程序运行时需要的数据空间的大小,并且能够在编译时为每个数据对象确定相对固定的存储位置。目标程序运行时,分配的静态存储区固定不变,因此这种分配策略既简单又易于实现。

例如,FORTRAN 77 语言可以采用静态存储分配策略对所有数据对象进行存储。

2. 栈式存储分配策略

栈式存储分配策略在内存中开辟一个栈区,按先进后出的原则实现动态存储分配,管理运行时的动态存储区。动态存储区通常利用编译生成的目标程序实现数据的动态分配和释放。这里动态存储区中存放的内容实质上是函数(或过程)的活动记录,因此,主要是对活动记录进行分配和释放。程序运行时,动态存储区往往随着函数(或过程)的调用和返回动态地增大和缩小。例如,当调用一个函数(或过程)时,函数(或过程)对应的活动记录压入栈,栈的大小增加,当活动结束函数(或过程)返回时,活动记录从栈中弹出,栈的大小减少。

Pascal 和 C 语言在函数调用时均采用了栈式存储分配策略。

3. 堆式存储分配策略

堆式存储分配也属于动态存储分配。高级程序语言如果提供以下任一功能,则编译程序必须使用堆式存储分配策略。

(1) 用户可以动态和自由地申请和释放存储空间。例如 C 和 C++ 语言中提供了 malloc、free 函数或者 new、delete 操作符支持用户动态申请和释放变量。

(2) 当函数(或过程)一次活动结束之后,局部变量的值没有释放,可以保存。

(3) 调用函数(或过程)活动的生存期短于被调用函数(或过程)活动的生存期。

栈式存储分配策略适用于数据对象按"先进后出"的分配和释放顺序,当数据对象不满足这种分配规则时,只能使用堆式存储分配策略。在运行时根据要求对数据区域分配存储空间和释放存储空间。

运行时存储分配组织的原则是提高目标代码的效率,尽量采用静态分配方案,避免目标程序中出现过多存储分配指令。

本章后续各节中，介绍活动记录在不同分配策略下的管理，即函数（或过程）的目标代码如何访问局部存储单元，将顺序讨论上述3种分配策略。

7.2 静态存储分配

7.1.3节中已经讨论，静态存储分配在编译时就能确定目标程序运行时所需的全部数据空间的大小，为变量名关联内存存储单元，确定变量在内存中的相对存储位置。由于运行时并不改变变量名和内存存储单元的关联，因此静态存储分配不需要运行时目标程序的支持。例如FORTRAN 77语言每次活动中局部变量与相同的存储单元关联。这种性质使得函数（或过程）调用结束后局部变量的值仍然保持不变，当下次继续调用函数（或过程）时，局部变量的值和上次调用时相同。

编译器根据变量类型能够预先确定其所需的存储空间。例如，一个基本类型的变量，字符型可以用1字节保存，整型可以用2字节或4字节保存，实型用8字节保存。数组或结构体类型的变量则通常占用连续的存储空间，即内存中一块连续的字节区。通过相对于静态存储区基址的偏移表示存储空间的地址，即编译器能够确定每个变量在目标程序中的位置。需要指出的是，编译时在目标代码中确定的是所要操作的数据对象的相对地址而不是内存绝对地址。

静态分配方式对语言是有约束的，例如：

（1）必须在编译时知道数据对象的长度以及运行时在内存中的相对位置。

（2）不允许递归调用，因为一个函数（或过程）的所有活动使用同一个名字的局部变量。

（3）不能动态分配数据，即不提供运行时的存储分配机制。

【例7-1】 分析如下C++语言源程序中全局变量的静态内存分配策略。

```
#include <iostream.h>
int a=1,b=2;
int add(int a,int b)
{
    int x;
    x=a+b;
    return x;
}
void main()
{
    int c;
    c=add(a,b);
}
```

如图7-4所示，全局变量a、b分配在内存的静态数据区（数据段）中，相对数据段的基址偏移分别为427D50和427D54（使用VC++ 6.0编译器编译）。add函数和main函数目标代码存放在代码段，为便于理解，使用机器语言对应的汇编代码表示，代码段也是一个静态存储区域。add 函数和 main 函数可以通过 DS：427D50 和 DS：427D54 访问全局变量 a、b。每次将目标程序载入内存，这两个相对地址都是不变的，即编译器预先确定了两个整型全局变量所需的存储空间，通过相对于静态存储区基址的偏移表示对应的存储空间的地址。

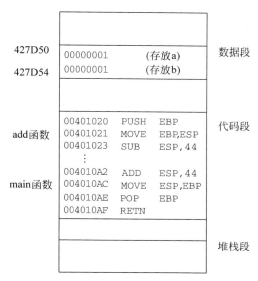

图 7-4　C++全局变量的静态内存分配策略

7.3　基于栈的运行时动态存储分配

基于栈的运行时动态存储分配使用一个控制栈管理目标程序运行时使用的存储空间。每调用一次函数（或过程）时，就为局部变量在控制栈的栈顶分配存储空间，当调用结束返回时就释放栈顶的这部分存储空间。存储空间内存放的数据包括两部分：一部分是本次函数（或过程）调用生存期中的数据对象，如局部变量、实际参数、临时变量等；另一部分是记录信息，用于管理过程活动，例如上次调用时的栈底指针、返回地址、CPU 寄存器的值等，也需要保存在栈里面。当控制恢复到调用之前的状态时，根据栈中记录的信息恢复现场，按调用前的流程继续执行程序。

7.3.1　简单栈式存储分配的实现

简单的栈式存储分配通常要求高级程序语言的程序结构足够简单，即语言中的函数（或过程）定义不允许嵌套，但允许递归调用，例 7-1 给出了一种最简单的这类程序的结构。对于不含嵌套函数（或过程）结构的程序，非常适合栈式动态分配策略管理数据对象。这种程序运行过程中每进入一个函数（或过程），就自动在栈中为该函数（或过程）分配对应的一段内存存储区，调用返回时，被调用函数（或过程）对应的动态分配的存储区自动释放。下面进一步分析例 7-1 中的局部变量的栈式存储分配策略。

【例 7-2】 分析例 7-1 中 C++ 语言源程序中局部变量的栈式存储分配策略。

```
#include <iostream.h>
int a = 1, b = 2;
int add(int a, int b)
{
    int x;
    x = a + b;
    return x;
}
void main()
{
    int c;
    c = add(a, b);
}
```

add 函数:
```
00401020    PUSH EBP
00401021    MOV EBP, ESP
00401023    SUB ESP, 44
00401038    MOV EAX, SS:[EBP + 8]
0040103B    ADD EAX, SS:[EBP + C]
0040103E    MOV SS:[EBP − 4], EAX
00401041    MOV EAX, SS:[EBP − 4]
00401047    MOV ESP, EBP
00401049    POP EBP
0040104A    RETN
```

main 函数:
```
00401060    PUSH EBP
00401061    MOV EBP, ESP
00401063    SUB ESP, 44
00401078    MOV EAX, DS:[427D54]
0040107D    PUSH EAX
0040107E    MOV ECX, DS:[427D50]
00401084    PUSH ECX
00401085    CALL 00401020    //保存 IP 现场
0040108A    ADD ESP, 8
0040108D    MOV SS:[EBP − 4], EAX
004010A2    ADD ESP, 44
004010AC    MOV ESP, EBP
004010AE    POP EBP
004010AF    RETN
```

在控制栈中一般使用两个指针指示栈顶当前活动记录所在的存储区域：一个称为 EBP，它指向当前活动记录的底部，称为栈底指针；另一个称为 ESP，它则始终指向当前活动记录的栈顶单元，因此也称为栈顶指针。图 7-5(a) 所示为调用 main 函数前的控制栈状态。

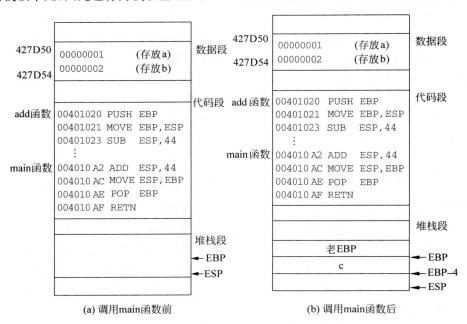

图 7-5　C++ 局部变量的动态内存分配策略

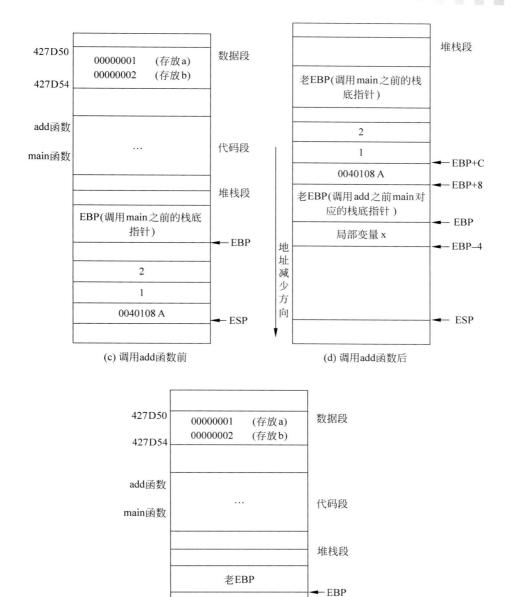

图 7-5 （续）

调用 main 后，执行 main 函数目标代码的前 3 行，即保存原来控制栈的栈底 EBP，然后为主函数分配新的栈式存储空间，如图 7-5(b)所示。其中 EBP−4 对应的是 main 函数中的局部变量 c 所占用的存储单元，注意栈的增长方向是地址减少的方向。图 7-5(c)给出了调用 add 函数之前,形式参数 a、b(局部变量)中已传递实际参数 a、b(全局变量)的值,并且保存了返回地址的控制栈状态。当调用 add 函数后,流程转到 add 函数的目标代码第一行继续执行。同 main 函数前 3 行一样,add 函数首先保存 main 函数对应的控制栈的栈底指针 EBP,然后,为 add 函数分配新的栈式存储空间,如图 7-5(d)所示。其中 EBP－4 对应的是 add 函数中的局部变量 x 所占用的存储单元。在 add 函数中可以通过 EBP＋8 和 EBP＋C 来访问形式参数中的已传递的实际参数的值。图 7-5(e)给出了 add 函数返回后的控制栈的状态,即恢复为调用 add 函数前的状态。

需要注意的是,函数(或过程)递归调用时,程序运行时会在栈中为同一个函数(或过程)动态分配多个活动记录。而同一个存储单元在不同运行时间可能会分配给不同的数据对象。

【例 7-3】 分析如下 C++语言源程序中递归调用过程中局部变量的栈式存储分配策略。

```
#include <iostream.h>
int f(int n)
{
    int x;
    if (n==1) return 1;
        else x = f(n-1) + 1;
    return x;
}
void main()
{
    int a = f(3);
}
```

其中,f 函数和主函数对应的目标代码如下(汇编语言表示):

f 函数目标代码:			main 函数目标代码:		
0040F290	PUSH	EBP	0040F2E0	PUSH	EBP
0040F291	MOV	EBP,ESP	0040F2E1	MOV	EBP,ESP
0040F293	SUB	ESP,44	0040F2E3	SUB	ESP,44
0040F2A8	CMP	SS:[EBP+8],1	0040F2F8	PUSH	3
0040F2AC	JNZ	0040F2B5	0040F2FA	CALL	0040F290
0040F2AE	MOV	EAX,1	0040F2FF	ADD	ESP,4
0040F2B3	JMP	0040F2D0	0040F302	MOV	SS:[EBP-4],EAX
0040F2B5	MOV	EAX,SS:[EBP+8]	0040F305	MOV	EAX,SS:[EBP-4]
0040F2B8	SUB	EAX,1	0040F322	ADD	ESP,44
0040F2BB	PUSH	EAX	0040F32C	MOV	ESP,EBP
0040F2BC	CALL	0040F290	0040F32E	POP	EBP
0040F2C1	ADD	ESP,4	0040F32F	RETN	
0040F2C4	ADD	EAX,1			
0040F2C7	MOV	SS:[EBP-4],EAX			
0040F2CA	MOV	EAX,SS:[EBP-4]			
0040F2D0	ADD	ESP,44			
0040F2DA	MOV	ESP,EBP			
0040F2DC	POP	EBP			
0040F2DD	RETN				

根据例 7-2 的分析过程，请读者自己写出递归函数调用时控制栈的状态变化过程。

通过上例可以看出，C++语言的栈式存储分配中使用的活动记录非常精简，一个一般的活动过程记录如图 7-6 所示，图中的控制链（也称为老 EBP）表示调用该函数之前的活动记录在内存栈中的底部位置。使用栈式存储方式的语言若含有可变数组，则为可变数组分配空间后的控制栈如图 7-7 所示，其中主函数调用 f1 函数，f1 函数又调用 f2 函数，则在栈顶为函数 f2 中的数组区分配了存储空间，ESP 指向数组区（整个运行栈）的顶端。

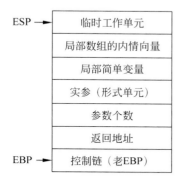

图 7-6　无嵌套定义的函数活动记录内容

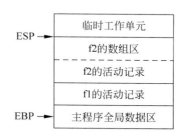

图 7-7　分配了数组之后的运行栈

函数中对任何局部变量 x 的引用可表示为变址访问 EBP＋x，其中 x 表示变量 x 相对于活动记录底部（EBP）的偏移地址。这个偏移地址在编译时完全能够确定下来。函数的局部可变数组的内情向量的相对地址在编译时也能够事先确定。数组空间分配之后，对数组元素的引用就可以通过变址访问的方式来实现。

7.3.2　嵌套过程语言的栈式存储分配的实现

一些程序设计语言（例如 Pascal）的程序结构允许过程的嵌套定义。前面已经提到，栈式分配在过程活动的开始时使活动记录进栈，返回时使活动记录出栈。每次调用同一过程时，都对应新的活动记录进栈，而局部变量存放在每次调用对应的活动记录中，因此，每次调用时局部变量都关联到新的存储单元。过程返回时，活动记录出栈，释放局部变量的存储空间，即局部变量的值丢失。但是嵌套过程中可能存在对非局部变量的访问问题，因此需要在过程记录中增加一些机制来引用非局部变量。下面通过一个实例讨论嵌套过程语言的栈式存储分配的实现。

【例 7-4】 设有如下两种情况的过程嵌套 Pascal 语言源程序，为了简化和直观，程序以非标准的语言形式给出。

程序 1：调用过程内部仅使用自定义的局部变量；

```
main_procedure()
    int a, b; string c;
    …
    f1_procedure(int x)
        int a;
        …
        call f2_procedure(x + 1);
```

```
        ...
    end（ * f1_procedure * ）
    f2_procedure（int i）
        ...
        f3_procedure()
            int array f[m];
            bool token;
            ...
        end（ * f3_procedure * ）
        ...
        call f3_procedure();
        ...
    end（ * f2_procedure * ）
    ...
    call f1_procedure(a/b);
    ...
end（ * main_procedure * ）
```

程序 2：调用过程内部使用了外层定义的局部变量；

```
main_procedure()
    int a, b; string c;
    ...
    f1_procedure(int x)
        int y;
        y = a;
        ...
        call f2_procedure(x + 1);
        ...
    end（ * f1_procedure * ）
    f2_procedure（int i）
        int j;
        j = b;
        f3_procedure()
            int array f[m];
            int token;
            token = j;
        end（ * f3_procedure * ）
        ...
        call f3_procedure();
        ...
    end（ * f2_procedure * ）
    call f1_procedure(a/b);
    ...
end（ * main_procedure * ）
```

上面的程序 1 定义了 4 个过程，即 main_procedure、f1_procedure、f2_procedure 和 f3_procedure。这里根据定义的先后顺序对每个过程进行编号，main_procedure 编号为过程 1，f1_procedure 编号为过程 2，f2_procedure 编号为过程 3，f3_procedure 编号为过程 4。其嵌套关系为：main 嵌套定义过程 f1 和过程 f2，过程 f2 嵌套定义过程 f3。这 4 个过程之间有如下调用关系：main_procedure 执行过程中调用了 f1_procedure，f1_procedure 定义中调用了 f2_procedure，f2_ procedure 嵌套定义并调用了 f3_procedure。

根据前面讨论的栈式存储分配策略，程序运行过程中控制栈的动态变化过程如图 7-8 所示。图 7-8(a)是程序流程开始执行 main 过程时控制栈的状态，main 的活动记录用 AR_1 表示，f1 过程的活动记录用 AR_2 表示，以此类推。图 7-8(d)给出了流程转到开始执行过程 f3 时控制栈的状态。过程 f3 执行结束后，流程转到过程 f2，因此释放控制栈栈顶的过程 f3 对应的活动记录，过程 f2 对应的活动记录此时处于栈顶，即处于"激活"状态，控制栈状态如图 7-8(e)所示。接着过程 f2 根据过程调用的相反顺序逐层返回，最终返回到主过程，此时的控制栈状态如图 7-8(g)所示。

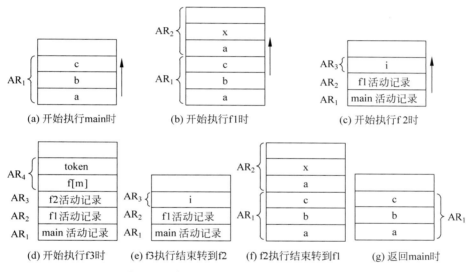

图 7-8 例 7-4 程序运行过程中运行栈中活动记录变化情况

若嵌套过程在生存期内仅使用本过程作用域范围的局部变量，则上述简单的栈式分配即可实现数据对象的管理。但是，如果某嵌套过程引用了外层过程的局部变量，例如程序 2，过程 f1 中引用了其外层过程(main 过程)中的局部变量 a，问题就出现了，即过程 f1 处于活动状态时，如何通过栈顶过程 f1 的活动记录寻找到外层过程(main 过程)的局部变量。因此，这种情况下，简单的栈式存储组织就不再适用了。为了实现对外层过程变量的引用，必须能够获得外层过程的活动记录的位置信息，然后根据位置信息寻找外层过程的局部变量。下面介绍两种常用的处理方法。

1. 存取链 SL(静态链)

在活动记录中增加一个存取链的信息，存取链指向定义该过程的直接外层过程的最新活动记录的起始位置。即指向过程的定义环境，而不是调用环境。以例 7-4 的程序 2 为例，main_procedure 执行过程中调用了 f1_procedure，f1_procedure 定义中调用了 f2_procedure，f2_procedure 调用了 f3_procedure。其中，f1 引用了外层过程 main 的局部变量 a，f2 引用了外层过程 main 的局部变量 b，f3 引用了外层过程 f2 的局部变量 j。图 7-9 显示了将图 7-8(d)中的运行栈修改之后包括了存取链的情况。需要注意存取链和控制链的区别:控制链始终指向调用环境,即指向调用过程所对应的最新活动记录起始位置;而存取链指向定义环境,即指向定义被调用过程的直接外层过程的最新活动记录的起始位置。

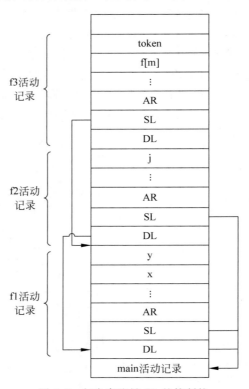

图 7-9 包含存取链 SL 的控制栈

2. 嵌套层次显示表 display

每当进入一个过程后,不仅建立该过程的活动记录,而且创建一张嵌套层次显示表 display。这里的嵌套层次指的是过程定义的层数,例如,假设主程序层为 0 层,则在主程序中定义的过程为 1 层,以此类推。在例 7-4 中,过程 main 为 0 层,过程 f1 和过程 f2 为 1 层,过程 f3 为 2 层。在静态编译时,若编译程序遇到过程说明,则统计过程的层数,并在符号表中登记每个过程的层数。过程层数的计算可以通过设置一个计数器实现,初始值设为 0,每当遇到过程说明自增 1,过程说明结束则自减 1 即可。

display 表本质可以看作一个栈,里面存放指针数组 d,自顶向下依次存放现行层、直接外层……直至主程序层等每层过程的最新活动记录的地址。也就是说,嵌套层次 i 的过程的局部变量所在的活动记录起始位置由 display 中的第 i 个指针 $d[i]$ 确定。假设嵌套层次 $i+1$ 的过程中使用了第 i 层过程的局部变量,则可以通过 $d[i]$ 间接访问该局部变量。这样就解决了对非局部变量的访问问题。

下面以例 7-4 的程序 2 为例,给出带 display 表时该程序执行时对运行栈追踪的情况。设主函数有如下调用情况:

$$main \xrightarrow{调用} 过程\ f1 \xrightarrow{调用} 过程\ f1 \xrightarrow{调用} 过程\ f2 \xrightarrow{调用} 过程\ f3$$

过程嵌套结构为：过程 main 是过程 f1 和过程 f2 的直接外层，过程 f2 是过程 f3 的直接外层，因此当程序执行上述调用进入过程 4 时，运行栈中活动记录的情况及 display 表如图 7-10 所示。

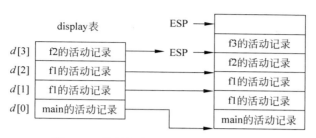

图 7-10　控制栈中活动记录及 display 表

构造 display 表的规则如下，假定从第 i 层过程进入第 j 层过程，则有：

（1）如果 $j=i+1$（即调用当前过程内部定义的过程），则复制第 i 层的 display 表，然后增加一个指向第 j 层过程活动记录基址的指针。

（2）如果 $j \leqslant i$（即调用当前过程外部的全程说明的过程），则用第 i 层过程活动记录中的 display 表前面 $j-1$ 个入口和当前活动记录基址组成第 j 层 display 表。

7.4　基于堆的动态存储分配的实现

栈式动态存储分配方案适用于先进后出的栈式分配原则，整个过程对用户是透明的，用户无法实现存储空间无效时立即释放，而必须等到函数执行结束。除了栈式存储分配，一些高级程序设计语言，例如 C、C++ 等允许用户动态地申请和释放存储空间，而且不遵循"后申请先释放，先申请后释放"的原则，即可以任意申请和释放，这种分配方式称为堆式动态存储分配。

堆式动态存储分配也是在内存划分一个大的空闲存储区，称为堆。以 C 语言为例，若程序中通过 new 操作符或者 malloc 函数申请分配空间时，操作系统在堆的空闲区中按某种分配原则寻找一块能满足需求的存储空间进行分配。程序中通过 delete 操作符或者 free 函数申请释放存储空间时，则操作系统将程序不再占用的存储空间归还给堆，重新成为空闲区。

C 语言程序使用链表、树和图等数据结构时，往往需要随机地插入或删除一些结点。这种动态分配方式需要通过如下过程实现：首先定义指针和结构的数据类型，然后通过指针变量和标准 C 函数 malloc 和 free 的调用，实现动态结点的创建和撤销，即存储空间的分配和释放。

假设定义了如下 C 语言结构体类型：

```
struct node
{
    int x;
    struct node * next;
}
```

该结构体中定义了两个属性,一个用来保存数据,另一个是指针变量 next,用来建立和撤销动态结点。例如,下面的 addnode 函数实现了在链表的末尾添加一个新的结点:

```
void addnode(struct node * head, int x_data)
{
    struct node * p;
    p = head;
    while (p->next!= NULL)
        p = p->next;
    p->next = malloc(sizeof(struct node));
    p->next->data = x_data;
    p->next->next = NULL;
}
```

上面的函数 addnode 中,通过调用标准函数 malloc 申请了一块新的存储空间,用来存放一个新的结点,然后通过 p→next 指针变量将参数 x_data 的值复制到新结点的 x 属性中,并将该结点的 next 属性置为空值,即该结点成为新的链表尾结点。反之,若释放一个结点,则可以使用指针指向待删除的结点,然后在程序中通过调用标准函数 free 对指针指向的存储单元进行释放,释放后的空间归还给堆的空闲区。

由上例可知,在程序运行时可以随时更改链表的大小,因为这种修改是随机的,所以栈式存储分配不再适用。此外,有些程序设计语言支持创建进程或线程,这种程序结构存在进程(或线程)的两次活动的生存期重叠的问题,所以这种程序也不适合采用栈式存储分配策略,而只能使用堆式存储管理。具体地,首先把堆的存储空间划分为若干个等长或不等长的存储块。根据程序的执行过程,分别申请或释放一个或多个存储块。经一段运行之后,堆中的存储块一部分仍然被占用,另一部分空闲,被占用的存储块称为使用块,未被占用的称为空闲块。所有的空闲块组成一条自由链,链头通过指针 free 指示,以便于分配存储时查找空闲块,如图 7-11 所示。

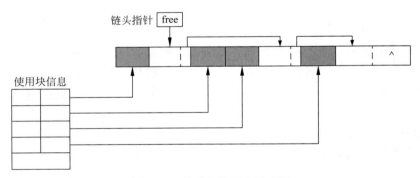

图 7-11 堆式存储管理示意图

假设程序需要申请的存储空间为 n,而当前堆中空闲块大小为 M,则堆式存储管理可按下列步骤进行分配:

(1) 若能够查找到多个空闲块,其长度均大于或等于 n,则直接按照下列策略之一进行存储分配:

① 从链头指针 free 指向的空闲块开始扫描,直到找出一个长度大于或等于 n 的空闲

块,然后将该空闲块长度为 n 的子块分配给用户程序,剩余部分保留在自由链中,同时更新链指针和长度信息。

② 在链中查找一个长度满足要求的最大空闲块进行存储分配。

③ 在链中查找一个长度满足要求,且长度最接近 n 的空闲块进行存储分配。

（2）若链中每个空闲块的长度均小于 n,但它们的长度之和 M 满足 $M \geqslant n$,则把这些空闲块进行组合,直到形成一个长度满足需求的新的空闲块,然后把组合的大空闲块分配给用户程序。

（3）当堆中所有的空闲块之和仍然小于程序需要申请的存储空间时,则要采取另外的策略解决堆的管理问题。在此不再赘述。

当程序释放一个存储块时,需要将它作为新的空闲块插入自由链中,然后删除图 7-11 中使用块信息中的记录。

根据上述讨论不难看出,采用堆式存储分配策略随机地申请和释放空闲块容易导致存储碎片问题,即经过一段时间运行之后,堆存储区内的使用块和空闲块交错排列。为了能够满足后续的存储分配,操作系统需要对存储块的使用情况进行记录,即哪些是占用的,哪些是空闲的。而且应可能把相连的空闲块合并成较大的存储块,避免使存储碎片无限制地增加,当出现每个空闲块的长度均小于 n,但它们的总和满足要求的情况时,需要进行垃圾回收,因此这种堆式存储分配策略的系统开销较大。

7.5 参数传递

当一个函数（过程）调用其他函数（过程）时,调用函数（过程）和被调用函数（过程）之间通常通过实际参数（实参）和形式参数（形参）进行通信。把实参传递给形参有 3 种常见的方法：传值、传地址和传名（引用）。在 C 和 C++ 语言中,传地址和传名两种方式的实现是一致的,这里重点介绍传值和传地址两种方式。

7.5.1 传值

传值也称值调用（call-by-value）。这是最常见和最简单的参数传递方法,即调用函数（过程）计算出实参的值,然后传给被调用函数（过程）的形参。具体传递过程在例 7-2 中已经详细给出,这里总结如下：

（1）调用函数（过程）计算出实参的值,通常把实参值保存在 CPU 寄存器中,为传递参数做好准备。

（2）通过 PUSH 压栈指令将寄存器中保存的实参值压入控制栈,即通过 PUSH 指令在被调用函数（过程）中开辟形参的存储空间,也成为形参单元。其中保存了传递的实参的值。

（3）被调用函数（过程）执行过程中,把形式参数当作局部变量进行使用,通过当前控制栈的栈底指针 EBP 访问形参单元,使用其中的存储内容。

从上述总结中可以看出,形式参数是开辟了新的存储区域,复制了实际参数的数值,因此传值的主要特点是对形式参数的修改不会改变调用函数（过程）使用的实际参数的值。

7.5.2 传地址

传地址指调用函数(过程)通过指向实参存储位置的指针(地址)向被调用函数(过程)传递参数。因此这种参数传递方式下,尽管同样为形式参数开辟了新的存储区域,但是其中复制的是实际参数所在单元的地址,因此被调用函数(过程)可以任意地通过形式参数的间接访问来改变实际参数的值。下面通过一个例子来深入理解传地址方式。

【例 7-5】 分析如下 C++语言程序中指针传递的实现过程。

```
#include <iostream.h>
void f(int * p)
{
    * p = 1;
}
void main()
{
    int i;
    int * s = &i;
    * s = 0;
    f(s);
}
```

其中,f 函数和主函数对应的目标代码如下(汇编语言表示):

f 函数目标代码:			main 函数目标代码:		
00401010	PUSH	EBP	00401060	PUSH	EBP
00401011	MOV	EBP,ESP	00401061	MOV	EBP,ESP
00401013	SUB	ESP,40	00401063	SUB	ESP,48
00401028	MOV	EAX,SS:[EBP+8]	00401078	LEA	EAX,SS:[EBP-4]
0040102B	MOV	SS:[EAX],1	0040107B	MOV	SS:[EBP-8],EAX
00401034	MOV	ESP,EBP	00401081	MOV	ECX,SS:[EBP-8]
00401036	POP	EBP	00401087	MOV	SS:[ECX],0
00401037	RETN		0040108A	MOV	EDX,SS:[EBP-8]
			0040108B	PUSH	EDX
			00401090	CALL	a.00401010
			004010A5	ADD	ESP,4
			004010AF	ADD	ESP,48
			004010B1	MOV	ESP,EBP
			004010B2	POP	EBP
			004010B3	RETN	

从上面的例子中可以看出, * s＝0 和 * p＝1 分别对应 00401087 MOV SS:[ECX],0 和 0040102B MOV SS:[EAX],1,即通过指针访问指向的存储单元,本质上是通过寄存器间接寻址实现的,首先把地址放入寄存器,然后通过寄存器间接寻址找到实际的存储单元。调用 f(s)时,实际上是把活动记录中存放的地址压入控制栈,即开辟新的存储空间保存形式参数 p,并把 main 函数中 i 的地址通过 PUSH 指令复制到 p 所在的单元。

【例 7-6】 分析如下 C++语言程序中传引用的实现过程。

```
#include <iostream.h>
```

```
void f(int& p)
{
    p = 1;
}
void main()
{
    int i;
    i = 0;
    f(i);
}
```

其中,f 函数和主函数对应的目标代码如下(汇编语言表示):

```
f 函数目标代码:                          main 函数目标代码:
00401020    PUSH    EBP                 00401060    PUSH    EBP
00401021    MOV     EBP,ESP             00401061    MOV     EBP,ESP
00401023    SUB     ESP,40              00401063    SUB     ESP,48
00401038    MOV     EAX,SS:[EBP + 8]    00401078    MOV     SS:[EBP-4],0
0040103B    MOV     SS:[EAX],1          0040107F    LEA     EAX, SS:[EBP-4]
00401044    MOV     ESP,EBP             00401082    PUSH    EAX
00401046    POP     EBP                 00401083    CALL    a.00401020
00401047    RETN                        00401088    ADD     ESP,4
                                        0040109D    ADD     ESP,48
                                        004010A7    MOV     ESP,EBP
                                        004010A9    POP     EBP
                                        004010AA    RETN
```

从上面的例子中可以看出,C++中传名和传地址的实现方式是一致的,请读者自己分析具体参数传递过程。

习题

1. 选择题。

(1) 运行阶段的存储组织与分配的目的是(　　)。

  A. 提高编译程序的运行效率

  B. 为运行阶段的存储分配做准备及提高目标程序的运行速度

  C. 优化运行时内存空间的管理

  D. 为静态定义的数据分配存储空间

(2) 静态存储分配允许程序出现(　　)。

  A. 递归调用　　　　B. 动态数组　　　　C. 定长数组　　　　D. 嵌套过程

(3) FORTRAN 语言编译中的存储分配策略是(　　)。

  A. 静态存储分配　　　　　　　　B. 简单栈式存储分配

  C. 嵌套过程栈式存储分配　　　　D. 堆式存储分配

(4) 编译方法中,动态存储分配的含义是(　　)。

  A. 在编译阶段为源程序中的量进行分配

B. 在说明阶段为源程序中的量进行分配
C. 在运行阶段为源程序中的量进行分配
D. 以上说法都不对

(5) 程序所需的数据空间在程序运行时才能确定,称为(　　)管理技术。
　　A. 动态存储分配　　　　　　　　B. 线性存储分配
　　C. 链式存储分配　　　　　　　　D. 堆式存储分配

(6) C 语言编译中的存储分配策略是(　　)。
　　A. 静态存储分配　　　　　　　　B. 简单栈式存储分配
　　C. 嵌套过程栈式存储分配　　　　D. 堆式存储分配

(7) Pascal 语言的存储分配策略为(　　)。
　　A. 静态存储分配　　　　　　　　B. 简单栈式存储分配
　　C. 嵌套过程栈式存储分配　　　　D. 堆式存储分配

(8) 关于 C 语言的过程活动记录表,说法正确的是(　　)。
　　A. 每个过程的活动记录只需要一个指针指向当前活动记录的栈顶即可
　　B. 过程的活动记录不需要为临时工作单元分配存储空间
　　C. 过程的活动记录表需要记录返回地址
　　D. 过程的活动记录表不需要记住前一个活动记录的地址

(9) 活动记录中的老 EBP 地址是(　　)。
　　A. 直接外层过程活动记录地址　　B. DISPLAY 表首地址
　　C. 上一个活动记录的返回地址　　D. 上一个活动记录的起始地址

(10) 堆式动态分配申请和释放存储空间遵守(　　)原则。
　　A. 先申请先释放
　　B. 先申请后释放
　　C. 后申请先释放
　　D. 根据数据使用情况自由申请和释放

(11) 编译程序使用(　　)区分标识符的作用域。
　　A. 符号表
　　B. 说明标识符的过程或函数的静态层次
　　C. 过程的调用次序
　　D. 标识符的行号

(12) 已知程序如下:

```
int fac(int n)
{ if(n == 1) return 1;
  else if(n > 1) return fac(n-1) * n;
}
int main( )
{ cout << fac(2);
  return 0; }
```

程序运行时使用栈来保存调用过程的信息,自栈底到栈顶保存的信息依次对应的是(　　)。
　　A. main()→fac(2)→fac(1)

B. fac(2)→fac(1) → main()
C. main()→fac(1)→fac(2)
D. fac(1)→fac(2) → main()

(13) 如果活动记录中没有 DISPLAY 表,则说明(　　)。
　　A. 程序中不允许有递归定义的过程
　　B. 程序中既不允许有递归定义的过程,也不允许有嵌套定义的过程
　　C. 程序中不允许有嵌套定义的过程
　　D. 程序中允许有嵌套定义的过程,也允许有递归定义的过程

(14) 下列说法错误的是(　　)。
　　A. 当函数调用时,传递参数常用的方式有传值、传地址和传名等常见的方式
　　B. 基于堆的存储分配允许任意申请和释放存储空间
　　C. 嵌套过程的存储分配需要解决非局部变量的访问问题
　　D. 程序所需的数据空间在程序运行时进行分配,使用的是静态存储管理方法

(15) 过程调用时,关于参数的传递方法正确的是(　　)。
　　A. 传值　　　　B. 传地址　　　　C. 传名　　　　D. 以上都对

2. 填空题。
(1) 常用的两种动态存储分配办法是(　　)和(　　)。
(2) 常用的参数传递方式有(　　)、(　　)和(　　)。
(3) 程序设计语言的运行时存储管理方案,主要分为(　　)方案和(　　)方案两大类。
(4) 过程活动记录中的静态链指向定义该过程(　　)的(　　)的起始地址,而控制链则指向(　　)的过程活动记录的起始地址。
(5) 采用简单栈式存储分配允许过程(　　),但是不允许过程(　　)。
(6) 在函数中定义的静态变量必须存放在(　　),不能存放在函数的(　　)中。
(7) 一个目标程序运行所需的存储空间包括存放(　　)的空间,存放(　　)的空间以及存放(　　)所需的空间。
(8) 堆式存储分配常用的分配策略有(　　)、(　　)和(　　)等方法。

3. 分析计算题。
(1) 对于下面的程序段:

```
program   test (input, output)
 var  i, j: integer;
 procedure  CAL(x, y: integer);
   begin
     y = y * y;   x = x - y;   y = y - x
   end;
 begin
   i = 2;   j = 3;   CAL(i, j)
 writeln(j)
 end.
```

若参数传递的方法分别为传值、传地址和传名,请写出程序执行的输出结果。

（2）运行时的 display 表的内容是什么？它的作用是什么？

（3）一个 C 语言的函数如下：

```
func(long i)
{
    long j;
    j = i - 1;
    func(j);
}
```

下面左右两边的汇编代码是两个不同版本 GCC 编译器为该函数产生的代码。左边的代码在调用 func 之前将参数压栈，调用结束后将参数退栈。右边代码对参数传递的处理方式没有实质区别。请叙述右边代码对参数传递的处理方式并推测它带来的优点。

```
func:
    pushl   %ebp
    movl    %esp, %ebp
    subl    $4, %esp
    movl    8(%ebp), %edx
    decl    %edx
    movl    %edx, -4(%ebp)
    movl    -4(%ebp), %eax
    pushl   %eax
    call    func
    addl    $4, %esp
    leave
    ret
```

```
func:
    pushl   %ebp
    movl    %esp, %ebp
    subl    $8, %esp
    movl    8(%ebp), %eax
    decl    %eax
    movl    %eax, -4(%ebp)
    movl    -4(%ebp), %eax
    movl    %eax, (%esp)
    call    func
    leave
    ret
```

（4）一个 C 语言程序如下：

```
func(i1,i2,i3)
long i1,i2,i3;
{
    long j1,j2,j3;
    printf("Addresses of i1,i2,i3 = %o,%o,%o\n",&i1,&i2,&i3);
    printf("Addresses of j1,j2,j3 = %o,%o,%o\n",&j1,&j2,&j3);
}
main()
{
    long i1,i2,i3;
    func(i1,i2,i3);
}
```

该程序在某种机器的 Linux 操作系统上的运行结果如下：

```
Addresses of i1,i2,i3 = 27777775460,27777775464,27777775470
Addresses of j1,j2,j3 = 27777775444,27777775440,27777775434
```

从上面的结果可以看出，func 函数的 3 个形式参数的地址依次升高，而 3 个局部变量的地址依次降低。试说明为什么会有这个区别。

（5）一个 C 语言程序及其在某种机器的 Linux 操作系统上的编译结果如下。根据所生成的汇编程序来解释程序中 4 个变量的作用域、生存期和置初值方式等的区别。

```
static long aa = 10;
short bb = 20;
func()
{
    static long cc = 30;
    short dd = 40;
}
        .file    "static.c"
        .version "01.01"
gcc2_compiled.:
.data
        .align 4
        .type  aa,@object
        .size  aa,4
aa:
        .long 10
.globl bb
        .align 2
        .type  bb,@object
        .size  bb,2
bb:
        .value 20
        .align 4
        .type  cc.2,@object
        .size  cc.2,4
cc.2:
        .long 30
.text
        .align 4
.globlfunc
        .type  func,@function
func:
        pushl  %ebp
        movl   %esp,%ebp
        subl   $4,%esp
        movw   $40,-2(%ebp)
.L1:
        leave
        ret
.Lfe1:
        .size  func,.Lfe1-func
        .ident "GCC: (GNU) egcs-2.91.66 19990314/Linux (egcs-1.1.2 release)"
```

第8章 符号表

8.1 符号表的作用

在编译程序中,符号表用来存放语言程序中出现的有关标识符的属性信息,这些信息集中反映了标识符的语义特征属性。符号表可在词法分析时创建,也可在语义分析时创建。在词法分析及语义分析过程中不断积累和更新表中的信息,并在词法分析到代码生成的各阶段,按各自的需要从表中获取不同的属性信息。不论编译策略是否分趟,符号表的作用是完全一致的。符号表的作用主要有以下几个方面。

1. 收集符号属性

在分析语言程序中标识符说明部分时,编译程序根据说明信息收集有关标识符的属性,并在符号表中建立符号的相应属性信息。

2. 检查上下文语义的合法性

同一个标识符可能在程序的不同地方出现,而有关该符号的属性是在不同情况下收集的,特别是在多趟编译及程序分段编译的情况下,更需要检查标识符属性在上下文中的一致性和合法性。通过符号表中的属性记录可进行相应的上下文语义检查。

例如,在C语言中同一个标识符既可作引用说明也可作定义说明:

```
int i[3,5];      //定义说明
extern float i;  //引用说明
```

按编译过程,符号表中首先定义标识符 i 的属性是 3×5 个整型元素的数组,而后在分析第二个说明时标识符属性是浮点型简单变量。通过符号表的语义检查,可发现其不一致的错误。此外,如果程序后面又有关于变量 i 的定义,不论 i 的其他属性是否与第一句一致,只要标识符重定义,就将产生定义冲突的语义错误。

3. 作为目标代码生成阶段地址分配的依据

除语言中规定的临时分配存储的变量外,每个符号变量在目标代码生成时需要确定其在存储分配的位置(主要是相对位置)。语言程序中的符号变量由它被定义的存储类别或被定义的位置来确定。首先要确定其被分配的区域,其次是根据变量出现的次序决

定该变量在某个区中所处的具体位置,这通常使用在该区域中相对区头的相对位置确定。而有关区域的标志及相对位置都作为该变量的语义信息被收集在该变量的符号表属性中。

8.2 符号表的内容

符号表的管理程序应该具有快速查找和删除、易于使用和维护的特点。符号表具体包含哪些内容、属性的种类在一定程度上取决于程序设计语言的性质。符号表基本上是由一些表项组成的二维表格,每个表项可分为两部分:一部分是名字域,用来存放符号的名字;另一部分是属性域,用来记录与该名字相对应的各种属性和特征。以下是保存变量的符号表中常见的属性对一个具体的编译程序实现来说,它们都是应该考虑的,但其中有些属性并不是对所有编译程序都是必需的。

(1) 变量名。
(2) 目标地址。
(3) 类型。
(4) 维数或者过程的参数数目。
(5) 变量声明的源程序行号。
(6) 变量引用的源程序行号。
(7) 以字母顺序列表的链域。
(8) 其他需要考虑的因素。

表 8-1 就是一个符号表属性的例子。

表 8-1 符号表属性示例

名字	目标地址	类型	维数	声明行	引用行	指针
Computer	0	2	1	2	9、4、5	7
X1	4	1	0	3	12、14	0
FORM	8	3	2	4		6
B2	48	1	0	5		1
ANS	52	1	0	5		4
M	56	6	0	6		2
FIRST	64	1	0	7		3

属性的具体功能如下:

(1) 变量名。变量名必须常驻在表中,因为它是在语义分析和代码生成中识别一个具体标识符的依据。对标识符名字的处理要考虑语言中对标识符长度的规定是定长还是不定长,通常有以下两种存储方法:

① 定长存储方法,即为标识符名字域规定一个宽度,标识符按左对齐方式存放在其中。特点是简单且存取速度快;缺点是空间利用率低,标识符长度不能超过名字域的宽度。

② 集中存储方法,即开辟一个存放所有标识符的缓冲区,而在标识符名字域中只存放标识符在缓冲区中的偏移地址和标识符长度。特点是存储效率高,标识符无长度限

制,但存取效率低。表 8-2 是表 8-1 中标识符名字的集中存储方法,存储序列为 ComputerX1FORMB2ANSMFIRST。

表 8-2　集中存储方法符号表示例

名字位置	名字长度
1	8
9	2
11	4
15	2
17	3
20	1
21	5

(2) 目标地址。标识符主要作为变量名,程序中每个变量都必须有一个相应的目标地址,该地址是为该变量分配的内存地址(可能是相对的)。当声明一个变量时,就要为该变量分配内存地址,并将其分配的地址填入符号表中。当该变量在程序的其他处被引用时,可以从符号表中查询该地址,并填入存取该变量值的目标代码中。对于采用静态存储分配的语言(如 FORTRAN),分配的地址是按顺序连续分配的。对于采用动态存储分配的语言,每个程序块内的变量连续分配,是一个相对地址,运行时还要根据该程序块分配的数据区的起始地址和变量的相对地址计算出变量的绝对内存地址。如果标识符表示的是函数名或子程序名,则目标地址是该函数或子程序代码的开始地址。如果是数组名,则应为该数组模板的起始地址。

(3) 类型。不同数据类型的变量占据不同大小的内存空间。另外,类型检查是语义分析的一项重要工作,所以符号表中要保存每个标识符的数据类型,以便分配内存和进行类型检查。

(4) 维数或者过程的参数数目。这两个属性对类型检查都是很重要的,在数组引用时,其维数应当与数组声明中所定义的维数一致,类型检查阶段必须对这种一致性进行检查。另外,维数也用于数组元素地址的计算。过程调用时,实参个数也必须与形参个数一致。实际上,在符号表中把参数的个数看成它的维数是很方便的,因此可以将维数和参数个数这两个属性合并成一个,这种方法是协调的,因为对这两个属性所做的类型检查是类似的。

(5) 交叉引用表。是一个由编译程序提供的十分重要的程序设计辅助工具。该表包含前面已经讨论过的许多属性,加上声明该变量或首次引用该变量的语句行号以及所有引用该变量的语句行号。

(6) 链域。其作用是为了便于产生按字母顺序排序的变量交叉引用表。如果编译程序不产生交叉引用表,则符号表中的链域及语句的行号属性都可以从表中删去。

(7) 记录结构型的成员信息。一个记录结构型的变量,是由若干成员组成的,因此记录结构型变量在存储分配时所占空间大小要由它的全体组成成员来确定,另外,对于记录结构型变量还需要有它所属成员排列次序的属性信息。这两种信息用来确定结构型变量存储分配时所占空间的尺寸及确定该结构成员的位置。

8.3 符号表的组织

8.3.1 符号表的数据结构

图 8-1 给出了一种符号表的数据结构,采用动态分配存储的方法。之所以不采用静态存储分配的方法,是因为固定空间大小可能不足以保存长标识符,而对于短标识符又会造成空间浪费。在图 8-1 中使用了单独的数组 lexemes 存储形成标识符的字符串,每一个字符串用一个字符串终结符 EOS 结束,EOS 不会出现在任何标识符中。符号表数组 symtable 中的每个表项都是一个包含两个域的记录:一个域是指向标识符开始位置的指针域 lexptr,另一个域是存储记号域 token。符号表可以有更多的域以存储属性值,这里不详细讨论。

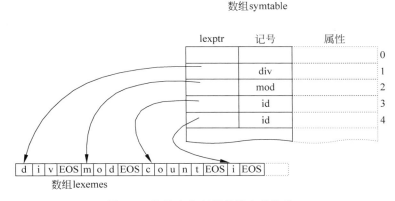

图 8-1 符号表和存储字符串的数组

8.3.2 关键字域的组织

在编译程序中,符号表的关键字域就是符号本身,它可以是语言的保留字、操作符或标识符(包括变量名、函数名、记录结构标志等)。在语言文本的词法定义中,对各种符号都有严格定义。保留字及操作符的名字定义,一般有唯一确定的拼写方法(并不排除某些缩写方式)。而对于标识符,通常只规定最大字符个数,甚至可以是任意个数(当然以字母开头是不言而喻的),但同时规定了涉及外部有关接口(文件名、函数名等)的外部区分规则及编译程序的内部区分规则。例如,在 C 语言的 ANSI 标准中规定外部名必须至少能由前 6 个字符唯一地区分,并规定内部名必须至少能由前 31 个字符唯一地区分。规定外部规则的目的是考虑到与操作系统、汇编程序及其他需要联系的系统之间的匹配,而规定内部规则的目的是考虑到编译程序本身对标识符的识别和区分。

从上面的讨论可看到,编译程序中标识符的内部规则是符号表关键字组织的基础和依据。用户程序中的标识符,考虑用户的习惯和程序的可读性,标识符的长度是从 1 到内部规则规定长度之间的任意字符个数。为使符号表中存放标识符的关键字段等长,可设置关键

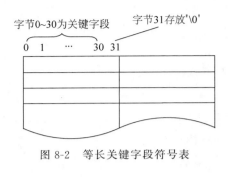

图 8-2 等长关键字段符号表

字段为标识符的最大长度。譬如上述 C 语言的关键字段长度可以是 32 字节(其中 31 字节存放名字,余 1 字节存放字符串结束标志'\0',这是 C 语言处理所需要的),如图 8-2 所示。

由于程序中的标识符长短不一,有时差别很大,不会总是很长,关键字段的这种组织方式在实际使用中会有很多空间是冗余的。既要保证关键字段的等长,又要减少甚至消除冗余,采用关键字池的索引结构是可取的。

8.3.3 其他域的组织

符号表属性域的组织方式根据属性性质大致分成两类。一类是符号表中符号的属性值具有相同的类型且是等长的,则该属性域的类型结构就可用这个长度及类型来定义;另一类是属性值可能具有相同类型但长度不同,则该属性域的定义不能用简单的数据类型来定义。

1. 等长属性值域组织

可以取相应的数据类型表达属性值。

表示该符号布尔性质的属性域可用 1 位来表示,也可用 1 个布尔量来表示。例如,1 表示已定义,0 表示尚未定义;或 true 表示已定义,false 表示尚未定义。

表示符号的基本数据类型可以用 3 位来表示,也可以用 1 个整型量来表示。以 C 语言为例:

数据类型	3 位	整型值
char	0 0 0	0
short	0 0 1	1
int	0 1 0	2
long	0 1 1	3
unsigned	1 0 0	4
float	1 0 1	5
double	1 1 0	6

符号变量在存储分配时,每个变量有两个属性信息,即存储类别和相对存储区头的位移量。存储类别域的构造可与数据类型一样,而位移量是用相对存储区头的字节数表示的,因此可以用整型量构造位移量的属性域。

有一些属性域是表示符号之间关系的属性,可用指针或指针链来构造这些属性域。如函数符号与它的形式参数(简称形参)符号之间就需要建立关系,可以在符号表中设置一个"函数-形参"指针域。对函数符号,在该属性域中存放指向该函数第一个形参的符号在符号表中位置的指针,而对形参符号,在该属性域中存放指向它的下一个形参符号在符号表中位置的指针。若一个函数是无参的,则该参数符号项中"函数-形参"指针域值为空,若某个形参是它所属函数的最后一个形参,则该形参符号项中"函数-形参"指针域值亦为空。

C 语言的结构量中结构标志与成员之间也有上述函数与形参之间的相似关系,也可以在符号表中设立一个"结构-成员"指针域。对于结构标志符号,在该属性域中存放指向该结构第一个成员的符号在符号表中位置的指针。而对于成员符号,在该属性域中存放指向它的下一个成员的符号在符号表中位置的指针。若某个成员是一个结构量的最后一个成员,则该成员符号项的"结构-成员"属性域值为空。

2. 不等长属性值域的组织

符号的某些属性值是不等长的,例如数组内情向量属性值是典型的不等长属性值。对于不等长属性值域,一般不把所有属性值都存放在符号表项的某个域内,而另设相关空间存放属性值。

一个数组的内情向量属性可分成两种值:数组维数的个数及每一个维的元素个数。

设有下列两个数组:

array$_1$(subscript$_1$,subscript$_2$)
array$_2$(subscript$_3$,subscript$_4$,subscript$_5$,subscript$_6$)

array$_1$ 是一个二维数组,它的下标分别是 subscript$_1$ 及 subscript$_2$。array$_2$ 是一个四维数组,它的下标分别是 subscript$_3$ 到 subscript$_6$ 共 4 个。下标表示所在维的元素个数。

数组符号在符号表项中可以设立一个指向内情向量空间的指针,而在内情向量空间记录关于该数组的维数个数和每一维的元素个数,图 8-3 表示了 array1 及 array2 两个数组在符号表中内情向量的组织。

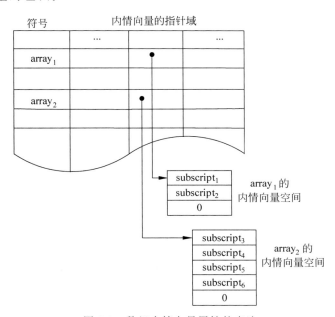

图 8-3 数组内情向量属性的表达

内情向量空间最后一行 0 值用来表示下标到此为止,当然也可以在符号表或内情向量空间中给出维数个数。这可由设计者自定。

上面是从数组内情向量属性的基本性质出发所考虑的符号表相关组织。但 C 语言程

序中的数组有不同的语义定义。一个数组在 C 语言中被定义为(具有 n 维时)

　　type array[subscript$_1$][subscript$_2$]…[subscript$_n$]

它是元素为 type 定义的类型的一个 n 维数组，它的下标界分别为 subscript$_1$，subscript$_2$，…，subscript$_n$。在 C 语言中 array 符号可以看成是指向该数组整体的一个指针出现在程序中，该指针指向的目标是数组，其长度是整个数组的长度。C 语言中除了 array[numb$_1$][numb$_2$]…[numb$_n$]是表示为一个数组元素外，其他的表示方法，如 array[numb$_1$]，array[numb$_1$][numb$_2$]，…，array[numb$_1$]…[numb$_{n-1}$]都认为是一个数组名，在程序中被作为指针。array[numb$_1$]是指向 $n-1$ 维数组的指针，指向的目标长为 subscript$_2$×…×subscript$_n$×sizeof(type)。array[numb$_1$][numb$_2$]是指向 $n-2$ 维数组的指针，指向的目标长为 subscript$_3$×…×subscript$_n$×sizeof(type)……array[numb$_1$][numb$_2$]…[numb$_{n-1}$]是指向一维数组的指针，指向的目标长为 subscript$_n$×sizeof(type)。在这里可以看到 subscript$_1$ 并不关系到数组的内情向量，而仅关系到该数组分配存储的空间尺寸。在 C 语言程序中可以定义如下一个数组：

　　type array[　　][subscript$_2$]…[subscript$_n$]

归纳上述讨论，C 语言中一个一般形式定义的数组 type array[s_1][s_2]…[s_n]是具有下标界为 $s_1,s_2,…,s_n$ 的一个 n 维数组。s_1~s_n 作为 n 个内情向量可用来计算程序中出现的引用该数组的元素地址及有关的指针值。

array	指针值 addr	目标长 l_1
array[0]	指针值 addr	目标长 l_2
array[0][0]	指针值 addr	目标长 l_3
⋮	⋮	⋮
array[0][0]…[0] ($n-1$ 个)	指针值 addr	目标长 l_n

其中，addr 是数组分配的地址：
$$l_k = S_k \times S_{k+1} \times \cdots S_n \times \text{sizeof(type)} \quad k=1,2,\cdots,n$$
而 array[0][0]…[0]是该数组的第一个元素。

有关指针值的计算如下：

array[i_1] = array[0] + i_1

array[i_1][i_2] = array[0][0] + ($i_1 \times s_2 + i_2$)

array[i_1][i_2][i_3] = array[0][0][0] + (($i_1 \times s_2 + i_2$) × $s_3 + i_3$)

⋮

array[i_1]…[i_2]…[i_k] = array[0]…[0] (k 个) + (…($i_1 \times s_2 + i_2$) × s_3 … + i_k), $k=1,2,\cdots,n-1$

以上等式右边都是指针加常数，目标长为 l_k。

数组元素的地址计算公式如下：

array[i_1][i_2]…[i_n] = array[0]…[0] (n 个) + (…($i_1 \times s_2 + i_2$) × s_3 … + i_k) × sizeof(type)

这里 array[0]…[0] (n 个)是第 1 个元素地址，因此等式右边是地址值相加。

在等长属性值域的组织中,讨论了用成员链来组织 C 语言的结构量符号。也可以用成员的索引结构来构造结构量。这时结构标志符号在符号表项中设一个指向成员索引区的指针,索引区包含两种属性信息,即该结构的空间尺寸及成员索引信息。其中成员索引指针区的长度对不同的结构标志是不一样的。

在一个符号表中若有若干个用位信息表示的属性时,可把它们组织到一起,甚至可用一个整型数来表达这样的几个位信息属性。这种组织与上述合并不同的是各属性有各自在表项中的位置。

例如,其中有下列的一些符号属性:
(1) 该变量符号是否已初始化。
(2) 该符号是否是结构成员。
(3) 该符号是否是标号。
(4) 该符号是否是保留字。

这些属性都可用 1 位表示,在符号表中可以把它们组织在一个整型字段中作为一个属性域,而其中相应的信息位置表示上述相应的属性,称这种域为复合属性域(参见图 8-4)。

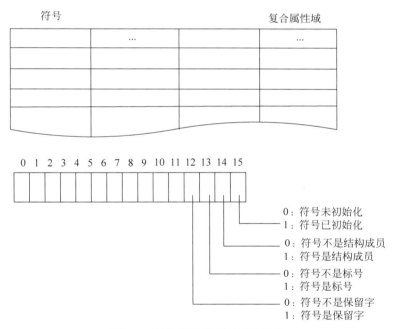

图 8-4　复合属性域组织的符号表

8.4　符号表举例

在整个编译过程中,经常要访问符号表,因此,如何构造符号表和查找符号表是编译程序设计的主要问题之一。

所谓非块程序结构语言,是指用它编写的每一个可独立编译的程序是不包含子块的单一模块程序,该模块中声明的所有变量是属于整个模块的。非块程序结构语言的符号表有几种组织方式，其中比较简单的是无序表和有序表。

8.4.1 无序表

无序表也称为线性表。构造一个符号表最简单的方法是变量的属性项按变量被声明的先后顺序填入表中。无序表插入和查找操作比较简单，但查找效率低。在编译过程中，当需要查找某个符号时，只能采用线性查找的方法，即从表的第一项开始，一项一项地顺序查找，直到找到需要的符号，否则要一直查到表尾。如果符号表内容较多，采用该方法查找效率很低。但如果符号表较小，则采用无序表非常合适。无序表的优点是结构简单，节省空间，添加及查找操作简单，易于实现。

8.4.2 有序表

在编译过程中，由于查找符号表的次数远大于插入符号表的次数，所以符号表的查找效率直接影响编译的效率。有序表的表项是根据变量名按字母顺序存放的。因此，每次插入符号表前，首先要进行查表工作，以确定要插入的符号在符号表中的位置，然后将符号插入。这样难免会造成原有一些符号的移动，所以，有序表结构在插入符号时开销较大。对于有序表，最常用的查找技术是折半查找法。

折半查找法首先是把变量名与符号表的中间记录进行比较，结果或是找到该变量名，或是指出下一步要在哪半个表中进行查找，重复此过程，直到找到该变量名或确定该变量名不在表中为止。由于符号表上的查询操作的次数远多于插入操作，所以采用有序表能提高编译速度。

8.4.3 散列符号表

散列符号表是多数编译程序采用的符号表，这种符号表的插入和查找效率都比较高。散列符号表又称哈希(hash)符号表，其关键在于使用哈希函数，将程序中出现的符号通过哈希函数进行映射，得到的函数值作为该符号在表中的位置。

散列函数(哈希函数)具有如下性质：
(1) 函数值只依赖于对应的符号。
(2) 函数的计算简单且高效。
(3) 函数值能比较均匀地分布在一定范围内。

构造散列函数的方法很多，主要有除法散列函数、乘法散列函数、多项式除法散列函数、平法取中散列函数等。散列符号表的表长通常是一个定值 N，因此，散列函数应该将符号名的编码散列成 $0 \sim N-1$ 的某一个值，以便每个符号都能散列到这种符号表中。

由于用户使用的符号名是随机的，所以很难找到一种散列函数使得符号名与函数值一一对应。如果有两个或两个以上的不同符号散列到同一个位置，则称为散列冲突。散列冲突是不可避免的，因此，如何解决冲突是构造散列符号表主要考虑的问题之一。常用的处理冲突的办法有顺序法、倍数法和链表法。

下面介绍用"质数除余法"来构造散列符号表。
(1) 根据各符号名中的字符确定正整数 H，这可以利用将字符转换成整数的函数来实现(如 ASC 函数)。

(2) 将(1)中确定的整数除以符号表的长度 N,然后取其余数。这个余数就作为符号的散列位置。如果 N 是质数,散列的效果较好,即冲突较少。

(3) 处理冲突可采用链接法,即将出现冲突的符号用指针连接起来。

假设现有 5 个符号 C_1、C_2、C_3、C_4、C_5,分别转换成正整数为 87、55、319、273、214,符号表的长度是 5,那么,利用质数除余法得到的散列地址为 2、0、4、3、4,如图 8-5 所示。

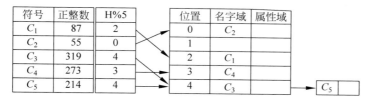

图 8-5 散列符号表

使用散列符号表的查表过程是:如果查找符号 S,首先计算 hash(S),根据散列函数值即可确定符号表中的对应表项。如果该表项是 S,即为所求,否则通过链指针继续查找,直到找到符号或到达链尾为止。

显然,采用散列技术查询效率较高,因为查找时只需要进行少量比较,甚至无须比较即可定位。到目前为止,散列符号表可以说是构造符号表最常用的结构。

8.4.4 栈式符号表

对于块程序结构语言,其最简单的符号表结构为栈式符号表,它包括一个符号表栈及一个块索引栈。符号表栈记录变量的属性,块索引栈指出每个块的符号表的开始位置。栈式符号表操作过程十分简单,当遇到变量声明时,将包含变量的属性压入堆栈;当遇到块程序开始时,将当前的符号表栈顶位置压入块索引栈,从而开始一个新块的变量处理;当到达块程序结尾时,则根据块索引栈指出的本块的开始位置,将该块程序中声明的所有变量记录弹出堆栈,从而使局部声明的变量在块外不再存在。

栈式符号表的插入操作并不难。首先,刚开始编译时,设符号表栈顶指针 TOP 为 0,当第一个标识符出现时,将该标识符的属性入栈,同时将该标识符的地址 0 压入块索引栈,然后栈顶指针 TOP 为 1。其次,再遇到标识符时,如果新的标识符与栈顶的标识符在同一块中,则只需将新记录压入符号表栈顶单元,然后,栈顶指针 TOP 加 1(图 8-6(a));如果新的标识符与栈顶的标识符不在同一块中,表示刚才处理的程序块嵌套着一个程序块,而现在进入了这个嵌套的程序块中,则要进行定位操作,即将栈顶指针 TOP 入块索引栈,再将该标识符属性压入符号栈,然后栈顶指针 TOP 加 1,如图 8-6(b)和图 8-6(c)所示。当编译遇到程序块的结尾时要进行重定位操作,即将块索引栈的栈顶单元出栈并将内容赋给栈顶指针 TOP。

注意:栈顶指针 TOP 始终指向符号表栈顶第一个空闲的存储单元。

块结构语言程序中允许存在重名变量的声明,但重名变量不能出现在同一块中,因此所有标识符插入前要检查当前处理的块中是否有同名变量。其方法是:从栈顶单元(TOP−1)开始到块索引栈的栈顶单元所指的单元逐一检查。如果有变量与要插入的变量同名,则表示源程序中存在变量重复声明的错误；如果没有，才可将该标识符的属性入栈。查表操作要对符号栈进行从顶（TOP－1）到底进行线性搜索，这样确保找到的变量满足局部变量优先于全局变量的规则。由于栈式符号表中记录是无序的，因而查询效率比较低。

【例 8-1】 有一段 C 语言程序如下，画出编译到 a、b、c、d 处的栈式符号表。

```
real x,y;
char name;                     // a
int fun1(int ind)
{    int x;                    // b
     x = m2(ind + 1);
}
int fun2(int j)
{
    {   int f[10];
        bool test1;            // c
    }
}
main()
{   char name;                 // d
    x = 2;y = 5;   printf("%d\n",fun1(x/y));
}
```

解：a、b、c、d 处的栈式符号表如图 8-6 所示。

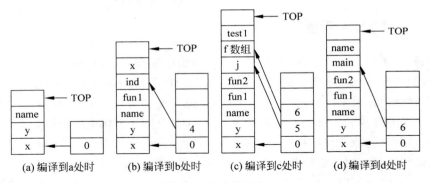

图 8-6　栈式符号表

习题

1. 在编译过程中为什么要建立符号表？
2. 符号表应包括哪些内容？
3. 符号表有哪些方面的作用？
4. 给出编译下面程序的有序符号表。

```
main()
{
   int x,y,z[3] ;
   real r;
```

```
    int i, j;
    char   student ;
}
```

5. 按"质数除余法",给出上题程序的散列符号表。
6. 给出编译到下面程序 a、b、c 处的栈式符号表。

```
real r,s;
char student;                           // a
int function1(int ind)
{
   int s                                // b
   s = function2(ind + 1);
}
main( )
{
   char r;
   s = 3; r = 'c';                      // c
   printf(" % d\n",s);
}
```

第9章 代码优化

9.1 概述

某些编译程序在中间代码或目标代码生成之后要对生成的代码进行优化。所谓优化，实质上是对代码进行等价变换，使变换后的代码运行结果与变换前的代码运行结果相同，而运行速度加快或占用存储空间减少，或两者都有。优化可在编译的不同阶段进行，对同一阶段，涉及的程序范围也有所不同，在同一范围内可进行多种优化。

一般，优化工作阶段可在中间代码生成之后和(或)目标代码生成之后进行，如图9-1所示。

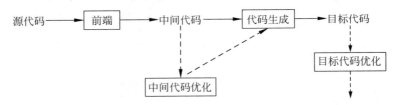

图 9-1 编译的优化工作阶段

中间代码的优化是对中间代码进行等价变换。目标代码的优化是在目标代码生成之后进行的，因为生成的目标代码对应于具体的计算机，因此，这一类优化很大程度上依赖于具体的计算机，本章不做详细讨论。

另外，依据优化所涉及的程序范围，又可分为局部优化、循环优化和全局优化3个不同的级别。局部优化指的是在只有一个入口、一个出口的基本程序块上进行的优化。循环优化是对循环中的代码进行的优化。全局优化是在整个程序范围内进行的优化。

由编译程序提供的对代码的各种优化必须遵循以下原则。

(1) 等价原则。优化后不能改变程序的运行结果。

(2) 有效原则。使优化后产生的目标代码运行时间较短，占用的存储空间较小。

(3) 合算原则。应尽可能以较低的代价取得较好的优化结果。

9.2 局部优化

这里所说的局部优化是指基本块内的优化。在程序中，通常有一些连续的多行代码，它们形成程序中一个个相对独立的结构，并且具有特性：只能通过结构的第一条语句进入，通过最后一条语句离开该结构,即如果块中的任何一条语句执行,则块内所有的语句都会执行。对于一个给定的程序,可以把它划分为一系列的基本块,在各基本块的范围内分别进行优化。

9.2.1 基本块的划分

定义 9-1 基本块

一个基本块就是一组连贯的语句,其中的控制流在模块开始时进入,在模块结束时离开,没有在除模块结束之外的地方停止或出现分支的可能性。

定义中"一组连贯的语句"是指程序中一系列连续顺序执行的语句。例如,图 9-2 所示的程序片段中,前两条语句就构成一个程序的基本块。每一个基本块有且只有一个入口和一个出口,控制流只能从模块的入口进入基本块,从模块的出口离开基本块。

```
s = 111;
c = a/b;
if (b == 0) throw Ex1();
s = 1
…
```

图 9-2 一个程序片段

程序一般由一条条的指令构成,计算机通过执行这些指令才能完成程序设计人员要求计算机完成的任务。对这些指令进行区分有时对理解程序有很大的帮助。通常,把程序的入口点、过程的第一条指令、分支指令的目标指令以及紧跟分支指令的指令称为 leader 指令。这样基本块的构造步骤可以简化为:①识别程序中的 leader 指令;②包含所有后续的指令直到下一个 leader 指令。构造基本模块的算法如算法 9-1 所示。

算法 9-1 构造基本模块

输入:n 个指令链表($\text{instr}[i]$ 表示第 i 条指南)

输出:leader 的集合和基本模块的列表($\text{block}[x]$ 为基本模块,x 是 leader 指令)

```
begin
    leader = {1}                        //第一条指令是 leader
    for i = 1 to n do                   //找到所有 leader 指令
        if instr[i] 是一个分支 then
            leader = leader ∪ instr[i] 的潜在目标指令集合
        end if
    end for
    for each x ∈ leader do
        block[x] = {x}
        i = x + 1                       //填写 x 的基本模块
        while ((i ≤ n) and (i ∉ leader)) do
            block[x] = block[x] ∪ {i}
            i = i + 1
        end while
    end for
end
```

9.2.2 基本块的优化

在一个基本块内,可进行如下几种优化:删除公共子表达式,删除无用代码,重新命名临时变量,变换语句次序,合并已知量,代数变换。

1. 删除公共子表达式

如果一个表达式 E 在前面已经计算过,并且在这之后 E 中变量的值没有改变,则称 E 为公共子表达式。对于公共子表达式,可以避开对它的重复计算,称为删除公共子表达式或删除多余运算。

2. 删除无用代码

无用赋值是指,如果在对某变量 A 赋值以后,在该变量被引用前又对它重新赋值,则前面一次对变量 A 的赋值是无用的。此外,如果在对某变量 A 赋值以后,程序中不再引用它,或者如果除了对某变量进行递归赋值(例如 A＝A＋B)外,在程序中不再引用递归赋值。这两种赋值都是无用的。

3. 重新命名临时变量

假定在一个基本块内有语句

$T = b + c$

其中,T 是一个临时变量名。如果把这条语句改成

$S = b + c$

其中,S 是一个新的临时变量名,并且把本基本块中出现的所有 T 都改成 S,则不改变基本块的值。事实上,总可以把一个基本块变换成等价的另一个基本块,使其中定义临时变量的语句改成定义新的临时变量。

4. 变换语句次序

假定在一个基本块里有下列两条相邻的语句:

$T_1 = b + c$
$T_2 = x + y$

如果 x 和 y 均不为 T_1,b 和 c 均不为 T_2,则变换这两条语句的位置不影响基本块的值。有时通过交换语句的次序,可产生出更高效的代码。

5. 合并已知量

假设在一个基本块内有下面两条语句:

$T_1 = 2$
⋮
$T_2 = 4 * T_1$

如果对 T_1 赋值后,没有改变过它,则 $T_2 = 4 * T_1$ 中的两个运算对象都是编译时的已知量,可以在编译时计算出它的值,而不必等到程序运行时再计算,即把 $T_2 = 4 * T_1$ 变换为 $T_2 = 8$,称这种变换为合并已知量。

6. 代数变换

代数变换是对基本块中求值的表达式,用代数上等价的形式替换,使复杂运算变成简单运算。例如,删除形如 x＝x＋0,x＝x＊1 这样的运算,因为执行这些语句无任何意义。又如,语句 x＝y＊＊2 中的乘方运算通常需要调用一个函数实现,其实可以用代数上等价的形式,用简单的运算 x＝y＊y 来替换。

9.2.3 基本块的有向图表示

优化基本块的一种有效工具是无回路有向图(Directed Acyclic Graph,DAG)。一个基本块的 DAG 是一种其结点带有下述标记或附加信息的 DAG:

(1) 图的叶结点(没有后继的结点)以一个标识符(变量名)或常数作为标记,表示该结点代表该变量或常数的值。如果叶结点用来代表某变量 A 的地址,则用 addr(A) 作为该结点的标记。通常把叶结点上作为标记的标识符加上下标 0,以表示它是该变量的初值。

(2) 图的内部结点(有后继的结点)以一个运算符作为标记,代表用其直接后继所代表的值进行该运算的结果。

(3) DAG 的各种结点上可附加若干符号名,以表示这些符号都持有相应的结点所代表的值。

通常,把各种形式的四元式按其对应结点的后继个数分为 0 型、1 型、2 型和 3 型 4 种。各种 4 元式对应的 DAG 结点形式如表 9-1 所示。

表 9-1 四元式与 DAG

类 型	四 元 式	DAG
0 型	$A=B$ $(=,B,\_,A)$	n_1 A B
1 型	$A=op\ B$ $(op,B,\_,A)$	n_2 A op n_1 B
2 型	$A=B\ op\ C$ (op,B,C,A)	n_3 A op n_1　n_2 B　C
2 型	$A=B[C]$ $(=[\ ],B,C,A)$	n_3 A =[ ] n_1　n_2 B　C

续表

类 型	四 元 式	DAG
2 型	If B rop C goto L (jrop, B, C, L)	n_3 标记 L，上方 rop；n_1 标记 B，n_2 标记 C
3 型	$D[C]=B$ ([ ]=, B, _, $D[C]$)	n_4 标记 A，[ ]=；n_1 标记 D，n_2 标记 C，n_3 标记 B

下面构造基本块的 DAG 的算法。假设 DAG 各结点信息将用某种适当的数据结构来存放(例如链表)，并设有一个标识符(包括常数)与结点的对应表。NODE(A) 是描述这种对应关系的一个函数，它的值或者是一个结点的编号 n，或者无定义。前一种情况代表 DAG 中存在一个结点 n，A 是其上的标记或附加标识符。此外还假设要考虑的中间代码仅含有 0 型、1 型、2 型这 3 种类型。

由给定的基本块构造相应 DAG 的算法如算法 9-2 所示。

算法 9-2 由给定的基本块构造相应的 DAG

```
begin
1   for i=0 to QlistLength do       //取出第 i 个四元式 Q_i；
2       if ! NODE(B) then
             //建立一个以 B 为标记的叶结点,其编号为 NODE(B)
3       switch(Q_i){
4       case 0: NODE(B)=n; break;
5       case 1:
6           if NODE(B)是常数叶结点 then
7               执行 P=op B                //合并常量
8               if NODE(B)是新建结点 then
9                   删除 NODE(B)
10              endif
11              if NODE(P)不存在 then
12                  建立 NODE(P)=n
13              endif
14          endif
15          else
16              if 存在以 NODE(B)为唯一后继且标记为 op 的结点 then
17                  令该结点为 n
18              endif
19              else then
```

20			建立新结点 n
21		end else	
22		end else	
23	break		//B 为常数
24	case2：		
25		if ！NODE(C) then	
26			构造标记为 C 的新结点
27		if B、C 均为常数结点 then	
28			执行 $P = B$ op C
29			if B 或 C 是新建结点 then
30			删除之一
31			endif
32			if ！NODE(P) then
33			建立 NODE(P)=n
34			endif
35			break
36		endif	
37		else	
38			if 已存在 B op C 的结点 then
39			令其为 n
40			endif
41			else then
42			建立新结点 n
43		end else	
44		end else	
45		break	
46	}		
47	endswitch		
48	if ！NODE(A) then		
49	NODE(A)=n；		
50	endif		
51	else then		
52	删除 A 的原标记；		
53	令 NODE(A)=n；		
54	end then		
55	end if		
56	end for		

end

【例 9-1】 对下面的基本块构造 DAG。

(1) $T_1 = a * b$

(2) $T_2 = c+d$
(3) $T_3 = e/f$
(4) $T_4 = T_2 * T_3$
(5) $x = T_1 - T_4$

解：DAG 如图 9-3 所示。

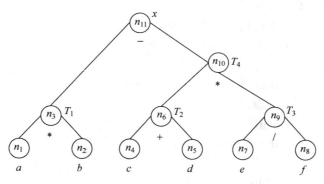

图 9-3　一个基本块的 DAG

从图 9-3 中可以看到，DAG 的每个结点代表一个由若干叶结点构成的计算公式，例如，T_1 标记的结点代表 $a*b$，这个值将作为 T_1 的值。

【**例 9-2**】　试构造以下基本块 G 的 DAG。

(1) $T_0 = 3.14$
(2) $T_1 = 2 * T_0$
(3) $T_2 = R + r$
(4) $A = T_1 * T_2$
(5) $B = A$
(6) $T_3 = 2 * T_0$
(7) $T_4 = R + r$
(8) $T_5 = T_3 * T_4$
(9) $T_6 = R - r$
(10) $B = T_5 * T_6$

解：处理每一条代码后构造的 DAG 如图 9-4 所示，其步骤略。图 9-4(a)～(j) 分别对应代码 (1)～(10)。

利用上述算法对一基本块构造出相应的 DAG 之后，实际上已完成了对基本块进行优化的一系列准备工作。

(1) 对于块中执行计值运算的每个四元式，若其中的运算对象为编译时的已知量，则在算法中已将其直接算出，并产生了以运算结果为标记的叶结点，而不再产生执行运算的内部结点，即完成了合并已知量的工作。

(2) 对于在基本块内被赋值的变量，若它在被引用之前又被再次赋值，则在算法中除了把此变量名附加到当前所产生的结点之外，还把它从老结点的附加标识符集中逐出，即说明对该变量的前一次赋值无效，从而达到了消除无用赋值的目的。

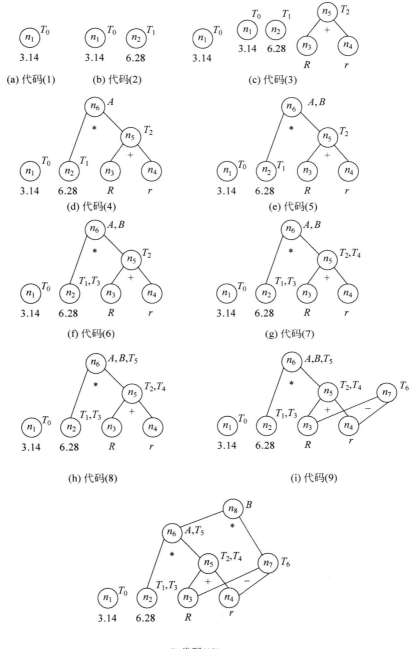

图 9-4 DAG

（3）对于执行同一运算的四元式多次出现的情况，仅在处理其第一次出现时产生执行此运算的结点；对于它以后的各次出现，则不再产生新的结点，而只是把要赋予该运算结果的各变量标识符添加到那个结点的附加标识符集中即可，从而达到了自动查找公共子表达式的目的。

可见，经上述算法处理之后，由得到的 DAG 所表示的基本块一般都会比原基本块更有效。为此,如果 DAG 某内部结点上附有多个标识符,由于计算该结点值的表达式是一个公共子表达式,当把该结点重新写成中间代码时,就可删除多余运算。例如,图 9-4 上的结点 n_5 附有 T_2 和 T_4 两个标识符,当把结点 n_5 重新写成中间代码时,就不是生成 $T_2=R+r$ 和 $T_4=R+r$,而是生成 $T_2=R+r$ 和 $T_4=T_2$,这样就删除了多余的 $R+r$ 运算。

根据上述方式把图 9-4 的 DAG 按原来构造其结点的顺序重新写成中间代码,则得到以下中间代码序列 G':

(1) $T_0=3.14$

(2) $T_2=6.28$

(3) $T_3=6.28$

(4) $T_2=R+r$

(5) $T_4=T_2$

(6) $A=6.28*T_2$

(7) $T_5=A$

(8) $T_6=R-r$

(9) $B=A*T_6$

把 G' 和原基本块 G 相比,可以看到:

(1) G 的中间代码(2)和(6)均是已知量和已知量的运算,G' 已合并。

(2) G 的中间代码(5)是一种无用的赋值,G' 已把它删除。

(3) G 的中间代码(3)和(7)的 $R+r$ 是公共子表达式,G' 只对它们计算一次,删除了多余的 $R+r$ 运算。

所以 G' 是对 G 实现了上述 3 种优化的结果。

除此之外,还可以从基本块的 DAG 中得到以下优化信息:

(1) 在基本块外被定值并在基本块内被引用的所有标识符就是叶结点上的那些标识符。

(2) 在基本块内被定值且该值能在基本块后面被引用的所有标识符就是 DAG 各结点上的那些附加标识符。

利用上述这些信息,还可以进一步删除中间代码序列中其他的无用赋值,但这时必须涉及有关变量在基本块后面被引用的情况。不仅如此,如果有两个相邻的代码 $A=C$ op D 和 $B=A$,其中第一条代码计算出来的 A 值只在第二条代码中被引用,则把相应结点重写成中间代码时,原来的两条代码将转换成 $B=C$ op D。

若从 DAG 出发,按原来构造它的各个结点的次序重建基本块,并在将各结点转换为四元式时,注意到删除多余的运算,便能生成优化的四元式序列。

假设例 9-2 中 $T_0,T_1,\cdots,T_6$ 在基本块后面都不会被引用,则图 9-4 中的 DAG 就可重写为如下代码序列:

(1) $S_1=R+r$

(2) $A=6.28*S_1$

(3) $S_2=R-r$

(4) $B=A*S_2$

其中,没有生成对 $T_0,T_1,\cdots,T_6$ 赋值的代码,S_1 和 S_2 是用来存放中间结果值的临时变量。

以上对DAG重写中间代码时,是按照原来构造DAG结点的顺序依次进行的,即$n_5 \sim n_8$。实际上,还可以采用其他顺序,只要其中任一内部结点在其后继结点之后被重写,并且转移语句(如果有的话)仍然是基本块的最后一条语句即可。所以可以按n_7、n_5、n_6和n_8的顺序把DAG重写为如下代码序列。

(1) $S_1 = R - r$
(2) $S_2 = R + r$
(3) $A = 6.28 * S_2$
(4) $B = A * S_1$

9.3 循环优化

9.3.1 控制流图

有了基本模块的概念之后,很容易给出控制流图(Control Flow Graph,CFG)的定义以及计算控制流图的算法。

定义9-2 控制流图

一个控制流图G是一个有向图,该有向图的结点是一个具有唯一入口和唯一出口的基本模块。如果控制可以直接从基本模块A流向基本模块B,则从结点A到结点B有一条有向边。形式化地讲,子程序P的控制流图可用四元组$G = (N, E, N_{entry}, N_{exit})$表示。其中,$N$是结点的集合,表示程序中的基本模块;$E$是边的集合,每条边是一个有序结点对$<n_i, n_j>$,它表示从$n_i$到$n_j$可能存在的控制转移(执行完语句$n_i$后可能立即执行$n_j$);$N_{entry}$和$N_{exit}$分别表示子程序的入口和出口结点。一个程序片段$P$及$P$的控制流图如图9-5和图9-6所示。

```
int Max(int x, int y) {
    int tmp=0;        // 0
    if (x>y) {        // 1
        tmp = x;      // 2
    }
    else {
        tmp=y;        // 3
    }
    return tmp;       // 4
}
```

图9-5 一个程序片段P

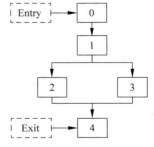

图9-6 程序P的控制流图

接下来讨论如何根据基本模块来构造控制流图:一般来说,控制流图的结点表示基本模块,如果下面两种情况之一成立,则结点n和结点m之间存在一条边:①基本模块n的最后一条语句有分支到基本模块m的第一条语句;②基本模块n不是以条件分支结束,并且按照程序的顺序紧随其后就是基本模块m。按照这种思想,可以按算法9-3构造控制流图。

算法9-3 计算控制流图

输入:m个基本模块的列表$block[i]$

输出：一个控制流图，它的每个结点就是一个基本模块
begin
    for $i=1$ to m **do**
        $x=$ last instruction of block$[i]$
    end for
    if instr x is a branch   **then**
        //根据情况①建立控制流边
        for each target(to block $[j]$) of instr x **do**
            create an edge from block $[i]$ to block $[j]$
        end for
    end if
    if instr x is not an unconditional branch **then**
        //根据情况②建立控制流边
        create an edge from block $[i]$ to block $[i+1]$
    end if
end

9.3.2 基本属性

控制流图是程序分析领域中一个非常重要的概念，它将源程序用图的形式表示出来，在控制流图上可以方便地分析语句间的前趋关系和后继关系、支配结点、后支配结点以及程序执行路径等信息。有了这些信息就可以进一步分析语句间的控制依赖和数据依赖关系。在控制流图中，结点表示程序中的基本模块，边表示基本模块之间的关系。由控制流图的定义和构造算法可以得到控制流图的如下性质。

性质 9-1 在控制流图中，结点 n 和结点 m 之间有一条边连接的充要条件是执行过程能从相应结点 n 的语句到达相应结点 m 的语句。

定义 9-3 在控制流图中，若 $<n_1,n_2>\in E$，则称 n_1 是 n_2 的直接前趋，n_2 是 n_1 的直接后继。结点 n 的所有直接前驱组成的集合称为 n 的直接前趋集，记为 $D\text{-Pred}(n)=\{b\in N|<b,n>\in E\}$；由 n 的所有直接后继组成的集合称为 n 的直接后继集，记为 $D\text{-Succ}(n)=\{b\in N|<n,b>\in E\}$。$G$ 的入口结点 N_{entry} 是一个没有前驱的结点，G 的出口结点 N_{exit} 是一个没有后继的结点。

定义 9-4 在控制流图中，设 Path $=<n_1,n_2,\cdots,n_k>$ 为一个语句序列，若对 $\forall i, 0<i<k, n_i\in D\text{-Pred}(n_{i+1})$，则称 Path 为控制流图的一条可执行路径。

定义 9-5 在控制流图中，若从 n_1 到 n_2 之间存在一条可执行路径，则称 n_1 是 n_2 的前趋，记为 $n_1\in \text{Pred}(n_2)$。

9.3.3 支配结点和后必经结点

控制流分析就是计算过程内或过程间的控制流信息。过程内控制流主要是指一个过程的各条语句之间的控制流，它包含 3 种基本程序结构引起的控制流关系以及一些控制语句

引起的控制流关系。过程间的控制流主要是由过程调用引起的。

控制流是指程序中操作的顺序。程序中包含以下两种类型的控制流：

(1) 基本控制流，包括表达式内的控制流和语句之间的控制流。

(2) 高级控制流，包括过程调用、异常处理以及闭包等引起的控制流。

表达式之内的控制流是由优先权和结合律等引起的。语句之间的控制流一般由选择结构语句、循环结构语句等引起。例如，在选择结构语句中，计算 then 分支代码还是计算 else 分支代码要取决于对条件 if 的测试结果。条件为真，一般执行 then 分支，否则执行 else 分支。在具有多个过程的程序中，过程调用也可引起新的控制流。另外，像 C++ 程序中的异常处理结构也会引起新的控制流。

控制流的表示方法一般有以下 3 种：

(1) 隐含在抽象语法树(AST)中。

(2) 用控制流图表示，其中控制流图的结点表示基本模块(语句)，边表示控制流。

(3) 利用程序依赖图中的控制依赖表示。

1. 支配结点

定义 9-6 令 $G=(N,E,N_{entry},N_{exit})$ 表示控制流图，且有 $n \in N$ 和 $m \in N$，则有：①如果从结点 N_{entry} 到结点 m 的所有路径都经过结点 n，则结点 n 支配结点 m，记为 $n \rightarrow m$；反之，如果结点 n 支配结点 m，则从结点 N_{entry} 到结点 m 的所有路径都经过结点 n，结点 n 称为结点 m 的支配结点(或称为前必经结点)。②如果结点 n 支配结点 m，并且 $n \neq m$，则结点 n 合格支配结点 m，记为 $n \rightarrow_p m$，反之亦然。③如果结点 n 合格支配结点 m，并且不存在 q 使得 n 合格支配结点 q 和结点 q 合格支配结点 m 成立，则称 n 直接支配结点 m，记为 $n \rightarrow_d m$，反之亦然。

结点 n 的(合格/直接)支配结点集合就是控制流图中(合格/直接)支配结点 n 的所有结点的集合。也就是：①$DOM(n) = \{m | m \rightarrow n\}$；②$DOM_p(n) = \{m | m \rightarrow_p n\}$；③$DOM_d(n) = \{m | m \rightarrow_d n\}$。计算直接支配结点的算法如算法 9-4 所示。

结点 n 的直接支配结点也是 n 的合格支配结点，但 n 的这些合格支配结点不是 n 的其他支配结点的合格支配结点。算法思想是：①集合(假设为 N_0)的初值就是某个结点 n 的合格支配结点集合；②从集合 N_0 移去那些合格支配集合中其他结点的结点，因为它们不可能是 n 的直接支配结点。

性质 9-2 一个结点的(直接)支配结点集合是唯一的。

性质 9-3 支配关系是一种偏序关系，也就是说，它是自反的、反对称的和传递的。

(1) 自反：$x \rightarrow x$。

(2) 反对称：如果 $x \rightarrow y$ 和 $y \rightarrow x$，则 $x = y$。

(3) 传递：如果 $x \rightarrow y$ 和 $y \rightarrow z$，则 $x \rightarrow z$。

直接支配关系($\rightarrow_d$)可以由一棵支配树(DT)来表示，支配树是一种树，它的根结点就是 N_{entry}，结点都是 N 中的结点，边是直接支配关系。

算法 9-4 计算直接支配结点

输入：控制流图中的结点 n

输出：结点 n 的直接支配结点的集合

begin
1　　for each $n \in N - \{\text{entry}\}$
2　　　$\text{DOM}_d(n) = \text{DOM}(n) - \{n\}$
3　　end for
4　　for each $n \in N - \{\text{entry}\}$
5　　　for each $s \in \text{DOM}_d(n)$
6　　　　for each $t \in \text{DOM}_d(n) - \{s\}$
7　　　　　if $(t \in \text{DOM}_d(s))$ then
8　　　　　　$\text{DOM}_d(n) = \text{DOM}_d(n) - \{t\}$
9　　　　　end if
10　　　　end for
11　　　end for
12　　end for
end

性质 9-4　一个结点的所有支配结点在从此结点到 DT 根的路径上。

2. 后必经结点

定义 9-7　若从 n 到程序出口结点 N_{exit} 的每条路径都经过 m，则称 m 为 n 的一个后支配结点（又称后必经结点），记为 $n \leftarrow m$，反之亦然；如果 $n \leftarrow m$，且 $n \neq m$，则称 m 合格后支配 n，记为 $n \leftarrow_p m$，反之亦然；如果 $n \leftarrow_p m$，且不存在 m' 满足 $n \leftarrow_p m' \leftarrow_p m$，则称 m 直接后支配 n。

结点 n 的（合格/直接）后必经结点的集合就是控制流图中（合格/直接）后必经结点 n 的所有结点的集合。也就是：

(1) $\text{PDOM}(n) = \{m \mid n \leftarrow m\}$。

(2) $\text{PDOM}_p(n) = \{m \mid n \leftarrow_p m\}$。

(3) $\text{PDOM}_d(n) = \{m \mid n \leftarrow_d m\}$。

性质 9-5　后必经结点的集合是唯一的。

性质 9-6　每个结点的直接后必经结点的集合是唯一的。

性质 9-7　后必经关系是一种偏序关系，也就是说，它是自反的、反对称的和传递的。

(1) 自反：$x \leftarrow x$。

(2) 反对称：如果 $x \leftarrow y$ 和 $y \leftarrow x$，则 $x = y$。

(3) 传递：如果 $x \leftarrow y$ 且 $y \leftarrow z$，则 $x \leftarrow z$。

直接后必经关系（$\rightarrow_d$）可以由一棵后支配树（PDT）来表示，后支配树也是一种树，它的根结点就是 N_{exit}，结点都是 N 中的结点，边是直接后支配关系。

性质 9-8　一个结点 n 的后必经结点在从 n 到 PDT 的根（Exit）的路径上。

性质 9-9　控制流图 G 的后必经结点是 G^{-1} 的支配结点。这里 G^{-1} 是有向图 G 的逆图，即如果 $G = (N, E, N_{\text{entry}}, N_{\text{exit}})$，$E = \{<n_i, n_j> \mid n_i \in N, n_j \in N\}$，则 $G^{-1} = (N$,

E^{-1}, N_{entry}, N_{exit}), $E^{-1} = \{<n_i, n_j> | n_i \in N, n_j \in N \}$。

在控制流图中,由于一个结点代表程序中的一个基本模块,所以"结点 A 是结点 B 的后必经结点",对应到程序中,可以说成是"基本模块 A 是基本模块 B 的后必经基本模块"。则有如下结论:如果基本模块 A 是基本模块 B 的后必经基本模块,则基本模块 A 在从 B 到 Exit 的每一条路径上,当控制流到达 B 时,A 中的语句将总是能被执行。

图 9-6 是一个控制流图示例。图中有 0、1、2、3、4 共 5 个基本模块,Entry 是入口结点,Exit 是出口结点,0 是 1 的直接前驱,1 是 2 和 3 的直接前驱,2 和 3 是 4 的直接前驱,4 是 2 和 3 的后必经结点等。

9.3.4 循环的查找

为了找出控制流图中的循环,需要分析控制流图中结点的控制关系。为此,引入必经结点和必经结点集的定义。

定义 9-8 在控制流图中,对任意两个结点 m 和 n 而言,如果从控制流图的首结点出发,到达 n 的任一通路都要经过 m,则称 m 是 n 的必经结点,记为 m DOM n。控制流图中结点 n 的所有必经结点的集合称为结点 n 的必经结点集,记为 $D(n)$。

对控制流图中任意结点 a,有 a DOM a。

例如图 9-7 中各结点的 $D(n)$ 如下:

$D(1) = \{1\}$
$D(2) = \{1, 2\}$
$D(3) = \{1, 2, 3\}$
$D(4) = \{1, 2, 4\}$
$D(5) = \{1, 2, 4, 5\}$
$D(6) = \{1, 2, 4, 6\}$
$D(7) = \{1, 2, 4, 7\}$

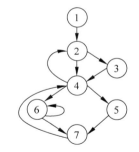

图 9-7 控制流图

应用上述必经结点集,可以求出控制流图中的回边,利用回边,就可以找出控制流图中的循环。下面给出回边的定义。

假设 $a \to b$ 是控制流图中的一条有向边,如果 b DOM a,则称 $a \to b$ 是控制流图中的一条回边。

对于一个已知控制流图,只要求出各结点的必经结点集,就可以求出控制流图中所有的回边。

作为例子,找出图 9-7 中控制流图的所有回边。

由控制流图可以看出,有向边 $6 \to 6$、$7 \to 4$、$4 \to 2$ 是回边。因为有 6 DOM 6、4 DOM 7 和 2 DOM 4 的关系存在,其他有向边都不是回边。

如果已知有向边 $a \to b$ 是回边,那么就可以求出由它组成的循环。该循环就是由结点 b、结点 a 以及有通路到达 a 而该通路不经过 b 的所有结点组成,并且 b 是该循环的唯一入口结点。

从图 9-7 所示的控制流图中的例子很容易看出,由回边 $6 \to 6$ 组成的循环就是 $\{6\}$,由回边 $7 \to 4$ 组成的循环是 $\{4, 5, 6, 7\}$,由回边 $4 \to 2$ 组成的循环是 $\{2, 3, 4, 5, 6, 7\}$。

9.3.5 循环优化

对循环中的代码,可以实行下述几种优化方法:代码外提、强度削弱和变换循环控制条件(又称删除归纳变量)等。

1. 代码外提

代码外提可将循环中的不变运算提到循环以外。循环中的某个运算四元式为 $A = B\ op\ C$,若 B 和 C 都是常数,或者是在进入循环以前定值的变量,且循环中没有再给它们定值,则在重复执行循环中的代码时,这个运算四元式的结果是不变的,因此可以将它提到循环以外(循环入口结点的前面)。实行代码外提时,要在循环入口结点前面建立一个新结点,称为循环前置结点,此结点的唯一后继结点是循环入口结点。原来从循环外引到循环入口结点的有向边将改成引向这个新建的循环前置结点。

因为考虑的循环结构的入口结点是唯一的,所以前置结点也是唯一的。循环中外提的代码将全部外提到前置结点中,如图 9-8 所示。

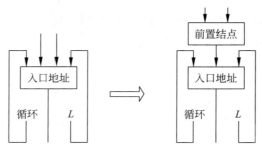

图 9-8 前置结点

代码外提的算法步骤如下:
(1) 求出循环 L 的所有不变运算;
(2) 对步骤(1)所求得的每一不变的运算 $s:A = B\ op\ C$ 或 $A = B$,检查它是否满足以下两个条件:

条件一:
① s 所在的结点是 L 的所有出口结点的必经结点。
② A 在 L 中其他地方不再定值。
③ L 中所有 A 的引用点只有 s 中 A 的定值才能到达。

条件二:A 在离开 L 后不再是活跃的,并且条件一的②和③成立。所谓"A 在离开 L 后不再是活跃的"是指,A 在 L 的任何出口结点的后继结点(是指那些不属于 L 的后继)的入口处不是活跃的。

(3) 按步骤(1)所找出的不变运算的顺序,依次把符合步骤(2)的条件一或条件二的不变运算 s 外提到 L 的前置结点中。但是,如果 s 的运算对象(B 或 C)是在 L 中定值的,则只有当这些定值代码都已外提到前置结点中时,才可能把 s 也外提到前置结点中。

注意:如果把满足步骤(2)中条件二的不变运算 $A = B\ op\ C$ 外提到前置结点中,则执行完循环后不会再引用该 A 值,可能与不进行外提的情形所得 A 值不同。但是,因为离开循环后不会再引用该 A 值,所以不影响程序运行的结果。

【**例 9-3**】 对图 9-9 所示的控制流图进行代码外提的循环优化。

解:图 9-9 的控制流图由两个结点组成,每个基本块是一个结点,其中结点 B_2 是一个循环,它本身就是入口结点。B_2 中的四元式 3、6 和 10 都是不变运算,将这些运算外提后的流图如图 9-10 所示。

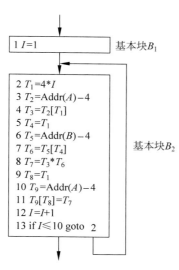

图 9-9 未经优化的四元式

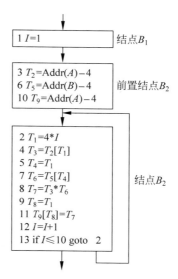

图 9-10 代码外提后的控制流图

循环中的代码外提是有条件的,循环中的不变运算不一定都能提到循环以外。当不变运算所在结点是循环所有结点的必经结点时,才有可能将这些不变运算外提,否则就不一定能外提。

综合以上分析,可以给出把循环中不变运算 $A = B$ op C 外提时必须满足的条件:

(1) 要求该不变运算所在的结点是循环所有出口结点的必经结点。

(2) 要求循环中其他地方不再有 A 的定值点。

(3) 要求循环中 A 的所有引用点都是而且仅仅是这个定值所能达到的。

2. 强度削弱

强度削弱是指把程序中执行时间较长的运算替换成执行时间较短的运算。例如循环中某些乘法运算可替换成递归加法运算。

如果循环中有 I 的递归赋值运算 $I = I \pm C$,其中 C 为循环不变量,并且循环中又有 T 的赋值运算 $T = K * I \pm C_1$,其中 K 和 C_1 均为循环不变量。则可用加法替换赋值运算中的乘法运算。假设第 n 次和第 $n+1$ 次循环执行时,T 的值分别为 T_n 和 T_{n+1},则

$$T_n = K * I \pm C_1$$
$$T_{n+1} = K * (I \pm C) \pm C_1 = K * I \pm K * C \pm C_1 = K * I \pm C_1 \pm K * C = T_n \pm K * C$$

由于 K 和 C 均为循环不变量,令 $C_2 = K * C$,则 C_2 也是循环不变量,所以可用递归赋

值运算 $T=T\pm C_2$ 来代替 $T=K*I\pm C_1$。

通过强度削弱可以把循环中下标地址中的乘法运算替换成递归赋值运算，这样可以削弱计算下标地址的强度。在强度削弱后，可能会在循环中出现一些新的无用的赋值，此时也应将其删掉。

3. 变换循环控制条件

定义 9-9 若循环中对变量 I 只有唯一递归赋值 $I=I\pm C$（其中 C 为循环不变量）时，则称 I 为基本递归变量。若 T 为 I 的线性函数，即 $T=K*I\pm C_1$，其中 K 和 C_1 均为循环不变量，则称 T 为归纳变量。

定义 9-10 当一个基本归纳变量用于自身的递归赋值，又仅仅在循环中用于计算其他归纳变量和作为控制循环条件时，可以进行删除归纳变量的优化，这种优化又称为变换循环控制条件。

例如，图 9-10 的 B_2 中有以下两条语句：

```
12   I = I + 1
13   if I≤10 goto 2
```

由于存在关系 $T_1=4*I$，所以可用 $T_1\leq 40$ 来代替图 9-10 的语句中的 $I\leq 10$，替换后为

```
13   if T₁≤40 goto 2
```

因为基本归纳变量 I 在循环中仅仅用来计算其他归纳变量 T_1 和作为控制循环的条件，故可将第 12 行的 $I=I+1$ 删除。经过优化后的控制流图如图 9-11 所示。

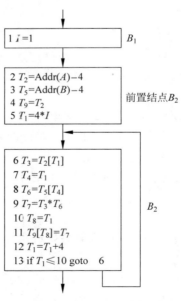

图 9-11 优化后的控制流图

本节介绍的优化方法不仅适用于编译程序，将它们编成优化程序，对中间代码进行扫描分析，同时对代码进行优化，而且在使用高级语言编写程序时，也可以用这些方法优化自己的程序，尤其在使用没有优化功能的编译程序时，可以高效地提高目标程序的运行速度。

9.4 全局优化

为了代码优化和高效的代码生成,编译程序需要把程序作为一个整体来收集信息并把这些信息分配给程序流图的各个基本块。因此,就要进行数据流分析工作。

9.4.1 相关概念及数据流方程

在全局数据流分析中有一些常用的概念,下面先作介绍。

1. 到达和定值

变量 A 的定值是一个语句(四元式),它赋值或可能赋值给 A,最普通的定值是对 A 的赋值或读值到 A 的语句,该语句的位置称作 A 的定值点。

所谓变量 A 的定值点 d 到达某点 p,是指如果有路径从紧跟 d 的点到达 p,并且在这条路径上 d 没有被"注销"。所谓注销是指该变量重新被定值。直观上说,变量 A 的定值点 d 到达某点 p 是指流图中从 d 有一条路径到达 P 且该通路上没有 A 的其他定值。

2. 引用-定值链(ud 链)

假设在程序中某点 u 引用了变量 A 的值,则把能到达 u 的 A 的所有定值点的全体称为 A 在引用点 u 的引用-定值链。通常,把到达和定值信息存储作为引用-定值链是比较方便的,它是所有能够到达变量的某个引用的定值表,也称为 ud 链。在进行循环优化时,为了求出循环中的所有不变运算,需要知道各变量引用点的 ud 链信息。在 9.3 节中给出的各种循环优化的算法都是在假设 ud 链已知的前提下进行的。

3. 活跃变量

对程序中的某变量 A 和某点 p 而言,如果存在一条从 p 开始的通路,其中引用了 A 在点 p 的值,则称 A 在点 p 是活跃的,否则称 A 在点 p 是死亡的。

在前几节中,我们知道,无论是基本块优化或是循环优化,都可能引起某些变量的定值在该基本块或循环内不会被引用;只要这些变量在基本块或循环的出口之后也不是活跃的,那么,这些变量在该基本块或循环内的定值就是无用赋值,从而可以删除。因此,活跃变量的分析对于删除无用赋值是很有意义的。

4. 定值-引用链(du 链)

与引用-定值链相对应,引入定值-引用链的概念,对一个变量 A 在某点 p 的定值,也可计算该定值能到达的对 A 的所有引用点。这些引用点的集合称为该定值点的定值-引用链,简称 du 链。

du 链信息可进一步用于强度削弱的优化中,在这种优化中,需要找出形为 $A = B \text{ op } C$ 的四元式,其中 B 是归纳变量,C 是循环不变量。若已知 B 是归纳变量,那么,就可应用循环中 B 的定值点的 du 链来找出所有形为 $A = B \text{ op } C$ 和 $A = C \text{ op } B$ 的四元式。

5. 数据流方程

数据流分析在软件开发、测试和维护中起着十分重要的作用。它将程序中变量的出现分为变量的定义和引用,若语句 i 实现对变量 v 存储单元的赋值,则称语句 i 定义变量 v;若语句 i 引用变量 v 存储单元的值,则称语句 i 引用变量 v。数据流分析就是收集程序中使用数据、定义数据和数据依赖等信息的过程。

通过在程序的各个点建立和求解与信息有关的方程系统即可收集数据流信息。数据流方程的形式如下:

$$\text{out}[S] = \text{gen}[S] \cup (\text{in}[S] - \text{kill}[S]) \tag{9-1}$$

该方程表示当控制流通过一条语句时,在语句末尾得到的信息或者是在该语句中产生的信息,或者是进入语句开始点时携带的并且没有被该语句注销的那些信息。

建立和求解数据流方程依赖于 3 个因素:

(1) 产生和注销的概念依赖于所需的信息,即依赖于所要解决的数据流分析问题。而且,对于某些问题,不是沿着控制流前进,由 in[S] 来定义 out[S],而是反向前进,由 out[S] 来定义 in[S]。方程形式为

$$\text{in}[S] = (\text{out}[S] - \text{kill}[S]) \cup \text{gen}[S] \tag{9-2}$$

(2) 因为数据沿控制路径流动,所以数据流分析受程序控制结构的影响。事实上,在方程中隐含地认为语句有唯一的结束点。一般地,方程是在基本块级而不是在语句级建立的,而基本块确实有唯一的结束点。

(3) 有些难以捉摸的问题会伴随着过程调用、通过指针变量的赋值甚至数组变量的赋值等语句而产生。

9.4.2 可到达定义

可到达定义的合理计算是数据流分析的目标。计算可到达定义的第一步是为每条语句计算该语句使用的变量集合和定义的变量集合。

变量 x 的定义是一条赋值或可能赋值给 x 的语句。最普通的定义是对 x 的赋值或从 I/O 设备读取一个值并存储在 x 中的语句,这些语句明确为 x 定义了一个值,称为 x 的明确定义。还有一些语句,它们可能为 x 定义一个值,称为含糊定义。x 的含糊定义的最常见形式如下:

(1) 把 x 作为参数的过程调用(传值参数除外)或者可能访问 x 的过程,因为 x 在过程的作用域之内。还要考虑"别名"的可能性,x 虽然不在该过程的作用域内,但 x 等同于另一个变量,这个变量被作为参数传递或在此作用域内。

(2) 通过对可能指向 x 的指针赋值。例如,如果 q 可能指向 x,则赋值语句 $*q=y$ 是 x 的定义。

如果存在一条从紧跟 d 的点到 p 的路径,并且在这条路径上 d 并没被"注销",则说定义 d 到达点 p。直观地,如果某个变量 a 的定义 d 到达点 p,那么 p 引用的 a 的最新定义可能在位置 d。如果沿着这条路径的某两点间存在 a 的定义,那么将注销(kill)变量 a 的那个定义。注意,只有 a 的明确定义才能注销 a 的其他定义。这样,一个点可以由一条路径上的明确定义和出现在后面的同一变量的含糊定义到达。

例如,图 9-12 的块 B_1 中的定义 $i=m-1$ 和 $j=n$ 到达块 B_2 的开始点,如果在块 B_4 和块 B_5 中不对 j 赋值或读 j,块 B_3 的定义 $j=j-1$ 后面的部分也是如此,那么 $j=j-1$ 也可到达块 B_2。不过块 B_3 中对 j 的赋值注销了定义 $j=n$,因此这个定义不能到达块 B_4、B_5 和 B_6。

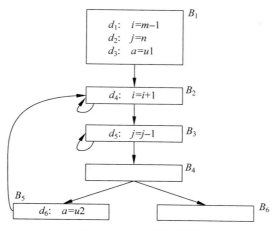

图 9-12 一个控制流图

通过定义前面的到达定义,有时允许一定的不精确,但是,它们都是在"安全"和"稳妥"范围内。例如,我们假设流图的所有边都能被遍历到,但实际上可能不是这样。例如,不管 a 和 b 是什么值,控制也不会到达下面程序段中的赋值语句 $a=4$。

```
if a = b then a = 2
else if a = b then a = 4
```

一般地,确定流图中是否每条路径都会被经过是一个不可判定问题。

下面再定义一些概念,它们是计算可到达定义的基础,这些概念是定义集(def set)、产生集(gen set)、注销集(kill set)、入集(in set)和出集(out set)。

定义 9-11 定义集

把用于变量 x 的所有定义的标记作为元素构成的集合就是变量 x 的定义集。

定义 9-12 产生集和注销集

把所有由语句 S 产生的定义的标记作为元素构成的集合称为语句 S 的产生集;把所有由语句 S 注销的定义的标记作为元素构成的集合称为语句 S 的注销集。

定义 9-13 入集和出集

把所有可到达语句 S 的定义的标记作为元素构成的集合称为语句 S 的入集;把所有离开语句 S 的定义的标记作为元素构成的集合称为语句 S 的出集。

根据上面的定义,可按照式(9-3)计算可到达定义:

$$\text{out}[S] = \text{gen}[S] \cup (\text{in}[S] - \text{kill}[S]) \tag{9-3}$$

具体步骤是:在控制流图的第一次遍历中,为每个已定义的变量计算定义集,为每条语句计算产生集和注销集。在控制流图的第二次遍历中,以一种语法制导(syntax-directed)的方式计算可到达定义,并在变量的使用结点和所有它的可到达定义之间插入连接。

注意:此方法对含有非结构化控制流的语言不适合。例如,具有 GOTO 语句的语言——

般选择迭代的方法计算可到达定义。

9.4.3 结构化程序的数据流分析

像 do-while 语句这样的控制流结构的控制流图具有一种有用的性质：控制只能从一个开始点进入，而且当语句结束时只能从一个结束点离开。

$$S \rightarrow \text{id}=E \mid S;S \mid \text{if } E \text{ then } S \text{ else } S \mid \text{do } S \text{ while } E$$
$$E \rightarrow \text{id}-\text{id} \mid \text{id}$$

对上面语法所表示的语句，其控制流图如图 9-13 所示。

我们将控制流图中的一部分（称为区域）定义为包含首结点的一组结点 N，其中首结点支配区域中的所有其他结点。除了进入首结点的那些边以外，N 中所有结点之间的边都在区域中。与语句 S 对应的那部分控制流图是一个区域，它遵守更严格的限制：当控制离于该区域时，只可以流到一个外面的块中。

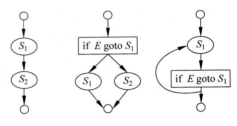

图 9-13　结构化控制结构的控制流图

图 9-13 中方程是关于所有语句 S 的 in[S]、out[S]、gen[S] 和 kill[S] 集合的归纳定义或者说是语法制导定义。集合 gen[S] 和 kill[S] 是综合属性，它们是自底向上、从最小的语句集到最大的语句集进行计算的。我们的要求是如果 d 到达 S 的末尾，则定义 d 在 gen[S] 中，而与它是否到达 S 的开始无关。从另一个角度来看，d 必须出现在 S 中并且通过不会转到 S 外面的路径到达 S 的末尾。这就是称 gen[S] 是"S 产生的"定义之集的理由。

类似地，让 kill[S] 作为从未到过 S 末尾的定义的集合（即使它们能到达 S 的开始）。将这些定义看成"被 S 注销"是有意义的。为了使定义 d 在 kill[S] 中，从 S 的开始到末尾的每条路径上都必须有一个 d 所定义的同一变量的明确定义，而且如果 d 出现在 S 中，则其后沿任意路径的 d 的每次出现都必须是同一变量的另一个定义。

下面讨论图 9-14 中的数据流方程。

首先，观察图 9-14(a) 中对变量 a 的一条赋值语句，假设该赋值语句为定义 d，那么无论 d 是否到达语句的开始，它是唯一的确实能到达语句末尾的定义。因此有

$$\text{gen}[S]=\{d\}$$

另一方面，d 注销了 a 的所有其他定义，所以有

$$\text{kill}[S]=D_a-\{d\}$$

其中，D_a 是程序中变量 a 的所有定义的集合。

如图 9-14(b) 所示，串联语句的规则更微妙一些。由"$S=S_1;S_2$"所产生的定义 d 所处的环境是什么呢？如果 d 是由 S_2 产生的，那么它当然就是由 S 产生的。如果 d 是由 S_1 产生的，假设它没有被 S_2 注销，它将到达 S 的末尾。于是有

$$\text{gen}[S]=\text{gen}[S_2] \cup (\text{gen}[S_1]-\text{kill}[S_2])$$

将同样的推理应用于定义的注销，将得到

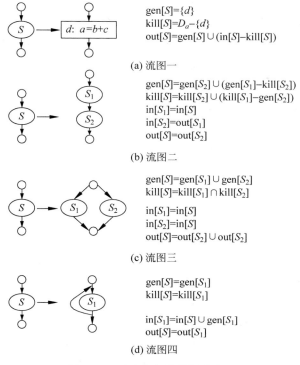

图 9-14 到达定义的数据流方程

$$kill[S] = kill[S_2] \cup (kill[S_1] - gen[S_2])$$

如图 9-14(c)所示，如果 if 语句的任一分支产生一个定义，那么该定义将到达语句 S 的末尾。从而有

$$gen[S] = gen[S_1] \cup gen[S_2]$$

但是，为了注销定义 d，在从 S 的开始到 S 的结束的所有路径上 d 所定义的变量都必须被注销。特别地，它必须在任何分支上都被注销，所以

$$kill[S] = kill[S_1] \cap kill[S_2]$$

最后，考虑图 9-14(d)中循环的规则，循环对 gen 和 kill 不会产生影响。如果定义 d 是在 S_1 中产生的，那么它将到达 S_1 和 S 的末尾。相反，如果 d 是在 S 中产生的，它只可能是在 S_1 中产生的。如果 d 被 S_1 注销，那么执行循环将不起作用，d 的变量在每一次循环中都将在 S_1 中被重新定义。相反，如果 d 被 S 注销，那么它一定是被 S_1 注销的，即

$$gen[S] = gen[S_1]$$
$$kill[S] = kill[S_1]$$

9.4.4 数据流方程的迭代解

该方法是首先建立控制流图，然后同时计算每个结点的 in 和 out 集合。许多数据流方程的"产生"和"注销"信息的形式是类似的。但是，有两种主要的方法对应的方程在细节上却有所不同。

（1）到达定义的方程是前向方程，即 out 集合是根据 in 集合计算出来的。我们还会看

到数据流问题是后向的,即 in 集合是从 out 集合计算出来的。

(2) 当有多条边进入块 B 时,到达 B 的开始的定义是沿每一条边到达的定义的并,因此称该并操作是聚合操作(confluence operation)。相反,全局可用表达式这样的并操作是聚合操作,因为只有当表达式在 B 的每一个前继的末尾都是可用的,它在 B 的开始才是可用的。

为每个基本块 B 定义 out[B]、gen[B]、kill[B] 和 in[B],注意,每个基本块 B 可以看作是一条或多条赋值语句的串联。假设已经计算出了每一块的 gen 和 kill,如式(9-4)所示,可以创建两组和 in 与 out 有关的方程。第一组方程表示 in[B] 是从 B 的所有前驱到达的定义的并集。第二组方程是对所有语句都成立的通用规则(式 9-3)的特例。这两组方程为

$$\text{in}[B] = \bigcup_{B\text{的前驱}P} \text{out}[P]$$
$$\text{out}[B] = \text{gen}[B] \bigcup (\text{in}[B] - \text{kill}[B]) \tag{9-4}$$

如果流图有 n 个基本块,则由式(9-4)可得到 $2n$ 个方程。通过循环计算 in 和 out 集合即可对这 $2n$ 个方程进行求解。使用迭代法,对所有的 B,从"估计"in[B]=∅开始,然后逐步收敛到 in 和 out 的期望值。因为必须重复迭代直到 in(out)收敛,利用一个布尔变量 change 来记录在对块的每一遍扫描中 in 是否发生变化。其算法如算法 9-5 所示。直观地,只要定义没有被注销,算法 9-5 就会将它们传播得尽可能远,从某种意义上说,就是模拟程序所有可能的执行。可以看出,算法最终会停止,因为对任何 B,out[B] 都不再变小,一旦没有定义增加,它将永远停留在那里。因为所有定义的集合是有穷的,所以最终一定会有一次 while 循环,使得在第 9 行中对每个 B 都有 oldout=out[B],于是,change 将保持为 false,而算法也会停止。我们可以安全地终止算法,因为如果 out 没有发生变化,在下一次循环中 in 也不会发生变化。并且如果 in 不发生变化,out 也不会发生变化,所以在随后的每次循环中,in 不可能再发生变化。

可以证明 while 循环次数的上界是流图中结点的个数。直观地看,其原因是:如果一个定义到达了某一点,它可以沿着一条无环路的路径这样做,而控制流图中结点的数量是无环路路径上结点数量的上界。每次执行 while 循环,该定义沿这条路径至少前进一个结点。

事实上,如果在第 5 行的 for 循环中适当地安排块的顺序,有充分的证据表明在实际程序上迭代的平均数将小于 5。因为这些集合可以用位向量表示,而且这些集合上的操作可以用位向量上的逻辑操作来实现,所以算法 9-5 的效率实际上非常高。

算法 9-5 计算 in 和 out

输入:已经算出每个块 B 的 kill[B] 和 gen[B] 的控制流图

输出:每个块 B 的 in[B] 和 out[B]

```
      /* 初始化 out,假设对所有的 B, in[B]=∅  */
1     for 每个块 B do out[B]=gen[B];
2     change=true;           /* 使得 while 循环继续下去 */
3     while change do
4         change=false
5         for 每个块 B do
```

```
6         in[B]= ⋃_{B的前驱P} out[P];
7         oldout=out[B];
8         out[B]=gen[B]⋃(in[B]−kill[B])
9         if out[B]≠oldout then change=true end if
      endfor
   endwhile
```

9.4.5 活跃变量分析

在活跃变量分析中,我们希望知道对于变量 x 和点 p,在流图中沿从 p 开始的某条路径是否可以引用 x 在 p 点的值。如果可以,则称 x 在 p 点是活跃的,否则称 x 在 p 点是无用的。

假设 in[B]为紧靠 B 之前的点活跃变量的集合,out[B]为在紧跟 B 之后的点活跃变量的集合。令 def[B]为 B 中以下变量集合:在引用该变量之前已明确对该变量进行了赋值;令 use[B]为 B 中以下变量集合:在该变量的任何定义之前可能引用该变量。那么,有下列方程组:

$$\begin{aligned} &\text{in}[B]=\text{use}[B] \cup (\text{out}[B]-\text{def}[B]) \\ &\text{out}[B]=\bigcup_{B的后继S}\text{in}[S] \end{aligned} \quad (9\text{-}5)$$

第一组等式表示一个变量在进入某个块时是活跃的,如果它在该块中于定义前被引用,或者它在离开该块时是活跃的而且在该块中没有被重新定义。第二组等式表示一个变量在离开某个块时是活跃的,当且仅当它在进入该块的某个后继时是活跃的。

式(9-5)同式(9-4)一样,解不唯一,我们只需要最小解。其算法如图算法 9-6 所示。

算法 9-6　计算 in 和 out
输入:已经算出每个块 B 的 def[B]和 use[B]的流图
输出:out[B],流图中在每个块 B 的出口活跃的变量的集合

```
1    for 每个块 B do in[B]=∅;end for
2    while 集合 in 发生变化 do
3        for 每个块 B do
4            out[B]= ⋃_{B的后继S} in[S]
5            in[B]=use[B]⋃(out[B]−def[B])
        endfor
    endwhile
```

【**例 9-4**】 观察图 9-15 所示的控制流图,各四元式左边的 d 分别代表该四元式的位置。假设只考虑变量 i 和 j,计算所有基本块 B 的 gen[B]和 kill[B]。

为表示 gen[B]和 kill[B],引入位向量的概念。控制流图中每一点在位向量中占一位,如果 d 属于某个集,则该向量的相应位为 1,否则为 0。由 gen[B]和 kill[B]的定义,可以直接求出每个基本块的 gen[B]和 kill[B]及其位向量,如表 9-2 所示。

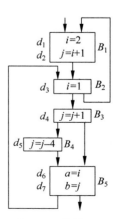

图 9-15　控制流图

表 9-2 计算 gen 和 kill

基本块 B	gen$[B]$	位　向　量	kill$[B]$	位　向　量
B_1	$\{d_1, d_2\}$	1100000	$\{d_3, d_4, d_5\}$	0011100
B_2	$\{d_3\}$	0010000	$\{d_1\}$	1000000
B_3	$\{d_4\}$	0001000	$\{d_2, d_5\}$	0100100
B_4	$\{d_5\}$	0000100	$\{d_2, d_4\}$	0101000
B_5	$\varnothing$	0000000	$\varnothing$	0000000

有了 gen$[B]$ 和 kill$[B]$，就可以求 out$[B]$ 和 in$[B]$ 了。

对于 out$[B]$，容易看出：

(1) 如果定值点 d 在 gen$[B]$ 中，那么，它一定也在 out$[B]$ 中。

(2) 如果某定值点 d 在 in$[B]$ 中，而且被 d 定值的变量在 B 中没有被重新定值，那么 d 也在 out$[B]$ 中。

(3) 除(1)和(2)两种情况外，没有其他的 $d \in$ out$[B]$。

对于 in$[B]$，容易看出：某定值点 d 到达 B 的入口之前，当且仅当它到达 B 的某一前趋基本块的出口之后。

综上所述，可列出所有基本块 B 的 in$[B]$ 和 out$[B]$ 的计算公式：

$$\left.\begin{array}{l}\text{out}[B] = (\text{in}[B] - \text{kill}[B]) \cup \text{gen}[B] \\ \text{in}[B] = \bigcup_{p \in P[B]} \text{out}[p]\end{array}\right\} \quad (9\text{-}6)$$

其中，$P[B]$ 为 B 的所有前趋基本块的集。联立方程(9-6)称为到达-定值数据流方程。

设流图中有 n 个结点，则数据流方程(9-6)是 $2n$ 个变量的 in$[B]$ 和 out$[B]$ 的线性联立方程组。可用迭代法来求解到达-定值数据流方程。下面就是迭代算法：

```
    begin
1       for i=1 to n do
2           in[B_i] = ∅;
3           out[B_i] = gen[B_i]          /* 置初值 */
        end for;
4       change = true;
5       while change do
6           change = false;
7           for i=1 to n do
8               newin = ∪out[p]; p ∈ P[B_i];
9               if newin ≠ in[B_i] then
10                  change = true;
11                  in[B_i] = newin;
12                  out[B_i] = in[B_i] - kill[B_i] ∪ gen[B_i]
                endif
            endfor
        endwhile
    end
```

在算法第 7 行中,按控制流图中各结点的深度为主次序依次计算各基本块的 in 和 out,in$[B_i]$ 和 out$[B_i]$ 的迭代初值分别取 $\varnothing$ 和 gen$[B_i]$。change 是用来判断结束的布尔变量。newin 是集合变量,对每一基本块 B_i,如果前后两次迭代计算出的 newin 值不等,则置 change 为 true,这表示尚需进行下一次迭代。

例如,对图 9-15 中的流图,假设只考虑变量 i 和 j,应用以上算法,求数据流方程(9-4)的解。

表 9-2 已列出各基本块的 gen 和 kill。

图 9-16 是图 9-15 流图的深度为主扩展树。各基本块的深度为主次序为 B_1、B_2、B_3、B_4、B_5。

图 9-16 深度为主扩展树

根据上述算法,求解步骤如下:

首先置迭代初值:

in$[B_1]$ = in$[B_2]$ = in$[B_3]$ = in$[B_4]$ = in$[B_5]$ = 0000000

out$[B_1]$ = 1100000

out$[B_2]$ = 0010000

out$[B_3]$ = 0001000

out$[B_4]$ = 0000100

out$[B_5]$ = 0000000

执行算法第 4 行,置 change 为 true。第一次迭代开始,首先置 change 为 false。在算法第 7 行按深度为主次序依次对 B_1、B_2、B_3、B_4、B_5 执行算法第 8~12 行。

对 B_1:

$$\text{newin} = \text{out}[B_2] = 0010000 \ne \text{in}[B_1]$$

故

change = true, in$[B_1]$ = 0010000

out$[B_1]$ = in$[B_1]$ − kill$[B_1]$ $\cup$ gen$[B_1]$ = 0010000 − 0011100 $\cup$ 1100000 = 1100000

对 B_2:

$$\text{newin} = \text{out}[B_1] \cup \text{out}[B_5] = 1100000 \cup 0000000 \ne \text{in}[B_2]$$

故

change = true, in$[B_2]$ = 1100000

out$[B_2]$ = 1100000 − 1000000 $\cup$ 0010000 = 0110000

对 B_3:

in$[B_3]$ = out$[B_2]$ = 0110000

out$[B_3]$ = 0110000 − 0100100 $\cup$ 0001000 = 0011000

对 B_4:

in$[B_4]$ = out$[B_3]$ = 0011000

out$[B_4]$ = 0011000 − 0101000 $\cup$ 0000100 = 0010100

对 B_5:

in$[B_5]$ = out$[B_3]$ $\cup$ out$[B_4]$ = 0011000 $\cup$ 0010100 = 0011100

out$[B_5]$ = 0011100 − 0000000 $\cup$ 0000000 = 0011100

至此，第一次迭代结束，change 为 true，因而开始下一次迭代。各次迭代结果如表 9-3 所示。

表 9-3　计算 in 和 out

基本块	第 1 次迭代		第 2 次迭代		第 3 次迭代		第 4 次迭代	
	in[B]	out[B]	in[B]	out[B]	in[B]	out[B]	in[B]	out[B]
B_1	0010000	1100000	0110000	1100000	0111100	1100000	0111100	1100000
B_2	1100000	0110000	1111100	0111100	1111100	0111100	1111100	0111100
B_3	0110000	0011000	0111100	0011000	0111100	0011000	0111100	0011000
B_4	0011000	0010100	0011000	0010100	0011000	0010100	0011000	0010100
B_5	0011100	0011100	0011100	0011100	0011100	0011100	0011100	0011100

可以看出，第 4 次迭代计算出的结果和第 3 次迭代完全相同，它就是最后求出的结果。

习题

1. 什么是代码优化？进行优化所需要的基础是什么？
2. 编译过程中可进行的优化如何分类？
3. 分别对图 9-17 和图 9-18 的流图完成以下任务：
(1) 求出流图中各结点 n 的必经结点集 $D(n)$。
(2) 求出流图中的回边。
(3) 求出流图中的循环。

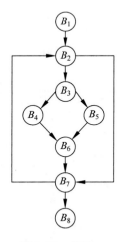

图 9-17　流图一

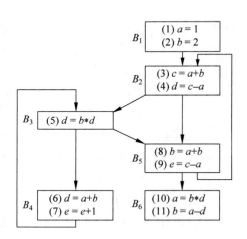

图 9-18　流图二

4. 对图 9-18 所示的流图求出以下各项：
(1) ud 链和 du 链。
(2) 每块末尾的活跃变量。
5. 请利用代码优化的思想（代码外提和强度削弱等），改写下面程序中的循环，得到优化后的 C 语言程序。

```
Main( )
{
   int i,j;
   int S[20][50];
   for(i = 0;i < 20;i++)
      {
         for(j = 0;j < 50;j++)
            S[i][j] = 10 * i * j;
      }
}
```

第10章 目标代码生成

10.1 目标代码的形式

编译程序的最终目标是将源程序翻译成目标代码,若在语义分析阶段没有完成目标代码的生成,则必须单独完成此项工作。目标代码生成是将编译生成的或经过优化得到的中间代码(如逆波兰式、四元式、三元式等)变换成目标代码的过程。目标代码常常分为机器语言代码和汇编语言代码两大类。若是汇编语言代码,则需要经过汇编程序变成机器语言代码。这两种情况分别如图 10-1(a)和图 10-1(b)所示。

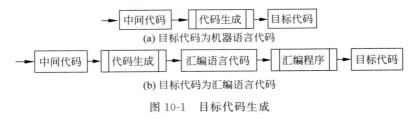

图 10-1 目标代码生成

目标代码若为机器语言代码时,又有两种形式,一种是已定位的机器语言代码,另一种是可重定位的机器语言代码。

已定位的机器语言代码能立即被机器执行。但这种代码的灵活性比较差。在编译过程中,通常要把整个源程序一起编译,而不能对源程序分若干段进行编译。此外,这种形式存储利用率也比较低,因此目前编译程序很少采用这种代码形式。

可重定位的机器语言代码又称相对目标代码。对于可重定位的机器语言代码,在具体执行前必须使用连接装配程序将其与某些运行程序连接起来,确定代码运行时在存储空间中的位置,即给代码定位,从而形成可执行代码。这种代码比较灵活,可将源程序分段编译,产生若干段可重定位的代码,然后连接起来。此外,采用这种代码形式,在运行时可充分利用存储器资源。因此,编译程序大多采用可重定位代码形式。

汇编语言代码必须要经汇编程序汇编以后才能变成可执行的机器语言代码。这种代码形式与机器语言代码比较更具有灵活性,目前不少编译程序采用这种代码形式。

中间代码与机器无关,目标代码仅仅依赖于目标机器的指令系统。指令系统越丰富,越容易生成目标代码。在目标代码的生成过程中,要根据目标机器指令系统确定每种中间代码所对应的目标代码。

10.2 目标代码生成的主要问题

虽然代码生成器的具体细节依赖于目标机器和操作系统，但是像存储管理、指令选择、寄存器分配和计算次序选择是几乎所有的代码生成器都会碰到的问题。

代码生成器的输入包括由前端产生的中间表示和符号表信息，符号表信息用来决定中间表示中名字所代表的数据对象的运行地址。本章采用的中间表示是三地址代码。

10.2.1 目标程序

代码生成器的输出称为目标程序。像中间代码那样，目标程序的形式也可以是多样的：可执行目标模块（也称可执行目标程序）、可重定位目标模块或汇编语言模块。可重定位目标模块是指代码装入内存的起始地址可以是任意的，代码中有一些重定位信息，以适应重定位的要求。可执行目标模块装入内存的起始地址是固定的。

产生的可执行目标模块作为输出的好处是，它可以放在内存的固定地方并且立即执行。这样，小程序可以迅速地编译和执行。历史上一些面向学生的编译器就能产生可执行的目标程序。

采用可重定位的目标模块（也称可重定位的机器语言代码）时，需要连接器把一组可重定位目标模块连成一个可执行的目标程序。虽然产生可重定位目标模块必须增加额外的开销来进行连接，但带来的好处是灵活性。因为这种方式允许程序模块或子程序分别编译，允许从目标模块中调用其他先前编译好的程序模块。通常，可重定位目标模块中有重定位信息和连接信息。

产生汇编语言程序作为输出使得代码生成的过程变得容易，这是因为可以产生符号指令并可利用汇编器的宏机制来帮助生成代码，所付出的代价是代码生成后的汇编工序。由于产生汇编码可免去编译器重复汇编的工作，因此它也是一种合理的选择，尤其对于内存小而编译器必须分成几遍的情况来说更是这样。

为了提高可读性，本章用汇编语言代码作为目标语言。但需要强调的是，只要地址可以从符号表中的偏移和其他信息计算得到，那么产生名字的重定位地址或绝对地址同产生它的符号地址一样容易。

10.2.2 指令选择

目标机器指令系统的性质决定了指令选择的难易程度，指令系统的统一性和完备性是重要的因素。例如，如果目标机器不能以统一的方式支持各种数据类型，那么每种例外的数据类型都需要专门的处理。

指令的速度和机器特点是另一些重要的因素。如果不考虑目标程序的效率，指令的选择是直截了当的。对每一类三地址语句，可以设计所生成的目标代码的框架。例如，形式为 x＝y＋z 的三地址语句，若 x、y 和 z 都是静态分配，那么它可以翻译成以下代码序列：

```
MOV    y,R0        /* 把 y 装入寄存器 R0 */
ADD    z,R0        /* z 加到 R0 上 */
```

```
    MOV    R0,x           /* 把 R0 存入 x 中 */
```

遗憾的是，这种逐条语句地产生代码的方式常常得到质量低劣的代码。例如，语句序列

```
a = b + c
d = a + e
```

将翻译成

```
    MOV    b,R0
    ADD    c,R0
    MOV    R0,a
    MOV    a,R0
    ADD    e,R0
    MOV    R0,d
```

显然，第四条指令是多余的。如果能够知道 a 以后不再使用，那么第三条也是多余的。

产生的代码质量取决于它的长度和执行速度。指令系统丰富的目标机器可能提供几种方式实现某一操作，由于不同实现方式的执行代价可能大不一样，因此对中间代码进行简单的翻译能产生正确的、但效率可能难以接受的目标代码。例如，若目标机器有加 1 指令（INC），那么三地址语句 a＝a＋1 的高效实现是一条指令 INC a，而不是下面的指令序列：

```
    MOV    a,R0
    ADD    ♯1,R0
    MOV    R0,a
```

指令的速度对设计好的代码序列是必需的，但是，精确的时间信息常常很难得到。决定哪个指令序列对给定的三地址结构是最优的，可能还要用到该结构的上下文知识。

10.2.3　寄存器分配

运算对象处于寄存器中的指令通常比运算对象处于内存中的指令要短一些，执行也快一些。因此，充分利用寄存器对生成高质量的代码尤其重要。寄存器的使用可以分成两个问题：

（1）在寄存器分配期间，为程序的有关点选择驻留在寄存器中的一组变量。
（2）在随后的寄存器指派阶段，挑选变量要驻留的具体寄存器。

选择最优的寄存器指派方案是困难的，它是 NP 完全问题。这个问题还会进一步变得复杂，因为目标机器的硬件/操作系统可能要求寄存器的使用遵守一些约定。

本章介绍的简单代码生成算法将寄存器分配和指派合在一起，这是寄存器分配原则。

10.2.4　计算次序选择

计算的执行次序会影响目标代码的效率。例如，对一个表达式，某个计算次序可能会比其他次序需要较少的寄存器来保存中间结果。选择最佳计算次序也是一个 NP 完全问题。本章只讨论按照中间代码生成器产生的三地址语句的次序来产生目标代码。

10.3 目标机器

熟悉目标机器和它的指令系统是设计好一个代码生成器的先决条件。遗憾的是，在代码生成的一般性讨论中，不能对目标机器描述到足够详细的程度，因而难以对一种完整的语言产生高效的代码。本章选择几种有代表性的目标机器，所提出的一些技术可用于其他许多类机器。

10.3.1 目标机器的指令系统

本节所选的目标机器是字节寻址机器，4 字节组成 1 个字，有 n 个通用寄存器 R0，R1，$\cdots$，R($n-1$)。它有形式为"op 源，目的"的二地址指令，其中 op 是操作码，源和目的都是数据域。该机器有如下的操作码：

```
MOV    源传到目的。
ADD    源加到目的。
SUB    目的减去源。
```

其他的指令等用到时再介绍。

由于源和目的这两个域没有长到足以保存内存地址，所以它们的某些位用来指明指令的下一个字或两个字包含运算对象或地址。于是，一条指令的源和目的由寄存器和内存单元与地址模式组合起来指明。在下面的描述中，contents(a)表示由 a 代表的寄存器或内存单元的内容。

地址模式和它们的汇编语言形式及附加代价如表 10-1 所示。

表 10-1 汇编语言形式及附加代价

模　式	形　式	地　址	附 加 代 价
绝对地址	M	M	1
寄存器	R	R	0
变址	c(R)	c+contents(R)	1
间接寄存器	*R	contents(R)	0
间接变址	*c(R)	contents(c+contents(R))	1

在 10.3.2 节将解释附加代价。

当用作源或目的时，内存单元 M 和寄存器 R 都代表其自身。例如，指令

```
MOV  R0,M
```

把寄存器 R0 的内容存入内存单元 M。

对寄存器 R 的值偏离 c 表示的一个地址写成 c(R)。例如，指令

```
MOV  4(R0),M
```

把值 contents(4+contents(R0)) 存入内存单元 M。

后面两个间接模式由前缀 * 来指明。例如，指令

```
MOV  *4(R0),M
```

把值 contents(contents(4＋contents(R0))) 存入内存单元 M。

最后一个地址模式允许源是常数：

模式	形式	常数	附加代价
直接量	♯c	c	1

例如，指令

```
MOV  ♯1,R0
```

把 1 保存于寄存器 R0 中。

10.3.2 指令代价

把指令代价取成 1，加上它的源和目的地址模式的附加代价（表 10-1 的最后一列），这个代价对应指令的长度（以字计算）。寄存器地址模式的代价是 0，而那些含内存单元或常数的地址模式的代价是 1，因为这样的运算对象必须和指令存放在一起。

如果空间是至关重要的，应该使指令的长度尽可能短。这样做有一个额外的重要好处，对大多数机器和大多数指令来说，从内存取指令的时间超过执行指令的时间，因而极小化指令的长度也使得指令的执行时间趋于最小。下面是几个例子：

(1) 指令 MOV R0,R1 把寄存器 R0 的内容复写到寄存器 R1，这条指令的代价是 1，因为它仅占 1 个字的内存。

(2) 指令 MOV R5,M 把寄存器 R5 的内容复写到内存单元 M。这条指令的代价是 2，因为内存单元的地址 M 存于指令的第 2 个字中。

(3) 指令 ADD ♯1,R3 把常数 1 加到寄存器 R3 的内容上。这条指令的代价是 2，因为常数 1 出现在指令的第 2 个字中。

(4) 指令 SUB 4(R0), *12(R1) 把值 contents(contents(12＋contents(R1)))－contents(4＋contents(R0)) 存入目的地址 *12(R1)。这条指令的代价是 3，因为常量 4 和 12 存于指令的第 2 和第 3 个字中。

为这种机器产生代码的困难可以从下面的例子看出一些。考虑为形式是 a＝b＋c 的三址语句产生代码，其中 a、b 和 c 都是简单变量，静态分配内存单元，用它们的名字表示相应的单元。这条语句可以由许多不同的指令序列来实现，例如：

```
MOV  b, R0
ADD  c, R0         代价 = 6
MOV  R0, a
MOV  b, a
ADD  c, a          代价 = 6
```

若 R0、R1 和 R2 分别含 a、b 和 c 的地址，则可以使用

```
MOV  *R1, *R0
ADD  *R2, *R0      代价 = 2
```

若 R1 和 R2 分别含 b 和 c 的值，并且 b 的值在这个赋值后不再需要，则可以使用

```
ADD   R2,R1
MOV   R1,a         代价 = 3
```

可以看出,为了给这个语句产生好的代码,必须有效地使用它的寻址能力。如果可能,尽量把名字的左值或右值保存在寄存器中,以便稍后使用。

10.4 一个简单的代码生成器

本节的代码生成策略为三地址语句序列产生目标代码。它依次考虑每条语句,根据寄存器当前的使用情况为其产生代码,并根据产生的代码修改寄存器的使用情况。

为简单起见,假定三地址语句的每种算符都有对应的目标机器算符,并且计算结果留在寄存器中尽可能长的时间,只有在下面两种情况下才把它存入内存:

(1) 如果此寄存器要用于其他计算。
(2) 正好在转移或标号语句之前。

条件(2)暗示在基本块的结尾所有内容都必须存起来。必须这样做的原因是,离开一个基本块后,可能进入几个不同基本块中的一个,或者进入一个还可以从其他基本块进入的基本块。在这两种情况下,没有把某个数据放到寄存器中,就认为基本块引用的某个数据在入口点一定处于某个寄存器中是不妥的。因此,为避免可能出现的错误,这个简单的代码生成算法在离开基本块时存储所有的内容。

10.4.1 寄存器描述和地址描述

对三地址语句 a＝b＋c,如果寄存器 R_i 含 b,R_j 含 c,且 b 在此语句后不再活跃,即 b 不再引用,那么可以为它产生代价为 1 的代码"ADD R_j,R_i",结果 a 在 R_i 中。如果 R_i 含 b,但 c 在内存单元(为方便起见,仍叫作 c),b 仍然不活跃,那么可以产生代价为 2 的代码:

```
ADD   c,R_i
```

或者产生代价为 3 的代码序列:

```
MOV   c,R_j
ADD   R_j,R_i
```

如果 c 的值以后还要用,第二种代码比较好,因为可以从寄存器 R_j 中取 c 的值。还有很多的情况可能要考虑,取决于 b 和 c 当前在什么地方和 b 的值以后是否还要用。还必须考虑 b 和 c 的一个或两个都是常数的情况。如果＋运算是可交换的,考虑的情况还会增加。所以,可以看出,代码生成包含了对大量情况的考察,哪种情况占优势依赖于三地址语句的上下文。

从上面的例子可以看出,在代码生成过程中,需要跟踪寄存器的内容和名字的地址。本节的代码生成算法使用寄存器和名字的描述来跟踪寄存器的内容和名字的地址。

(1) 寄存器描述记住每个寄存器当前保存的是什么。假定初始时寄存器描述显示所有寄存器为空(如果寄存器分配跨越块边界,就不是这样简单了)。随着对基本块的代码生成的逐步前进,在任何一点,每个寄存器都保存若干(包括零个)名字的值。寄存器的这些信息可以单独用一张寄存器表来描述。

(2) 名字的地址描述记住运行时每个名字的当前值可以在哪个场所找到。这个场所可以是寄存器、栈单元、内存地址，甚至是它们的某个集合，因为复写时值仍然留在原来的地方。这些信息可以存于符号表中，在决定名字的访问方式时使用。

10.4.2 代码生成算法

代码生成算法取构成一个基本块的三地址语句序列作为输入，对每个三地址语句 x=y op z 完成下列动作：

(1) 调用函数 getreg 决定存放 y op z 计算结果的场所 L。L 通常是寄存器，也可能是内存单元。后面将简要描述 getreg 的算法。

(2) 查看 y 的地址描述，确定 y 值当前的一个场所 y'。如果 y 当前值既在内存单元中又在寄存器中，当然选择寄存器作为 y'，特别是 y 的值所在的寄存器正好是 L 的时候。如果 y 的值还不在 L 中，则产生指令"MOV y', L"，把 y 的值复写到 L 中。

(3) 产生指令"op z', L"，其中 z' 是 z 的当前场所之一。同上面一样，如果 z 值既在寄存器中又在内存单元，就优先选择寄存器作为 z'。修改 x 的地址描述，以表示 x 在场所 L，如果 L 是寄存器，修改它的描述，以表示它含有 x 的值。

(4) 如果 y 和/或 z 的当前值不再引用，在块的出口也不活跃，并且还在寄存器中，那么修改寄存器描述，以表示在执行了 x=y op z 以后，这些寄存器分别不再含有 y 和/或 z 的值。

如果当前的三地址语句有一元算符，步骤同上面的类似。一个重要的特例是三地址语句 x=y。如果 y 在寄存器中，只要改变寄存器和地址描述，记住 x 的值现在只能在存 y 值的寄存器中找到。如果 y 不再引用，并且在基本块出口不活跃，那么这个寄存器不再保存 y 的值。如果 y 的值仅在内存，原则上可以记下 x 的值在 y 的内存单元中，但是这样会使算法复杂，因为以后若要改变 y 的值时必须先保存 x 的值。所以，如果 y 在内存中，可用 getreg 找到一个存放 y 的寄存器，并记住此寄存器是保存 x 的场所。另一种办法是产生指令"MOV y, x"。尤其是 x 在块中不再引用时，这样做比较好。值得注意的是，如果采用了各种优化技术，尤其是复写传播算法，大多数(如果不是所有的)复写指令可以删去。

一旦处理完基本块的所有三地址语句，在基本块出口，用 MOV 指令把那些值还没有存入内存单元的活跃名字的值存入内存单元。为完成这一点，用寄存器描述来决定什么名字仍在寄存器中，用地址描述来决定这些名字的值是否不在内存单元中，用活跃变量信息来决定这些名字是否要存储起来。如果基本块之间的数据流分析没有计算活跃变量信息，就只能认为所有用户定义的名字在基本块末尾都是活跃的。

10.4.3 寄存器选择函数

函数 getreg 返回保存语句 x=y op z 中的 x 值的场所 L。本节讨论基于下次引用信息的一个简单易行的办法。

(1) 如果名字 y 在寄存器中，此寄存器不含其他名字的值(注意，x=y 这样的复写语句会使得寄存器同时保存两个或更多变量的值)，并且在执行 x=y op z 后 y 不再有下次引用，那么返回 y 的这个寄存器作为 L。

(2) 当(1)失败时,返回一个空闲寄存器(如果有的话)。

(3) 当(2)不能成功时,如果 x 在块中有下次引用,或者 op 是必须用寄存器保存的算符,如变址,那么找一个已被占用的寄存器 R。如果 R 的值还没有保存到它应该在的内存单元 M,由"MOV R, M"把 R 的值存入内存单元 M,修改 M 的地址描述,返回 R。如果 R 保存了几个变量的值,那么对于每个需要存储的变量都产生 MOV 指令。怎样恰当地选择这个寄存器呢?可优先选择其数据在最远的将来使用或者其数据同时在内存中的寄存器。这里难以描述精确的选择方法,因为没有人能证明哪种选择方法是最佳的。

(4) 如果 x 在本基本块中不再引用,或者找不到适当的被占用寄存器,可选择 x 的内存单元作为 L。

更复杂的 getreg 函数在决定存放 x 值的寄存器时要考虑 x 随后的使用情况和算符 op 的交换性。

【例 10-1】 赋值语句 d=(a−b)+(a−c)+(a−c)可以翻译成下面的三地址语句序列:

$t_1 = a - b$
$t_2 = a - c$
$t_3 = t_1 + t_2$
$d = t_3 + t_2$

假定只有 d 在基本块出口活跃。上面的代码生成算法为这个三地址语句序列产生如表 10-2 所示的代码序列。表中给出代码生成过程中相关的寄存器描述和地址描述,但是忽略了 a、b 和 c 的值总是在内存中这样一个事实。同时还假定 t_1、t_2 和 t_3 是临时变量,它们的值都不在内存中,除非用 MOV 指令把它们保存起来。

表 10-2 目标代码序列

语　　句	生成的代码	寄存器描述	名字地址描述
		寄存器空	
$t_1 = a - b$	MOV　a, R0 SUB　b, R0	R0 含 t_1	t_1 在 R0 中
$t_2 = a - c$	MOV　a, R1 SUB　c, R1	R0 含 t_1 R1 含 t_2	t_1 在 R0 中 t_2 在 R1 中
$t_3 = t_1 + t_2$	ADD　R1, R0	R0 含 t_3 R1 含 t_2	t_3 在 R0 中 t_2 在 R1 中
$d = t_3 + t_2$	ADD　R1, R0	R0 含 d	d 在 R0 中
	MOV　R0, d		d 在 R0 和内存中

getreg 的第一次调用返回 R0 作为计算 t_1 的场所。因为 a 不在 R0 中,因此产生"MOV a, R0"和"SUB b, R0"的指令。修改寄存器描述表示 R0 含 t_1。

代码生成以这种方式进行,直到最后一个三地址语句处理完。注意,这时 R1 为空,因为 t_2 不再引用。最后在基本块的结尾产生"MOV R0, d",存储活跃变量 d。

表 10-2 生成的代码的代价是 12。可以把它缩减到 11,在第一条指令后立即产生指令"MOV R0,R1",删去指令"MOV a,R1",但是这需要更复杂的代码生成算法。代价能减小的原因是从 R1 取到 R0 比从内存取到 R0 的代价要小一些。

10.4.4 为变址和指针语句产生代码

变址与指针运算的三地址语句的处理和二元算符的处理相同。表 10-3 给出了为变址语句 a=b[i] 和 a[i]=b 产生的代码序列,假定 b 是静态分配的。

表 10-3 变址语句的代码序列

语句	i 在寄存器 R_i 中		i 在内存 M_i 中		i 在栈中	
	代码	代价	代码	代价	代码	代价
a=b[i]	MOV b(R_i),R	2	MOV M_i,R MOV b(R),R	4	MOV S_i(A),R MOV b(R),R	4
a[i]=b	MOV b,a(R_i)	3	MOV M_i,R MOV b,a(R)	5	MOV S_i(A),R MOV b,a(R)	5

i 当前所在的场所决定代码序列。表中给出 3 种情况,分别是 i 在寄存器 R_i 中、i 在内存单元 M_i 中和 i 在栈中。对于后者,偏移为 S_i,且 i 所在的活动记录指针是寄存器 A。寄存器 R 是调用函数 getreg 时返回的寄存器,对于第一个语句,如果 a 在块中有下次引用,并且寄存器 R 是可用的,则应该把 a 留在寄存器 R 中。对第二个语句还假定 a 是静态分配的。

表 10-4 给出了为指针语句 a=*p 和 *p=a 产生的代码序列。这里,p 的当前位置决定代码序列。

表 10-4 指针语句的代码序列

语句	i 在寄存器 R_p 中		i 在内存 M_p 中		i 在栈中	
	代码	代价	代码	代价	代码	代价
a=*p	MOV *R_p,a	2	MOV M_p,R MOV *R,R	3	MOV S_p(A),R MOV *R,R	3
*p=a	MOV a,*R_p	2	MOV M_p,R MOV a,*R	4	MOV a,R MOV R,*S_p(A)	4

同表 10-3 一样,表 10-4 也给出了 3 种情况。寄存器 R 也是调用函数 getreg 返回的寄存器。第二条语句也假定 a 静态分配。

10.4.5 条件语句

机器实现条件转移有两种方式。

一种方式是根据寄存器的值是否为下面 6 个条件之一进行分支:负、零、正、非负、非零和非正。在这样的机器上,像 if x<y goto z 这样的三地址语句可以用如下的方法实现:把

x 减 y 的值存入寄存器 R，如果 R 的值为负，则跳到 z。

另一种方式是用条件码来表示计算的结果或装入寄存器的值是负、零还是正。这种方法适用于大多数机器。通常，比较指令（在本节所使用的机器上是 CMP）有这样的性质，它设置条件码而不真正计算值。即，若 x＞y，那么 CMP x, y 置条件码为正。条件转移指令根据指定的条件＜、=、＞、≤、≠ 或 ≥ 是否满足来决定是否转移。用指令 CJ≤z 表示如果条件码是负或者零则转到 z。例如，if x＜y goto z 可以由

```
CMP   x, y
CJ < z
```

来实现。

产生代码时，记住条件码的描述是有用的。这个描述告诉我们设置当前条件码的名字或比较的名字对。因此可以用

```
MOV   y, R0
ADD   z, R0
MOV   R0, x
CJ < z
```

来实现以下语句：

```
x = y+z
if x< 0 goto z
```

因为根据条件码描述可以知道，在"ADD z, R0"之后，条件码是由 x 设置的。

10.5 寄存器分配的原则

对于某台计算机，如果寄存器足够用，则不存在寄存器的分配问题。但具体计算机的寄存器总是有限的，寄存器的使用直接关系到目标代码运行的速度，因此寄存器的分配是代码生成中的主要问题。

寄存器的分配策略与目标机器的资源密切相关。有些机器中的寄存器分为变址器和数据寄存器，还有些机器的寄存器可以通用。

按用途不同，寄存器可分为 3 类：①用作变址器；②专供操作系统使用；③用于目标代码中存放引用次数最多的变量。前面两类寄存器的分配方法比较直观，无须介绍。下面重点讨论第三类寄存器的分配方法。

对于目标机器，如果有若干个寄存器可供目标程序运行时使用，在编译时应采用合理的方法分配这些寄存器。当运算数据存放在寄存器中，将会减少访问内存的次数，从而提高执行速度。为了比较各指令间的速度，这里引入执行代价的概念，定义访问一次内存的代价为 1。

根据上述以访问内存数来定义每条指令的执行代价，则访问内存的执行代价如表 10-5 所示。

表 10-5 访问内存的执行代价

操 作 码	操作数 1	操作数 2	执 行 代 价
op	寄存器	寄存器	1
		内存单元	2
		寄存器间接地址	2
		内存间接地址	3

基于以上原因,最好尽可能把变量值保存在寄存器中,当一个寄存器中的值不再需要时,可以收回该寄存器留作他用。但常常无法确定这一事实,只有对程序做了全面的数据流分析后才知道,这种分析要做大量的额外工作,很不实际。在寄存器的分配中常常以基本块为单位进行。

在一个基本块内,生成的目标代码应尽可能将运算的结果存放在寄存器中,直到该寄存器必须用来存放别的变量或已到达基本块结束处为止。这样可以减少基本块访问内存的次数,从而提高运行速度。

对于节省执行代价的计算有如下技巧:

(1) 如果把寄存器分配给某变量,则该变量在基本块中被定值前,每引用一次将可少访问一次内存,从而节省执行代价 1。

(2) 如果某变量在基本块中被定值,且出了基本块后还要被引用,把寄存器固定分配给该变量,可省去把它保存到内存单元的操作,从而节省执行代价 2。

(3) 在循环中,为了取得较好的效果,可以将某些寄存器固定分配给某些使用频率最高的变量。由于寄存器的个数是有限的,因此要找出循环中节省执行代价最高的几个变量,并为这些变量分配固定的寄存器,以提高运行速度。

习题

1. 为下列 C 语言语句产生 10.3 节所给的目标机器代码,假定所有的变量都是静态的,并假定有 3 个寄存器可用。

(1) x=2

(2) x=y

(3) x=x−5

(4) x=a*c+b*c

(5) x=a/(b−c)+i*(e+f)−p/(a−b)

2. 与题 1 相同,假定所有的变量都是自动的(分配在栈上)。

3. 使用 10.4 节的算法完成题 1。

4. 为下列 C 语言语句产生 10.3 节的目标机器代码,假定所有的变量都是静态的,并假定有 3 个寄存器可用。

(1) x=a[i]+1

(2) a[i]=b[c[i]]

(3) a[i]=c[i]+b[j]

5. 为下列 C 语言语句生成代码：

(1) x=f(a)+f(a)+f(a)

(2) x=f(a)/g(b,c)

(3) x=f(f(a))

(4) x=++f(a)

(5) *p++ = *q++

6. 为下列 C 语言语句生成代码：

```
main()
{
    int i;
    int a[10];
    while (i<=10)
    a[i]=0;
}
```

附录 A 一个类C语言的编译器前后端实现代码参考

本实验意欲构造一个能将 C 语言子集转化为可执行文件的编译系统原型。通过学习，可以了解 C 语言子集是如何一步步转化为汇编语言，以及词法分析、语法分析、语义分析、符号表和代码生成作为编译器的主要模块，其内部是如何实现的。通过对这些问题的实现细节描述，读者能对编译器系统的工作流程有一个全局的认识。主要内容包括：

(1) 由编译器前端的词法分析、递归下降语法分析、LR 语法分析、语义分析与中间代码生成这四个分散实验通过统一文法整合为一个编译器前端设计及实现。

(2) 高级语言语法。为了方便读者对文法的理解。采用的高级语言语法是 C 语言的一个子集，这也是为了降低编译系统实现的复杂度，确保将精力重点放在编译器算法实现上，而不是复杂的语言语法上。

(3) 一遍编译的方式。编译器的设计可以对编译器各个模块独立设计，这就需要对源代码进行多遍扫描，虽然可以获得更完善的语义信息，但这也导致编译器效率相对较低。因此，实验采用一遍编译的方式。

(4) 加入编译器后端实现内容。包括编译器优化算法和汇编语言处理。考虑到编译器优化算法的多样性，我们挑选了若干经典的编译优化算法作为优化器的实现。本实验的汇编指令属于 Intel x86 处理器指令集的子集。之所以选择 x86 的 CPU，是因为这是最普及的硬件，非常容易找到。可以降低汇编器实现的复杂度，但是不会影响汇编器关键流程的实现。

本实验主要实现了运行在 x86 系列 CPU 上的 C 语言子集的编译器原型。

A.1 基本文法说明

```
<字母>      → _|a|…|z|A|…|Z
<数字>      → 0|<非零数字>
<非零数字>  → 1|…|9
<加减法运算符>  → +|-
<乘除法运算符>  → *|/
<关系运算符>    → <|<=|>|>=|!=|==
<字符>      → '<加法运算符>'|'<乘法运算符>'|'<字母>'|'<数字>'
<字符串>    → "{十进制编码为 32,33,35-126 的 ASCII 字符}"
```

<常量说明>→　const<常量定义>;{ const<常量定义>;}
<常量定义>→　　int<标识符>=<整数>{,<标识符>=<整数>}
　　　　　　　　　　　　| char<标识符>=<字符>{,<标识符>=<字符>}
<无符号整数> →<非零数字>{<数字>}
<整数>　→[+ | -]<无符号整数>|0
<标识符>→<字母>{<字母>|<数字>}
<声明头部>→ int<标识符> |char<标识符>
<变量说明> → <变量定义>;{<变量定义>;}
<变量定义>→ <类型标识符>(<标识符>|<标识符>'['<无符号整数>']'){,(<标识符>|<标识符>'['<无符号整数>']') }
<常量>　→　<整数>|<字符>
<类型标识符>→ int | char
<有返回值函数定义>→ <声明头部>'('<参数>')' '{'<复合语句>'}'
<无返回值函数定义> → void<标识符>'('<参数>')''{'<复合语句>'}'
<复合语句>　→ [<常量说明>][<变量说明>]<语句列>
<参数>　→ <参数表>
<参数表>→ <类型标识符><标识符>{,<类型标识符><标识符>}|<空>
<主函数>→ void main'('')' '{'<复合语句>'}'
<表达式>　→ [+ | -]<项>{<加法运算符><项>}
<项>　→ <因子>{<乘法运算符><因子>}
<因子> →<标识符>|<标识符>'['<表达式>']'|<整数>|<字符>|<有返回值函数调用语句>|'('<表达式>')'
<语句>　→ <条件语句>|<循环语句>| '{'<语句列>'}'|<有返回值函数调用语句>;| <无返回值函数调用语句>;|<赋值语句>;|<读语句>;|<写语句>;|<空>;|<情况语句>|<返回语句>;
<赋值语句>　→　<标识符>=<表达式>|<标识符>'['<表达式>']' = <表达式>
<条件语句>　→　if '('<条件>')'<语句>[else<语句>]
<条件>　→ <表达式><关系运算符><表达式>|<表达式>　//表达式为0条件为假,否则为真
<循环语句>→　for'('<标识符>=<表达式>;<条件>;<标识符>=<标识符>(+ | -)<步长>')'<语句>
<步长>　→　<非零数字>{<数字>}
<有返回值函数调用语句> →<标识符>'('<值参数表>')'
<无返回值函数调用语句>→ <标识符>'('<值参数表>')'
<值参数表> →<表达式>{,<表达式>}|<空>
<语句列>→ {<语句>}
<读语句>　→ scanf '('<标识符>{,<标识符>}')'
<写语句>→ printf '('<字符串>,<表达式> ')'| printf '('<字符串> ')'| printf '('<表达式>')'
<返回语句>　→　return['('<表达式>')']
<程序>　→[<常量说明>][<变量说明>]{<有返回值函数定义>|<无返回值函数定义>}

附加说明:

(1) char 类型的表达式,用字符的 ASCII 码对应的整数参加运算,在写语句中输出字符。

(2) 标识符区分字母大小写。

(3) 写语句中的字符串原样输出。

(4) 数组的下标从 0 开始。

(5) for 语句先执行一次循环体中的语句,再进行循环变量是否越界的测试。

A.2 语义分析对应的文法设计

以声明语句(包括变量声明、数组声明和过程声明)、表达式及赋值语句(包括数组元素的引用和赋值)、分支语句(if_then_else)、循环语句(do_while)和过程调用语句为例,设计语义分析对应的文法。

```
D -> T id ; {enter(id.lexeme,T.type,offset);offset = offset + T.width;}
T -> X C
T -> X {t = X.type;w = X.width;} C{T.type = C.type;T.width = C.width;}
E -> E + E      {E.addr = newtemp();gen(E.addr = E1.addr + E2.addr);}
E -> E * E      {E.addr = newtemp();gen(E.addr = E1.addr * E2.addr);}
E -> - E        {E.addr = newtemp();gen(E.addr = uminus E1.addr);}
E ->( E )       {E.addr = E1.addr}
E -> id         {E.addr = lookup(id.lexeme);if E.addr == null then error}
E -> digit      {E.addr = lookup(digit.lexeme);if E.addr == null then error}
E -> L          {E.addr = newtemp(); gen(E.addr = L.array[L.offset];}
F -> F , E      {把 E.addr 添加到 q 的队尾}
F -> E          {将 q 初始化为只包含 E.addr}
P -> D P    P ->{offset = 0}D P
P -> S P    P ->{offset = 0}S P  P ->{S.next = newlabel();}S{label(S.next);} P
P -> no
B -> B or B
B ->{ B1.true = B.true; B1.false = newlabel();}
B1 or{label(B1.false); B2.true = B.true; B2.false = B2.false;} B2
B -> B and B
B ->{ B1.false = B.false; B1.true = newlabel();}
B1 and {label(B1.true); B2.true = B.true; B2.false = B2.false;}B2
B -> not B
B -> not { B1.true = B.false; B1.false = B.true ;}B1
B ->( B )
B ->({ B1.true = B.true; B1.false = B.false ;} B1 )
B -> E1 > E2    {gen (if E1.addr > E2.addr goto B.true);gen(goto B.false);}
B -> true       {gen(goto B.true);}
B -> false      {gen(goto B.false);}
S -> id = E ;   {p = lookup(id.lexeme);if p == nil then error;S.CODE = E.code||gen(p' = 'E.addr);}
S -> L = E ;    {gen(L.array[L.offset] = E.addr);}
S -> call id ( F ) ;
S -> if B { S }
S -> if {B.true = newlabel();B.false = newlabel();} B { {label(B.true);S1.next = S.next}S1 }
S -> if B { S } else { S }
S -> if {B.true = newlabel();B.false = newlabel();}B{ {label(B.true);S1.next = S.next}S1 {gen(goto S.next);}}else { {label(B.false);S2.next = S.next}S2 }
S -> while B { S1 }
S -> while{S.begin = newlabel();label(S.begin);B.true = nealabel();B.false = S.next;}
B {{label(B.true);S1.next = S.begin;} S{gen(goto S.begin);} }
S -> S S    S ->{S1.next = newlabel();}S1 {label(S1.next);S2.next = newlabel();} S2
```

A.3 总体架构

本附录所介绍的编译器的总体流程图如图 A-1 所示。

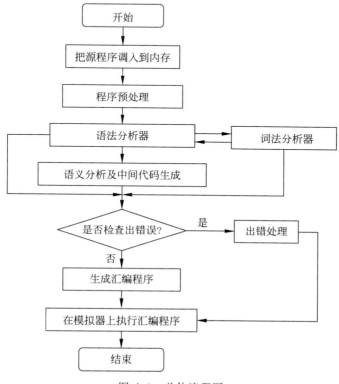

图 A-1 总体流程图

A.4 数据结构设计

编译器所用到的变量及其数据结构如下：

```
#define reservednum 20
#define arilong 30
#define maxline 1000
#define maxstring 200
char  * resWord[reservednum];
typedef struct{
    char name[arilong];
    int  kind;
    int  value;
    int  address;
    int  paranum;
}info;
```

```
info table[100];
typedef struct{
    char op[10];
    char var1[200];
    char var2[30];
    char var3[30];
}middlecode;
middlecode code[1000];
FILE * fp;
FILE * source;
char ch;
char id[arilong];
har line[maxline];
int llong;
int intnum;
int realnum;
char str[maxstr];
char ctr;
int row;
int index;
char intnumstr[20];
int   intindex;
int   errorflag;
int   f;cha
r name[arilong];
int   kind;
int   value;
int   address;
int   paranum;
int   retflag;
int   paranums;
int codenum;
int   n;   int   lab;
int codec_temp;
char ch_temp;
symkind sym_temp;
char procname[30];
char op[10];char value1[30];char value2[30];char value3[30]; int asmindex;FILE * fasm;int pa;int stack[300];
int   sp;
int   scanfflag;int   printfflag;
typedef struct{
    char name[30];
     int   address;
}tempvaraddress;
  tempvaraddress tableasm[100];int x;

char proname[30];
typedef enum {Void,Integer,Boolean} ExpType;
#define MAXCHILDREN 3
typedef struct treeNode
```

```
{
    struct treeNode * child[MAXCHILDREN];
    struct treeNode * sibling;
    int lineno;
    NodeKind nodekind;

    union {
        StmtKind stmt;
        ExpKind exp;
    } kind;

    union {
        TokenType op;
        int val;
        char * name;
    } attr;
    ExpType type;
} TreeNode;
typedef struct LineListRec{
    int lineno;
    struct LineListRec * next;
} * LineList;
typedef struct BucketListRec{
    char * name;
    LineList lines;
    int memloc ;
    struct BucketListRec * next;
} * BucketList;

typedef struct Target{
    string    dsf;
    string    op;
    string    dst;
    string    dsc;
    string    mark;
    string    step;
}Target;

vector< Variable >      var_table;
vector< Target >        target_code;A
```

A.5 前端功能模块具体实现

前端功能模块包括词法分析、语法分析和语义分析，它们之间的调用关系如图 A-2 所示。

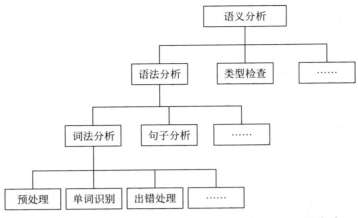

图 A-2 前端词法分析、语法分析与语义分析之间的调用关系

A.5.1 词法分析关键代码实现

词法分析程序的主要任务是按照高级语言的词法规则从左到右逐个扫描字符流的源程序,从中识别出各类有独立意义的单词。单词是具有独立意义的最小语法单位。词法分析程序的输出一般是将单词变换成带有单词性质且定长的属性字,并填充到符号表中。表 A-1 给出词法分析过程中重要的函数,后面的代码仅给出其中重要函数的关键代码。

表 A-1 词法分析过程中的重要函数及其功能

函 数	功 能
void Preprocessing()	消除空白符和注释、宏处理、预编译处理
void Notice_check()	识别注释
void ID_check()	识别标识符
void Num_check()	识别数字
void Boundary_check()	识别界符
void Operators_check()	识别运算符
void ReservedWords_check()	识别保留字
void Error()	出错处理

```
void ID_check()
{
    int i = 0, tag = 0;
    while(读入是字母、数字或下画线)
    {
        l.name[i] = ch;
        i++;
        ch = fgetc(fp_read);
    }
    for(i = 0; i < REALNUM; i++)
    {
        if(!strcmp(l.name, key[i].name))
```

```
            {
                l.type = key[i].type;
                l.index = -1;
                tag = 1;
                break;
            }
        }
        if(tag!= 1)
        {
            l.type = 24;
            l.index = token_index++;
        }
        Print();
}
void Notice_check()
{
    char ch_next;
    ch = fgetc(fp_read);
    if(ch = '*')
    {
        while(1)
        {
            ch = fgetc(fp_read);
            if(ch == '*')
            {
                ch_next = fgetc(fp_read);
                if(ch_next == '/')
                {
                    ch = fgetc(fp_read);
                    return;
                }
            }
        }
    }
    else if(ch = '/')
    {
        ch = fgetc(fp_read);
        while(ch!= '/t')
            ch = fgetc(fp_read);
        ch = fgetc(fp_read);
        return;
    }
    else
    {
        l.index = -1;
        l.name[0] = '/';
        l.type = 25;
        Print();
    }
}
void Num_check()
```

```
{
    int i = 0;
    l.type = 23;
    while(((ch > 47)&&(ch < 58)))
    {
        l.name[i] = ch;
        i++;
        ch = fgetc(fp_read);
        if(ch == '.')
        {
            l.name[i] = '.';
            l.type = 26;
            i++;
            ch = fgetc(fp_read);
            while(((ch > 47)&&(ch < 58)))
            {   l.name[i] = ch;
                i++;
                ch = fgetc(fp_read);
            }
        }
    }
    l.index = token_index++;
    Print();

}
```

A.5.2 语法分析关键代码实现

在语法树中标明种类有利于代码生成,当遍历语法树检测到特定类型时就可以进行特定的处理。表 A-2 给出语法分析中重要的函数。TreeNode 结构为指向孩子和兄弟的结点。语句通过同属域而不是子域来排序,即由父亲到孩子的唯一物理连接是到最左孩子的。孩子则在一个标准连接表中自左向右连接到一起,这种连接称作同属连接,用于区别父子连接。

表 A-2 语法分析过程中的重要函数及其功能

函　　数	功　　能
static TreeNode * stmt_sequence(void)	在循环中匹配分号,再匹配新行(statement)
static void match(TokenType expected)	用来判断当前 Token 是否与当前表达式的下一个值匹配
static TreeNode * if_stmt()	if 语句规则
static TreeNode * read_stmt(void)	循环语句
static TreeNode * write_stmt(void)	write 语句
static TreeNode * exp(void)	匹配表达式
static TreeNode * simple_exp(void)	匹配加减法表达式
static TreeNode * term(void)	匹配乘除法表达式
static TreeNode * factor(void)	匹配因式项
void Error()	出错处理

```c
TreeNode * factor(void)
{
  TreeNode * t = NULL;
  switch (token) {
    case NUM :
      t = newExpNode(ConstK);
      if ((t!= NULL) && (token == NUM))
        t->attr.val = atoi(tokenString);
      match(NUM);
      break;
    case ID :
      t = newExpNode(IdK);
      if ((t!= NULL) && (token == ID))
        t->attr.name = copyString(tokenString);
      match(ID);
      break;
    case LPAREN :
      match(LPAREN);
      t = express();
      match(RPAREN);
      break;
    default:
      syntaxError("unexpected token -> ");
      printToken(token,tokenString);
      token = getToken();
      break;
    }
  return t;
}
TreeNode * compareExpress(void)
{
  TreeNode * t = simple_exp();
  if ((token == LS)||(token == LE)||(token == GT)||(token == GE)||(token == EQ)||(token == NE)){
    TreeNode * p = newExpNode(OpK);
    if (p!= NULL) {
      p->child[0] = t;
      p->attr.op = token;
      t = p;
    }
    match(token);
    if (t!= NULL)
      t->child[1] = simple_exp();
  }
  return t;
}
TreeNode * input_stmt(void)
{
  TreeNode * t = newStmtNode(InputK);
  match(INPUT);
  if ((t!= NULL) && (token == ID))
    t->attr.name = copyString(tokenString);
```

```
    match(ID);
    return t;
}
TreeNode * print_stmt(void)
{
    TreeNode * t = newStmtNode(PrintK);
    match(PRINT);
    if (t!= NULL) t->child[0] = express();
    return t;
}
TreeNode * while_stmt(void)
{
    TreeNode * t = newStmtNode(WhileK);
    match(WHILE);
    if (t!= NULL) t->child[0] = express();
    match(COLON);
    if (t!= NULL) t->child[1] = stmt_sequence();
    match(END);
    return t;
}
TreeNode * if_stmt(void)
{   TreeNode * t = newStmtNode(IfK);
    match(IF);
    if (t!= NULL) t->child[0] = exp();
    match(THEN);
    if (t!= NULL) t->child[1] = stmt_sequence();
    if (token == ELSE) {
      match(ELSE);
      if (t!= NULL) t->child[2] = stmt_sequence();
    }
    match(END);
    return t;
}
```

A.5.3 语义分析关键代码实现

1．语义分析处理流程

语义分析属于编译器前端的最后一部分，在此之前，编译器最开始的输入是一段代码，经过词法分析，输出的是词法单元，从而被语法分析单元所识别；语法分析的输入是一个个词法单元，通过分析这些词法单元之间的逻辑，利用递归下降等方法，形成一棵语法树，并将语法树的根结点存储在一个 TreeNode 类中，从而通过根结点就可以实现对于整棵语法树的遍历（一般是前序遍历）；之后，来到了语义分析部分，语义分析的输入是一棵语法树，这里我们的输入是根结点；语义分析的输出，则是符号表和语法报错信息。

语义分析阶段接受语法分析生成的抽象语法树，并遍历抽象语法树，将变量定义与使用关联起来，对语法分析正确的代码做语义分析，采用的是语法制导的翻译原则。主要是在原有文法产生式的基础上添加一些空产生式，在产生式执行时配以相应的语法动作（如：创建符号表,填入声明表等)。将抽象语法转换成更简单的中间代码的形式。到语义分析结束就实现了一个编译器完整的前端部分。不同的目标语言可以用相同的中间代码表示,即对程序的翻译,以此实现多种语言间的编译。语义分析之后,中间代码不存在语法或是语义上的错误,若是程序编译仍有错误,只可能是编译器本身的错误。因此需要对语义分析器进行合理的设计,进行语义的检查以及错误的提示,还需要知道位置信息。

语义分析应满足以下功能:

(1) 分析文法表达式在某一表达式执行时需要进行什么语义动作。

(2) 在语法分析阶段构造的LL(1)文法表达式的相应位置添加一些不同的空产生式。

(3) 根据每个不同的产生式所要执行的语义动作设计相应的函数模块,产生四元式形式表示的中间代码。

(4) 若语义分析正确,则在产生每个四元式基本块时,调用code_generate()来生成目标代码。

2. 符号表

符号表的意义在于,分析代码中所有的声明,比如变量函数等内容;而语法报错信息,则会通过语法树结点关系,检测相邻词法单元是否符合文法规则;比如,int 1 和 int a 两种输入,在语法分析阶段均可通过,但是在语义分析阶段,int 1 会被识别为一个错误,因为根据语法规则,int 是一个声明,声明后面只能跟着一个变量名 ID,而词法单元 1 的属性是 NUM,int 后面不允许接 NUM。这样的实现例子还有很多,具体需要看语言本身的定义。在编译器中符号表是一个典型的目录数据结构。主要实现插入、查找和删除这3种基本操作。表 A-3 给出符号表处理过程中的重要函数及其功能。

表 A-3 符号表处理过程中的重要函数及其功能

函　　数	功　　能
void buildSymtab(TreeNode * syntaxTree)	创建符号表
void typeCheck(TreeNode * syntaxTree)	类型检查
static void checkNode(TreeNode * syntaxTree)	检查语法树结点
void Error()	出错处理

下面的 buildSymtab 函数将完整的语法分析树构建成符号表。

```
void buildSymtab(TreeNode * syntaxTree)
{ traverse(syntaxTree,insertNode,nullProc);
  if (TraceAnalyze)
  { fprintf(listing,"\nSymbol table:\n\n");
    printSymTab(listing);
  }
}
void typeCheck(TreeNode * syntaxTree)
{
  traverse(syntaxTree,nullProc,checkNode);
}
static void checkNode(TreeNode * syntaxTree)
```

```c
{
    char errorMessage[100];
        switch (syntaxTree->nodekind)
    {
    case DecK:
    switch (syntaxTree->kind.dec)
    {
    case ScalarDecK:
        syntaxTree->expressionType = syntaxTree->variableDataType;
        break;
    case ArrayDecK:
        syntaxTree->expressionType = Array;
        break;
    case FuncDecK:
        syntaxTree->expressionType = Function;
        break;
    }
        break;   /* case DecK */
        case StmtK:

    switch (syntaxTree->kind.stmt)
    {
    case IfK:
        if (syntaxTree->child[0]->expressionType != Integer)
        {
        sprintf(errorMessage,
            "IF-expression must be integer (line %d)\n",
            syntaxTree->lineno);
        flagSemanticError(errorMessage);
        }
            break;
            case WhileK:
        if (syntaxTree->child[0]->expressionType != Integer)
        {
        sprintf(errorMessage,
            "WHILE-expression must be integer (line %d)\n",
            syntaxTree->lineno);
        flagSemanticError(errorMessage);
        }
            break;
          case CallK:
        /*  Check types and numbers of formal against actual parameters */
        if (!checkFormalAgainstActualParms(syntaxTree->declaration, syntaxTree))
        {
        sprintf(errorMessage, "formal and actual parameters to "
            "function don\'t match (line %d)\n",
            syntaxTree->lineno);
        flagSemanticError(errorMessage);
        }
        syntaxTree->expressionType
          = syntaxTree->declaration->functionReturnType;;
```

```c
            break;
        case ReturnK:
            if (syntaxTree->declaration->functionReturnType == Integer)
            {
                if ((syntaxTree->child[0] == NULL)
                    || (syntaxTree->child[0]->expressionType != Integer))
                {
                    sprintf(errorMessage, "RETURN-expression is either "
                        "missing or not integer (line %d)\n",
                        syntaxTree->lineno);
                    flagSemanticError(errorMessage);
                }
            }
            else if (syntaxTree->declaration->functionReturnType == Void)
            {
                if (syntaxTree->child[0] != NULL)
                {
                    sprintf(errorMessage, "RETURN-expression must be"
                        "void (line %d)\n", syntaxTree->lineno);
                }
            }
            break;
        case CompoundK:
            syntaxTree->expressionType = Void;
            break;
        }
        break; /* case StmtK */
    case ExpK:

        switch (syntaxTree->kind.exp)
        {
        case OpK:
            if ((syntaxTree->op == PLUS) || (syntaxTree->op == MINUS) ||
                (syntaxTree->op == TIMES) || (syntaxTree->op == DIVIDE))
            {
                if ((syntaxTree->child[0]->expressionType == Integer) &&
                    (syntaxTree->child[1]->expressionType == Integer))
                    syntaxTree->expressionType = Integer;
                else
                {
                    sprintf(errorMessage, "arithmetic operators must have "
                        "integer operands (line %d)\n", syntaxTree->lineno);
                    flagSemanticError(errorMessage);
                }
            }
            /* Relational operators */
            else if ((syntaxTree->op == GT) || (syntaxTree->op == LT) ||
                (syntaxTree->op == LTE) || (syntaxTree->op == GTE) ||
                (syntaxTree->op == EQ) || (syntaxTree->op == NE))
            {
                if ((syntaxTree->child[0]->expressionType == Integer) &&
```

```c
                (syntaxTree->child[1]->expressionType == Integer))
                syntaxTree->expressionType = Integer;
            else
            {
                sprintf(errorMessage, "relational operators must have "
                    "integer operands (line %d)\n", syntaxTree->lineno);
                flagSemanticError(errorMessage);
            }
        }
        else
        {
        sprintf(errorMessage, "error in type checker: unknown operator"
            " (line %d)\n", syntaxTree->lineno);
        flagSemanticError(errorMessage);
        }
            break;
        case IdK:
            if (syntaxTree->declaration->expressionType == Integer)
        {
        if (syntaxTree->child[0] == NULL)
            syntaxTree->expressionType = Integer;
        else
        {
            /* only Arrays can be indexed */
            sprintf(errorMessage, "can't access an element in "
                "somthing that isn\t an array (line %d)\n",
                syntaxTree->lineno);
            flagSemanticError(errorMessage);
        }
        }
        else if (syntaxTree->declaration->expressionType == Array)
        {
        if (syntaxTree->child[0] == NULL)
            syntaxTree->expressionType = Array;
        else
        {
            /* Identifier is indexed by an expression */
            if (syntaxTree->child[0]->expressionType == Integer)
            syntaxTree->expressionType = Integer;
            else
            {
            sprintf(errorMessage, "array must be indexed by a "
                "scalar (line %d)\n", syntaxTree->lineno);
            flagSemanticError(errorMessage);
            }
        }
        }
        else
        {
        sprintf(errorMessage, "identifier is an illegal type "
            "(line %d)\n", syntaxTree->lineno);
```

```
            flagSemanticError(errorMessage);
        }
                break;
            case ConstK:
                /* C-minus supports only integers - easy to type check. */
                syntaxTree->expressionType = Integer;

break;
            case AssignK:

/* Variable assignment */
if ((syntaxTree->child[0]->expressionType == Integer) &&
(syntaxTree->child[1]->expressionType == Integer))
syntaxTree->expressionType = Integer;
else
{
sprintf(errorMessage, "both assigning and assigned expression"
    " must be integer (line %d)\n", syntaxTree->lineno);
flagSemanticError(errorMessage);
}
                break;
    }
    break; /* case ExpK */    } /* switch (syntaxTree->nodekind) */
}
```

A.5.4 中间代码生成

理论上中间代码在编译器的内部表示可以选用树形结构(抽象语法树)或者线形结构(三地址代码)等形式。实验中将语义分析得到的抽象语法树进行后序遍历,得到相应的四元式中间代码表现形式。表 A-4 给出中间代码生成过程中的重要函数及其功能。

表 A-4 中间代码生成过程中的重要函数及其功能

函　　数	功　　能
void DEFINEPARA_K(int n)	处理变量定义结点
void ASSIGN_K(int n)	左式向右式的赋值操作
void get_tac(int op,char a[],char b[],char c[])	建立四元式
char * newtemp()	临时变量处理
char * deal_expk(int n)	expk 时的处理
void print_tac()	四元式输出
char * op_string(int op)	运算符处理
void Error()	出错处理

下面给出 DEFINEPARA_K(int n) 函数的完整代码。

```
void DEFINEPARA_K( int n)
{
    char a[10];
    char b[10];
```

```
            n = node[n].child;
            while(n!= 0)
            {
                int i = node[n].child;
                char * d1 = node_name[node[node[i].child].id];
                strcpy(a,d1);
                i = node[i].next;
                i = node[i].child;
                while(i!= 0)
                {
                    int j = node[i].child;
                    j = node[j].child;
                    j = node[j].child;
                    int sti = node[j].sti;
                    char * d2 = symbol[sti].name;
                    symbol[sti].defined = 1;
                    if (strcmp(d1, "double_") == 0)
                    {
                        symbol[sti].type = DOUBLE;
                    }
                    else if (strcmp(d1, "int_") == 0)
                    {
                        symbol[sti].type = INT;
                    }
                    else if (strcmp(d1, "char_") == 0)
                    {
                        symbol[sti].type = CHAR;
                    }
                    strcpy(b,d2);
                    get_tac(8,a,b,adr);
                    i = node[i].next;
                }
                n = node[n].next;
            }
        }

        void ASSIGN_K(int n)
        {
            char t1[10],t2[10];
            n = node[n].child;
            while(n!= 0)
            {
                strcpy(t1,newtemp());
                int i = node[n].child;
                i = node[i].child;
                i = node[i].child;
                strcpy(t2,deal_expk(node[i].next));
                if (symbol[node[i].sti].type == INT && symbol[node[node[i].next].sti].type == DOUBLE)
                {
                    printf("\n%d行,警告:浮点型至整型转换可能导致精度下降\n", node[i].line);
                    fprintf(errOut,"\n%d行,警告:浮点型至整型转换可能导致精度下降\n",node[i].line);
```

```c
            //printf("symbol[node[i].sti].type % d,symbol[node[node[i].next].sti].type
% d", symbol[node[i].sti].type, symbol[node[node[i].next].sti].type);
        }

        get_tac(1,t2,t1,adr);   int sti = node[i].sti;
        //printf("\nname: % s, define : % d\n", symbol[sti].name, symbol[sti].defined);
        if (symbol[sti].defined != 1) {
            printf("\n% d 行,错误: 变量% s 未定义\n", node[i].line, symbol[sti].name);
            fprintf(errOut,"\n% d 行,错误: 变量% s 未定义\n", node[i].line, symbol[sti].name);
            error++;
        }
        char * q = symbol[sti].name;
        get_tac(1,t1,q,adr);
        n = node[n].next;
    }
}

void get_tac(int op,char a[],char b[],char c[])
{
    fourvarcode *  t = NULL;
    t = (fourvarcode * )malloc(sizeof(fourvarcode));
    t->op = op;

    if(a[0] == '\0')
    {
        strcpy(t->addr1.kind,"emptys");
        strcpy(t->addr1.name,"\0");
    }
    else if((a[0]>= 'a'&&a[0]<= 'z')||(a[0]>= 'A'&&a[0]<= 'Z'))
    {
        strcpy(t->addr1.kind,"strings");
        strcpy(t->addr1.name,a);
    }
    else
    {
        strcpy(t->addr1.kind,"consts");
        strcpy(t->addr1.name,a);
    }


    if(b[0] == '\0')
    {
        strcpy(t->addr2.kind,"emptys");
        strcpy(t->addr2.name,"\0");
    }
    else if((b[0]>= 'a'&&b[0]<= 'z')||(b[0]>= 'A'&&b[0]<= 'Z'))
    {
        strcpy(t->addr2.kind,"strings");
        strcpy(t->addr2.name,b);
    }
    else
```

```c
        {
            strcpy(t->addr2.kind,"consts");
            strcpy(t->addr2.name,b);
        }


        if(c[0] == '\0')
        {
            strcpy(t->addr3.kind,"emptys");
            strcpy(t->addr3.name,"\0");
        }
        else if((c[0]>='a'&&c[0]<='z')||(c[0]>='A'&&c[0]<='Z'))
        {
            strcpy(t->addr3.kind,"strings");
            strcpy(t->addr3.name,c);
        }
        else
        {
            strcpy(t->addr3.kind,"consts");
            strcpy(t->addr3.name,c);
        }

        t->next = NULL;
        tac_temp->next = t;
        tac_temp = t;
}

char * newtemp()
{
    char s[10];
    sprintf(s,"t#%d",newtemp_no);
    newtemp_no++;
    return s;
}

char * deal_expk(int n)
{
    char empty[10];
    empty[0] = '\0';
    char * e = node_name[node[n].id];
    char t1[10],t2[10],t3[10];
    if(strcmp(e,"IDENT_") == 0)
    {
        int sti = node[n].sti;
        char * e1 = symbol[sti].name;
        //printf("\nname: %s, define : %d\n", symbol[sti].name, symbol[sti].defined);
        if (symbol[sti].defined != 1) {
            printf("\n%d行,错误：使用了未定义的变量%s\n", node[n].line, symbol[sti].name);
            fprintf(errOut, "\n%d行,错误：使用了未定义的变量%s\n", node[n].line, symbol[sti].name);
            error++;
```

```c
        }
        strcpy(t1,newtemp());
        get_tac(1,e1,t1,adr);
        return t1;
    }
    if(strcmp(e,"CONST_") == 0)
    {
        int sti = node[n].sti;
        char * e1 = symbol[sti].name;
        int flag = 0;
        for (int i = 0; e1[i] != '\0'; i++) {
            if (e1[i] == '.') {
                flag = 1;
            }
        }
        if (flag == 1) {
            symbol[sti].type = DOUBLE;
        }
        else {
            symbol[sti].type = INT;
        }
            return e1;
    }
    if(strcmp(e,"add_") == 0)
    {
        int n_add = n;
        int i = node[n].child;
        int j = node[i].next;

        //printf("symbol[node[i].sti].type % d, symbol[node[j].sti].type % d", symbol[node[i].sti].type, symbol[node[j].sti].type);

        strcpy(t1, deal_expk(i));
        strcpy(t2, deal_expk(j));
        strcpy(t3,newtemp());
        get_tac(3,t1,t2,t3);
        while (node[n_add].child) {
            n_add = node[n_add].child;
        }
        symbol[node[n].sti].type = symbol[node[n_add].sti].type;
        return t3;
    }
    if(strcmp(e,"sub_") == 0)
    {
        int n_sub = n;
        int i = node[n].child;
        int j = node[i].next;
        strcpy(t1, deal_expk(i));
        strcpy(t2, deal_expk(j));
        strcpy(t3,newtemp());
        get_tac(4,t1,t2,t3);
```

```
            while (node[n_sub].child) {
                n_sub = node[n_sub].child;
            }
            symbol[node[n].sti].type = symbol[node[n_sub].sti].type;
            return t3;
        }
        if(strcmp(e,"mul_") == 0)
        {
            int n_mul = n;
            int i = node[n].child;
            int j = node[i].next;
            strcpy(t1,deal_expk(i));
            strcpy(t2,deal_expk(j));
            strcpy(t3,newtemp());
            get_tac(2,t1,t2,t3);
            while (node[n_mul].child) {
                n_mul = node[n_mul].child;
            }
            symbol[node[n].sti].type = symbol[node[n_mul].sti].type;
            return t3;
        }
        if(strcmp(e,"div_") == 0)
        {
            int n_div = n;
            int i = node[n].child;
            int j = node[i].next;
            strcpy(t1,deal_expk(i));
            strcpy(t2,deal_expk(j));
            //printf("symbol[node[i].sti].type % d, symbol[node[j].sti].type % d", symbol[node[i].sti].type, symbol[node[j].sti].type);

            if (atof(t2) <= 0.000000001 && atof(t2) >= -0.000000001) {
//atof 将 t2 转成浮点数并判断是否为 0
                printf("\n%d 行,错误: 除数为 0\n", node[i].line);
                fprintf(errOut, "\n%d 行,错误: 除数为 0\n", node[i].line);
                error++;
            }
            strcpy(t3,newtemp());
            get_tac(5,t1,t2,t3);
            while (node[n_div].child) {
                n_div = node[n_div].child;
            }
            int flag1 = 0, flag2 = 0;
            for (int k = 0; t1[k] != '\0'; k++) {
                if (t1[k] == '.') {
                    flag1 = 1;
                }
            }
            for (int k = 0; t2[k] != '\0'; k++) {
                if (t2[k] == '.') {
```

```c
                flag2 = 1;
            }
        }

        if (atoi(t2) == 0) {
            symbol[node[n].sti].type = symbol[node[n_div].sti].type;
        }
        else if (symbol[node[i].sti].type == DOUBLE || symbol[node[j].sti].type == DOUBLE
|| flag1 == 1 || flag2 == 1 || atoi(t1) % atoi(t2) != 0) {
            symbol[node[n].sti].type = DOUBLE;

        }
        else{
            symbol[node[n].sti].type = symbol[node[n_div].sti].type;
        }

        //printf("\nsymbol[node[n].sti].type % d\n", symbol[node[n].sti].type);
        return t3;
    }
    if(strcmp(e,"exp_") == 0)
    {
        int n_exp = n;
        while (node[n_exp].child) {
            n_exp = node[n_exp].child;
        }
        symbol[node[n].sti].type = symbol[node[n_exp].sti].type;
        n = node[n].child; //assignment_
        n = node[n].child;
        deal_expk(n);
    }
}


//输出四元式
void print_tac()
{
    FILE * sysOut = fopen("C:\\asm\\sys.txt", "w");
    fourvarcode * t = tac_head->next;
    while(t!= NULL)
    {
        printf("(");
        fprintf(sysOut, "(");
        printf("% s ,",op_string(t->op));
        fprintf(sysOut, "% s ,", op_string(t->op));

        if (t->addr1.kind == "emptys") {
            printf("_ ,");
            fprintf(sysOut, "_ ,");
        }
        else {
            printf("% s ,", t->addr1.name);
```

```c
                fprintf(sysOut, "%s,", t->addr1.name);
            }

            if (t->addr2.kind == "emptys") {
                printf("_,");
                fprintf(sysOut, "_,");
            }
            else {
                printf("%s,", t->addr2.name);
                fprintf(sysOut, "%s,", t->addr2.name);
            }


            if (t->addr3.kind == "emptys") {
                printf("_,");
                fprintf(sysOut, "_,");
            }
            else {
                printf("%s,", t->addr3.name);
                fprintf(sysOut, "%s,", t->addr3.name);
            }

            t = t->next;
            printf(")");
            fprintf(sysOut, ")");
            printf("\n");
            fprintf(sysOut, "\n");
        }
        fclose(sysOut);
}

char *op_string(int op)
{
    switch (op)
    {
    case (1):
        return "=";
    case (2):
        return "*";
    case (3):
        return "+";
    case (4):
        return "-";
    case (5):
        return "/";
    case (6):
        return "mainfun";
    case(7):
        return "mainfun_end";
    case(8):
        return "definepara";
```

```
        default:
            printf("匹配有误");
            return 0;
    }
}
```

A.6 目标代码(汇编代码)生成

目标代码生成作为编译程序的最后阶段,其任务是:根据中间代码及编译过程中产生的各种表格的有关信息,最终生成所期望的目标代码程序,一般为特定机器的机器语言代码或汇编语言代码。这个阶段实现了最后的翻译工作,处理过程较为烦琐,需要充分考虑计算机硬件和软件所提供的资源,以生成较高质量的目标代码。本节先给出目标代码的结构体成员定义,接着表 A-5 给出目标代码生成过程中的重要函数及其功能。

```
typedef struct Target
{
    string    dsf;      //结果
    string    op;       //操作
    string    dst;      //目的操作数
    string    dsc;      //源操作数
    string    mark;     //标志
    string    step;     //跳转位置
}Target;

vector<Variable>    var_table;
vector<Target>      target_code;
char                lab = 'A';
char                vab = 'A';
```

表 A-5 目标代码生成过程中的重要函数及其功能

函数	功能
string asmfile(string source)	生成汇编文件
void add_target_code()	创建中间变量
void addsub_asm()	加法和减法的汇编处理
void mul_asm()	乘法的汇编处理
void div_asm()	除法的汇编处理
void if_asm()	条件判断的汇编处理
void print_asm()	输出的汇编处理
void Error()	出错处理

下面 asmfile 函数将字符串类型的 source 转变成规范的汇编文件名。

```
string asmfile(string source)
{
```

```cpp
    if(source.size() == 0)
    {
        cout <<"源文件名不能为空"<< endl;
        exit(-1);
    }
    string temp = "";
    int i,j;
    j = source.size();
    for(i = j-1;i>=0;i--)
    {
        if(source[i] == '.')
        {
            j = i;
            break;
        }
    }
    temp = source.substr(0,j) + ".asm";
    return temp;
}

void add_target_code(string dsf,string op,string dst,string dsc,string mark,string step)
{
    Target   tmp;
    tmp.dsf = dsf;
    tmp.op = op;
    tmp.dst = dst;
    tmp.dsc = dsc;
    tmp.mark = mark;
    tmp.step = step;
    target_code.push_back(tmp);
}

void addsub_asm(ofstream &out,string dsf,string op,string dst,string dsc)
{
    out <<"     mov BL,"<< dst << endl;
    if(op == "+")
        out <<"     add BL,"<< dsc << endl;
    else
        out <<"     sub BL,"<< dsc << endl;
    out <<"     mov "<< dsf <<",BL"<< endl;
}
void mul_asm(ofstream &out,string dsf,string dst,string dsc)
{
    out <<"     mov AL,"<< dst << endl;
    out <<"     mov BH,"<< dsc << endl;
    out <<"     mul BH"<< endl;
    out <<"     mov BL,1"<< endl;
    out <<"     div BL"<< endl;
    out <<"     mov "<< dsf <<",AL"<< endl;
}
```

```cpp
void div_asm(ofstream &out,string dsf,string dst,string dsc)
{
    out<<"     mov AL,"<<dst<<endl;
    out<<"     CBW"<<endl;
    out<<"     mov BL,"<<dsc<<endl;
    out<<"     div BL"<<endl;
    out<<"     mov "<<dsf<<",AL"<<endl;
}
void sign_asm(ofstream &out,string dsf,string dst)
{
    out<<"     mov BL,"<<dst<<endl;
    out<<"     mov "<<dsf<<",BL"<<endl;
}

void print_asm(ofstream &out,string dsf,string mark)
{
    if(mark=="%c")
    {
        out<<"     mov DL,"<<dsf<<endl;
        out<<"     mov AH,02H"<<endl;
        out<<"     int 21H"<<endl;
    }

    else if(mark=="%d")
    {
        out<<"     mov AL,"<<dsf<<endl;
        out<<"     CBW"<<endl;
        out<<"     mov BL,10"<<endl;
        out<<"     DIV BL"<<endl;
        out<<"     mov BH,AH"<<endl;
        out<<"     add BH,30H"<<endl;
        out<<"     add AL,30H"<<endl;
        out<<"     CMP AL,48"<<endl;

        lab = lab + 2;
        string step2 = "step" + char_to_str(lab);
        out<<"     JE "<<step2<<endl;
        string step1 = "step" + char_to_str(lab-1);
        out<<" "<<step1<<":"<<endl;
        out<<"     mov DL,AL"<<endl;
        out<<"     mov AH,2"<<endl;
        out<<"     int 21H"<<endl;
        out<<" "<<step2<<":"<<endl;
        out<<"     mov DL,BH"<<endl;
        out<<"     mov AH,2"<<endl;
        out<<"     int 21H"<<endl;
    }
     else
    {
        out<<"     LEA DX,"<<mark<<endl;
        out<<"     mov AH,09"<<endl;
        out<<"     int 21H"<<endl;
    }
}
```

```cpp
void if_asm(ofstream &out,string dst,string dsc,string mark,string step)
{
    out<<"    mov AL,"<< dst << endl;
    out<<"    CMP AL,"<< dsc << endl;
    if(mark == ">")
        out<<"    JG "<< step << endl;
    else if(mark == "<")
        out<<"    JL "<< step << endl;
    else
    {
        cout <<"暂不支持其他条件判断"<< endl;
        exit(-1);
    }
}
void create_asm(string file)
{
    ofstream   wfile(file.c_str());
    if(!wfile.is_open())
        cout <<"无法创建汇编文件"<< endl;

    vector< Variable >::iterator   it_var;

    wfile <<"ASSUME CS:codesg,DS:datasg"<< endl;
    wfile <<"datasg segment"<< endl;
    for(it_var = var_table.begin();it_var!= var_table.end();it_var++)
    {
        wfile <<"    "<< it_var -> var <<" DB ";
        if(it_var -> value != "")
            wfile << it_var -> value << endl;
        else
            wfile <<"\'?\'"<< endl;
    }
    wfile <<"datasg ends"<< endl;
    wfile <<"codesg segment"<< endl;
    wfile <<"  start:"<< endl;
    wfile <<"    mov AX,datasg"<< endl;
    wfile <<"    mov DS,AX"<< endl;

    vector< Target >::iterator    it;
    Target       tmp;
    for(it = target_code.begin();it != target_code.end();it++)
    {
        if(it -> op == "+" || it -> op == "-")
            addsub_asm(wfile,it -> dsf,it -> op,it -> dst,it -> dsc);

        else if(it -> op == "*")
            mul_asm(wfile,it -> dsf,it -> dst,it -> dsc);
        else if(it -> op == "/")
            div_asm(wfile,it -> dsf,it -> dst,it -> dsc);

        else if(it -> op == "=")
            sign_asm(wfile,it -> dsf,it -> dst);
        else if(it -> op == "p")
            print_asm(wfile,it -> dsf,it -> mark);
```

```cpp
            else if(it->op == "if")
            {
                if_asm(wfile,it->dst,it->dsc,it->mark,it->step);
            }
            else if(it->op == "else")
            {
                cout<<"else 没有找到匹配的 if"<<endl;
                exit(-1);
            }
            else if(it->op == "jmp")
            {
                wfile<<"    JMP "<<it->step<<endl;
            }
            else if(it->op == "pstep")
            {
                wfile<<"  "<<it->step<<":"<<endl;
            }
            else
            {
                cout<<"编译器暂不支持该语法操作"<<endl;
                exit(-1);
            }
        }

        wfile<<"    mov ax,4C00H"<<endl;
        wfile<<"    int 21H"<<endl;
        wfile<<"codesg ends"<<endl;
        wfile<<"  end start"<<endl;

        wfile.close();
}
```

A.7 测试

测试程序 test.c：

```c
int main()
{
  int a,b,c;
  int d;

  a = 0;
  b = a + 1;
  c = 10 - b;
  d = b + c;
  printf("a = %d  b = %d  c = %d  d = %d",a,b,c,d);

  d = c/3;
  printf("  d = %d",d);
  return 0;
}
```

执行程序进行该实验，输出结果如表 A-6 所示，并且在当前目录下生成了一个 asm 文件。

表 A-6 测试程序段的变量声明、初始化及中间代码生成举例

变量声明及初始化	中间代码（四元式表示）			
a	=		0	a
b	+	a	1	tempB
c	=	tempB		b
d	−	10	b	tempC
e	=	tempC		c
tempB	*	b	c	tempD
tempC	=	tempD		d
tempD	/	c	3	tempE
tempE	=	tempE		e

打开模拟器，加载此 asm 文件，如图 A-3 所示。

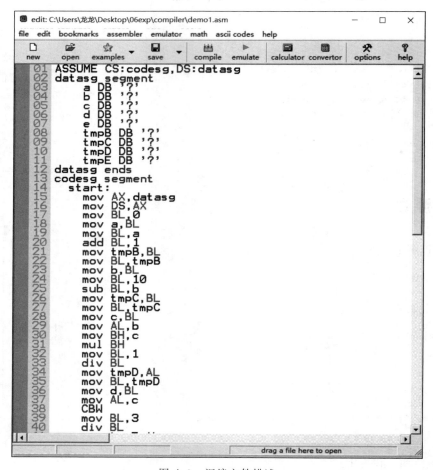

图 A-3 汇编文件描述

图 A-4 展示了 a=0 的过程,首先将值 00710h 赋值给 AX,然后将 AX 的值赋值给 DS,给 BL(即变量 a)赋初始值 00h。

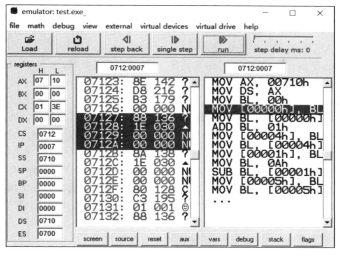

图 A-4 a=0 运行态描述

图 A-5 展示了 b=a+1 的过程,首先将地址 00000h(即 a 的值)赋值给 BL,然后对 BL 的值进行加 01h 操作,最后将 BL 的值赋值给地址 00004h(即 b 的地址)所指向的值。

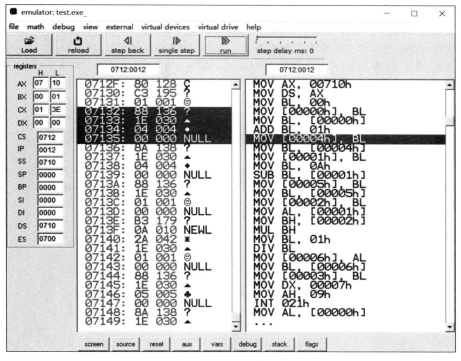

图 A-5 b=a+1 运行态描述

参 考 文 献

[1] Alfred V. Aho,Monica S. Lam,Ravi Sethi,et al. 编译原理、技术与工具[M]. 赵建华,郑滔,戴新宇,译. 2版. 北京:机械工业出版社,2009.
[2] Andrew W. Appel. 现代编译原理:C语言描述[M]. 赵克佳,黄春,沈志宇,译. 北京:人民邮电出版社,2006.
[3] Charles N F,Richard J L. 编译器构造:C语言描述[M]. 北京:机械工业出版社,2005.
[4] Charles N F, Ronald K C, Richard J L. 编译器构造[M]. 郭耀,等译. 北京:清华大学出版社,2012.
[5] Anthony J D R. 编译器构造(Java语言版)[M]. 杨萍,等译. 北京:清华大学出版社,2014.
[6] Cooper K D, Torczon L. 编译器设计[M]. 郭旭,译. 2版. 北京:人民邮电出版社,2013.
[7] Santanu Chattopadhyay. 编译器设计[M]. 徐骁栋,王海涛,译. 北京:清华大学出版社,2009.
[8] Milan Stevanovic. 高级C/C++编译技术[M]. 卢誉声,译. 北京:机械工业出版社,2015.
[9] Pittman T,Peters J. 编译程序设计艺术理论与实践[M]. 李文军,高晓燕,译. 北京:机械工业出版社,2010.
[10] 陈意云,张昱. 编译原理[M]. 3版. 北京:高等教育出版社,2014.
[11] 陈火旺,刘春林,谭庆平,等. 程序设计语言编译原理[M]. 3版. 北京:国防工业出版社,2014.
[12] 陈英,陈朔鹰. 编译原理[M]. 北京:清华大学出版社,2012.
[13] 蒋宗礼,姜守旭. 形式语言与自动机理论[M]. 3版. 北京:清华大学出版社,2013.
[14] 何炎祥. 编译程序构造[M]. 北京:机械工业出版社,2010.
[15] 张素琴,吕映芝,蒋维杜,等. 编译原理[M]. 2版. 北京:清华大学出版社,2011.
[16] 张幸儿,戴新宇. 编译程序构造与实践教程[M]. 北京:人民邮电出版社,2010.
[17] 许畅,陈嘉,朱晓瑞. 编译原理实践与指导教程[M]. 北京:机械工业出版社,2015.
[18] 王博俊,张宇. 自己动手写编译器、链接器[M]. 北京:清华大学出版社,2015.
[19] 袁和金,黄建才,黄志强. 编译技术实践教程[M]. 北京:清华大学出版社,2012.
[20] 计卫星,陈英,王贵珍. 编译原理学习指导与习题解析[M]. 北京:清华大学出版社,2011.
[21] 唐慕宁,任国霞,唐晶磊. 编译原理[M]. 北京:清华大学出版社,2009.
[22] 孙悦红. 编译原理及实现[M]. 北京:清华大学出版社,2006.
[23] 秦振松. 编译原理及编译程序构造[M]. 南京:东南大学出版社,2000.
[24] 刘刚,赵鹏翀. 编译原理实验教程[M]. 北京:清华大学出版社,2017.
[25] 李文生. 编译原理与技术学习指导与习题解析[M]. 2版. 北京:清华大学出版社,2018.
[26] 黄贤英,王柯柯,曹琼,等. 编译原理及实践教程[M]. 3版. 北京:清华大学出版社,2019.
[27] 王生原. 编译原理[M]. 3版. 北京:清华大学出版社,2015.
[28] 李必信. 程序切片技术及其应用[M]. 北京:科学出版社,2006.

图 书 资 源 支 持

感谢您一直以来对清华版图书的支持和爱护。为了配合本书的使用,本书提供配套的资源,有需求的读者请扫描下方的"书圈"微信公众号二维码,在图书专区下载,也可以拨打电话或发送电子邮件咨询。

如果您在使用本书的过程中遇到了什么问题,或者有相关图书出版计划,也请您发邮件告诉我们,以便我们更好地为您服务。

我们的联系方式:

地　　址:北京市海淀区双清路学研大厦 A 座 714

邮　　编:100084

电　　话:010-83470236　010-83470237

客服邮箱:2301891038@qq.com

QQ:2301891038(请写明您的单位和姓名)

资源下载: 关注公众号"书圈"下载配套资源。

资源下载、样书申请

书圈

获取最新书目

观看课程直播